안병하 평전

안병하 평전

이재의 지음

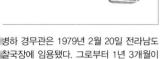

1부

임용장

경무관 안 병 하

전라남도 경찰국장에 보함

1979년 2 월 20 일

내 무 부 장

병하 경무관은 1979년 2월 20일 전라남도
찰국장에 임용됐다. 그로부터 1년 3개월이
ㄴ 시점에서 그의 운명을 갈랐던 5·18 민
화운동을 맞이하게 된다.

5·18 이전 전남도경찰국을 방문한 손달용 치안본부장과 도경 간부들이 함께 찍은
사진이다. 5·18 당시 시민군이 본부로 사용하던 전남도청 청사 뒤편에 도경찰국
이 위치해 있었다.

18 직전인 1980년 3월 11일 전남북계엄간담회 직후 찍은 단체 사진이다. 안병하(1열 좌2), 장형태 전남도지사(1열 좌5), 윤흥정 전남
계엄분소장(1열 좌6), 김학중 전북도지사(1열 좌7), 정웅 31사단장(1열 좌8), 한완석 목사(2열 좌5), 구용상 광주시장(2열 좌6), 정해규
1대 전남교육감(2열 좌8), 조비오 신부(3열 좌1), 이기홍 변호사(3열 좌8), 정규완 신부(4열 좌3) 등이 눈에 띈다.

1980년 5월 15일 전남대학교 정문에서 대학생들과 대치하고 있는 전투경찰들. 안병하 국장은 학생들이 부상을 입지 않도록 '시위관리'에 중점을 두고 진압작전을 펼쳤다. (사진 나경택)

1980년 5월 16일 전남대 교수들은 태극기를 앞세우고 금남로에서 평화행진을 했다. 이날 집회와 행진은 박관현 전남대총학생회장의 요청에 따라 안병하 도경국장이 질서유지를 조건으로 허락했다. (사진 나경택)

진압봉을 든 공수대원에게 붙잡혀 경찰에게 인계되는 년. 당시 경찰은 안병하 국장의 지시에 따라 시위도중 붙허온 광주시민들을 치료하고 밥을 굶지 않도록 조치했 (사진 나경택)

)80년 5월 16일 저녁 전남도청앞 분수대에서 열린 횃불집회는 야간임에도 불구하고 경찰의 협조 속에서 평화롭게 마무리됐다. (사진
경택)

)80년 5월 21일 오전 집단발포가 있기 전 시민들과 대치 중인 군경들. 경찰
총을 멘 공수부대와 달리 비무장상태로 뒤에서 보조역할을 하고 있다.
진 나경택)

전남도경 직속 제1기동대 훈련상황을 점검하기 위해
1979년 6월 22일 안병하 도경국장이 순시에 나섰다. 전
남도경의 기동대는 3개 중대로 운영되었다.

서남해안 다도해의 해안초소는 그물처럼 촘촘히 배치되어 간첩의 침투로 차단하는 역할을 했다. 5·18 당시 광에 북한군이 침투했다면 해안초소 어곳에서 이상 징후를 포착했을 텐데 경이나 군 자료에는 그런 보고가 전혀다. 1979년 9월 해안초소를 점검하안병하 전남도경국장.

1979년 12월 1일 전남도청 앞에서 새제작한 시위진압용 최루가스 분사 차을 점검하는 안병하 도경국장. 안병하망록에는 이 가스차가 "경찰 폐 지프차개조해서 만든 것으로 당시 전남도경4대를 보유하고 있었다"고 적혀 있다.

대공업무를 담당한 경찰은 5·18시 북한군침투설이나 간첩개입설해 '터무니없는 유언비어'라고 일축한1979년 5월 대공지도요원 교육 수료안병하 도경국장과 함께 찍은 사진.

안병하 도경국장이 장형태 전남지사와 함께 시위진압훈련을 점검하고 있다. 계엄사령부는 당시 군경합동훈련을 강화하라고 지시했다.(1979.11.21)

전남도경국장 시절 집무실 모습. 1980년 5월 24일 시민군이 전남도청을 장악하고 있을 때 안병하 국장은 집무실에 잠입한 적이 있었는데 어떤 기물도 파손되거나 손상된 것이 없었다고 자신의 육필 비망록에 적었다.

준규 목포경찰서장(왼쪽)과 함께 있는 모습.(1979년 추정) 이준규 서장은 5·18 당 안병하 도경국장의 지시에 따라 무기 사전 대피 등 시위에 소극적으로 대처했다는 유로 합수부에 끌려가 고문과 구속, 파면을 당했고, 그 후유증으로 4년 후 사망했다.

정복을 입은 안병하 전남도경국장

안병하 경무관은 해직된 지 37년이 지난 2017년 11월 치안감으로 추서됐다. 추서 날짜는 해직된 날인 1980년 6월 1일 자로 소급 적용했다.

안병하 경무관은 2017년 경찰청이 처음 시행한 '올해의 경찰영웅' 제1호로 뽑혔다 전남지방경찰청에서 만든 고 안병하 경무관 추모흉상 제막식에는 국회의원 표창원 박지원, 이개호를 비롯 5·18 기념재단 및 유족회, 부상자회, 구속자회 회장, 민주 운동기념사업회 이사장 지선 스님 등이 참석하여 성황을 이뤘다.

유가족의 치열한 노력 끝에 명예가 회복되어 17년 만인 2005년 11월 25일에 마침내 국립현충원 경찰묘역에 고인의 유해가 안장되었다

경찰인재개발원의 안병하홀 입구에 설치된 안병하 경무관 소개글. "소신 있는 용기와 신념으로 국민의 생명과 자유, 권리를 보호하고 경찰의 명예를 지켜낸 참다운 시민의 공복이자 민주경찰의 표상"이라고 새겨져 있다.

1980년 12월 무렵 그는 고문후유증으로 극심한 우울증을 앓아 치유차 유럽여행을 떠났다.

1980년 12월 유럽여행 중 부인 전임순 여사와 함께 한인들의 환영을 받고 있다.

육사 8기 동기생이었던 김종필 당시 신민주공화당 대통령 후보 유세장(1987년 12월 5일)에서 찍은 사망 10개월 전의 안병하 모습.(왼쪽 첫 번째)

2015년 안병하 경무관은 6·25 전쟁 당시 춘천 전투와 서귀포 대간첩작전에서 거둔 혁혁한 공적을 기리기 위해서 전쟁기념사업회(회장 이영계)로부터 '8월의 호국인물'로 선정됐다.

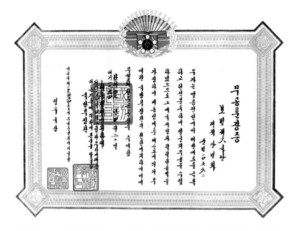

안병하는 6·25 때 육군이 대구로 후퇴했던 시절 안병하는 당시 육군본부 감찰장교였다. 그 무렵 나중에 아내가 될 여고생 전임순과 처음 만났다. 1951년도 겨울 대구에서.

안병하는 6·25 전쟁 당시 보병6사단 7연대 포병 관측장교로 참전하여 춘천전투 등에서 혁혁한 전과를 거둔 결과 무공훈장증을 받았다.

전쟁 중인 1953년 봄 속초중학교 강당에서 소박하게 올린 결혼식. 속초는 전투지역이어서 일반인은 출입이 어려웠다. 신랑과 신부 뒤편에 걸린 태극기가 이채롭다.

아내 전임순과 신혼시절 나들이하는 모습

1962년 군에서 제대한 후 찰에 입문하면서 첫 교육을 은 경찰전문학교 시절의 사진

6·25 당시 대위 시절 전방에서 전우들과 함께 찍은 사진.

6·25 전쟁 중 부대원들과 함께 망중한의 시간을 보내는 안병하

卒業記念
襄陽東公立尋常小學校(男子第十九回)
昭和十六年三月

41년 강원도 양양동공립심상소학교(남자 제19회)를 졸업한 안병하는 13살 나이에 직접 일본유학을 준비했다.

싸우면서건설하자

지 목표

새롭고, 진실하고, 명예로운경찰

부산동부경찰서

부임지인 부산 동부경찰서.

병하는 세계챔피언이던 김기수 권투선수(사진의 중앙)와도 개인적 친분이 있었다.

전국에서 가장 시위가 치열한 곳으로 꼽혔던 서대문 지역에서 경찰서장으로 근무하던 시절 그는 항상 철저한 사전 정보수집과 자신이 직접 진압작전을 선두에서 지휘함으로써 시위관리에 탁월한 능력을 인정받았다.

1972년 그의 책임 아래 처음 도입한 '민방위 훈련' 당시 박정희 대통령에게 직접 상황보고를 하고 있다.

스위스에서 1972년 열린 민방위 관련 국제회의에 참석했을 때 전시된 민방위 장비를 꼼꼼이 둘러보고 있다.

1972년 민방위제도를 처음 도입하기 위해 스위스에서 열린 민방위 관련 국제회의에 한국대표로 참석한 안병하 치안본부 방위과장.

동해안 어선통제소를 순시하는 안병하 강원도경국장. 현장행정을 가장 중시했던 그는 틈나는 대로 일선 현장을 방문했다.

혼인 중령 시절에 아내와 찍은 사진

안병하 도경국장의 가족 사진. 앞줄 왼쪽이 부인 전임순 여사이다.

기도 경찰국장(뒷줄 오른쪽 2번째) 시절(1976년) 안병하는 육사 8기 동기생인 이희성 당시 육군 제1군단장(뒷줄 오른쪽 6번째)과 함께
에 사진을 찍었다.(앞줄 오른쪽 첫 번째 여성은 전임순 여사) 4년 뒤 1980년 5월 25일 광주 상무대에서 안병하와 이희성은 전남도경국
과 계엄사령관의 관계로 다시 만났다. 이때 이희성은 '경찰이 총을 들고 앞장서서 도청을 진압하라'는 지시를 하였으나 안병하는 이를
□함으로써 두 사람은 서로 전혀 다른 길을 걷게 되었다.

경찰의 시각에서 조명한 5·18의 소중한 기록

 고 안병하 치안감의 5·18 당시 행적이 일반인들에게 알려진 것
은 그리 오래된 일이 아닙니다. 지난 2017년 촛불혁명이 성공한 뒤
그해 8월 경찰청이 안병하 치안감을 '올해의 경찰영웅'으로 선정하
면서부터라고 생각됩니다. 그해 11월 전남경찰청에서는 '경찰영웅
1호'로 선정된 그분을 기리기 위해 추모 흉상을 세웠고, 제막식에
5·18 단체 책임자들이 모두 참석하여 뜻을 함께했습니다.

 안병하 치안감은 5·18 항쟁 당시 전남 경찰국장으로 신군부의
발포명령을 거부하여 광주시민의 생명과 경찰의 명예를 지켰습니
다. 4·19 때와 달리 5·18 당시 경찰은 광주시민을 향해 총을 겨누
지 않았고, 그 결과 광주시민들로부터 사랑을 받을 수 있었습니다.

 5·18 초기에 광주시민들은 계엄확대에 항의하는 시위를 벌였습
니다. 일부 시민들은 파출소에 돌을 던지는 등 시위를 진압하려는
경찰을 향해 불만을 표출했습니다. 당시 안병하 전남 도경국장은

계엄군이 시위진압에 나설 명분을 주지 않기 위해 경찰이 평소보다 더 강하게 진압하도록 지시했다고 합니다. 이런 일은 오랜 동안 잘 알려지지 않았던 사실입니다. 그럼에도 불구하고 신군부는 일방적으로 공수부대를 투입하여 인간사냥을 자행하였습니다. 공수부대의 잔혹함에 경찰도 크게 놀랐습니다. 안병하 국장은 어떤 경우에도 시민들이 부상당하지 않도록 여러 차례 지시하였습니다. 상부에서는 모든 수단을 동원해서 시위를 진압하라고 압력을 넣었지만, 경찰서에 보관하고 있던 총과 실탄을 군부대로 옮기도록 미리 조치함으로써 '경찰의 무장'을 거부했습니다.

뒤늦게 안병하 경찰국장의 진정성을 깨달은 시민들은 경찰을 보호하기 시작했습니다. 1980년 5월 21일, 공수부대는 비무장 시민을 향해 발포하였고, 수많은 희생자를 낸 뒤에야 결국 광주 시내에서 물러납니다. 철수할 때 시민들은 경찰이 단 한 명도 다치지 않게 보호했습니다. 공수부대의 험난했던 철수 과정과 크게 비교되는 대목입니다. 시민들은 더 이상 경찰서를 파괴하지 않은 채 지켰고, 오히려 경찰이 들어와서 5·18 기간 중 시내 치안을 맡도록 요청하기도 했습니다. 우리 역사에서 경찰이 시민들로부터 이토록 사랑을 받았던 시기가 또 있었던가 싶습니다.

5월 25일 도청 진압 작전을 앞두고 계엄사령관은 경찰이 무기를 들고 앞장서서 시내로 진입하라고 압박하였습니다. 그러나 안병하 국장은 '경찰이 시민을 향해 총을 겨눌 수 없다'며 유혈진압, 즉 발포 지시를 거부했습니다. 만약 안병하 경찰국장이 아니었더라도 그렇게 했을까 생각해보면 다시금 숙연해집니다.

전두환 보안사령관은 안병하 도경국장을 합동수사본부로 연행하여 특별 조사를 하도록 지시했습니다. 이때 당한 고문 후유증으로 안병하 국장은 8년간 투병 생활을 하다 1988년 국회 청문회를 앞둔 시점에 안타깝게도 세상을 떴습니다. 만약 그가 청문회에 증인으로 나섰다면 지금쯤 더 많은 진실이 밝혀졌을지도 모른다는 아쉬움이 듭니다.

5·18 이후 전두환 정권은 경찰을 앞세워 집요하게 유족회 등 5·18 단체의 분열을 획책했습니다. 이 과정에서 경찰에 대한 시민들의 우호적이었던 감정은 원망으로 바뀌었습니다. 그러다 보니 안병하 국장의 행적이 오랫동안 제대로 알려질 수 없었던 것입니다. 하지만 6월항쟁, 촛불혁명 등 민주화의 진전은 마침내 고인을 민주경찰, 인권경찰의 표상으로 떠오르게 했습니다.

광주민주화운동 40주년을 맞아 발간하게 된 이 책은 '경찰 지휘관이 현장에서 바라본 5·18'이라는 새로운 시각을 보여줍니다. 상부의 부당한 지시를 거부했던 한 공직자의 용기와 깊은 고뇌를 엿볼 수 있습니다. 또한 진실이 세상에 알려지기까지 많은 오해와 편견을 극복한 유족의 끈질긴 명예회복 노력도 눈여겨 볼 대목입니다.

이 책은 풍부한 자료와 증언을 바탕으로 5·18을 경찰의 시각에서 새롭게 조명한 소중한 기록입니다. 이 책의 출간에 많은 분들이

뜻을 모았다는 점도 의미가 크다고 생각합니다. 그동안의 노고에
감사드리며 격려를 보냅니다.

이철우
5·18 기념재단 이사장

5·18의 숨은 의인, 고 안병하 치안감을 기리며

올해는 5·18 민주화운동이 일어난 지 40주년이 되는 해입니다. 고 안병하 치안감은 시민을 향해 발포를 해서라도 빨리 시위를 진압하라는 신군부의 명령을 거부했습니다. 그 결과 보안사에 연행돼 극심한 고문을 받았고, 후유증으로 투병 끝에 별세하셨습니다. 목숨으로 지킨 숭고한 위민정신과 인권경찰의 표상이 아닐 수 없습니다.

40년이 다 되도록 제대로 알려지지 않았던 안병하 치안감의 고귀한 이야기가 늦게나마 평전으로 출간된다니 무척 반갑습니다. 이를 계기로 그의 삶에 대한 올바른 재평가가 이루어지기를 기대합니다.

안 치안감은 경찰에 투신하기 전 군인으로서 두 차례의 무공훈장을 받은 바 있는 한국전쟁의 영웅이었습니다. 경찰 재직 중에도 부정비리 방지에 강한 의지를 가졌고, 대간첩작전에서 크게 공을 세워 녹조근정훈장을 세 번이나 받았습니다. 탁월한 업무성과와 공적으로 남보다 일찍 경무관으로 승진하여 강원도, 경기도 경찰국장을 지냈습니다.

1970년대 중반 안 치안감께서 경기도 경찰국장으로 재직 중일 때 저는 그분과 우연한 기회에 인연을 맺게 되었습니다. 평택경찰서 정보과장이 당시 야당인 신민당 평택지구당 위원장 사무실로 찾아가 권총을 발사하여 위협하는 사건이 발생했습니다. 정치적으로 정부 여당에 반대하는 사람을 제압하기 위해서였는데, 그 경찰관의 무리한 행동은 사회 문제로 비화되어 결국 경찰관은 경질되었습니다. 그 후임으로 뜻밖에도 제가 발탁되었습니다. 당시 30세였던 저는 경찰대학을 막 졸업하고 경위로 임관한 지 2년 차밖에 안 된 신참이었는데 갑자기 중책을 맡게 되었습니다. 그 자리는 경감급에서도 서로 가고 싶어 하는 요직이었습니다만, 젊고 참신한 인물을 발굴하라는 안병하 국장의 특별지시에 따라 아무런 연고도 없는 저를 최연소 나이로 발탁했다는 사실을 나중에야 알게 되었습니다.

개인적으로야 제가 그분을 자주 만나 뵐 수 있는 관계는 아니었습니다. 하지만 그 후 서울경찰청 정보실장, 경찰청 정보분실장 등을 거치면서 정보 전문 경찰로 성장하여 치안감으로 경찰 생활을 마감하고, 서울교통방송 대표까지 무사히 공직을 마칠 수 있었던 것은 당시 안병하 국장님의 과감한 발탁인사가 밑바탕이 되었다고 생각합니다. 길지 않은 기간이었지만 평택경찰서 정보과장으로 재직 중 국장님의 훌륭한 인품을 엿볼 기회는 적지 않았고, 제 마음속 깊이 존경하는 경찰 지휘관으로 굳건하게 자리 잡았습니다.

전남 경찰국장으로 가신 뒤 5·18을 맞아 어려운 일을 당했다는 소식을 듣고 무척 안타까웠습니다. '경찰공무원의 정치적 중립'을 신조로 삼았던 평소 그분의 태도로 보아 당시 상황이 어떠했을지 충분히 짐작할 수 있었습니다. 안병하 치안감은 군 출신이면서도 외유내강형으로 뛰어난 통솔력을 갖춘 지휘관이었습니다. 침착하고 온화한 성격, 무엇보다도 경찰이 갖춰야 할 참다운 덕목과 실천적인 철학을 겸비한 분입니다.

늦게나마 정부에서도 이분을 '경찰영웅'으로 선정하여 그 뜻을 기리고, 5·18 민주화운동의 의미를 되새긴다니 자랑스러운 일입니다. 더구나 안병하 치안감을 제대로 알릴 수 있는 평전을 출간한다는 소식을 듣고 너무나 기뻤습니다. 다시 한 번 진심으로 축하드립니다.

박종구

tbs 서울교통방송 전 대표

| 차례 |

1부

발포를 거부하다

1. 평화로웠던 5·18 전야

안병하 전라남도 경찰국장(이하 '국장' 혹은 '도경국장' '전남도
경국장')이 관사로 돌아온 것은 5월 17일 저녁 9시쯤이었다. 12일 만
에 처음으로 아내가 기다리고 있는 집으로 돌아왔다. 그만큼 바쁜
일정 속에서 시간을 보냈다. 전남 경찰국은 도청 정면의 본관 뒤쪽
건물에 자리 잡고 있었다. 본관과 경찰국 건물은 하늘에서 내려다
보면 사각형으로 보이는데 양쪽은 복도와 회랑으로 연결돼 있다.
경찰국장 관사는 도청 정문 앞 분수대 광장의 맞은편에 있는 상무
관 뒤쪽이다. 관사에서 도청까지는 채 100미터도 떨어지지 않은 지
척의 거리지만 안 국장은 자신의 사무실에 있는 군용 간이침대에서
전투복 차림에다 전투화를 신은 채 매일 밤 새우잠을 잤다. 갈아입
을 속옷은 아내가 전속 부관 편을 통해 보내 주었기 때문에 큰 불편

은 없었다. 부하 직원들이 고생하는데 자신만 편하게 집에서 발 뻗고 잘 수 없다는 생각 때문이었다. 전남 각 군 지역의 경찰서에서 차출한 병력들도 며칠씩 집에 돌아가지 못한 채 밤이면 광주의 친인척이나 지인, 혹은 값싼 여인숙 등에서 잠깐씩 눈을 부친 뒤 아침이면 시위진압에 나서곤 하는 상황이었다. 국장도 이들과 함께 보조를 맞춰 행동한 것이다. 안 국장의 이런 모습은 젊은 시절 군에 있을 때부터 늘상 해오던 행동이었다.

안 국장의 아내 전임순은 늦은 저녁 식사를 마친 뒤 남편의 눈치를 살피며 바깥 상황을 조심스럽게 물었다. 남편의 얼굴은 피곤한 기색이 역력했지만 모처럼 밝아보였다. 그는 지금 아내가 궁금해하는 것이 무엇인지 잘 알았다. 평소 밖에서 일어난 업무와 관련된 이야기를 아내에게 거의 하지 않는 성격이었다. 하지만 그날은 여느 때와 달랐다.

"여보, 이제 걱정하지 않아도 될 것 같소. 앞으로 당분간 학생들이 집회를 자제한다고 하니 오늘밤은 모처럼 다리 뻗고 편안하게 잘 수 있을 것 같소. 그간 지방에서 올라온 경찰들도 대부분 돌려보냈어요. 기동경찰들에게도 돌아가면서 휴식을 취할 수 있도록 최소 인원만 남기고, 이번 주말부터 외출을 허가했소."

아내 전임순은 무척 기뻤다. 엊그제 시위 진압에 나선 경찰 가운데 부상자들이 생겼다는 소식 때문에 마음을 쓸어내리던 참이었다. 남편이 집에 들어오지 않아도 경찰국장 관사를 담당하는 전속 부관이 왕래하며 수시로 바깥소식을 전해줬기 때문에 경찰국 분위기는 대충 알고 있었다. 5월 중순 들어 긴장이 높아지더니 며칠 전부터는 경찰과 학생의 충돌로까지 이어졌다. 경찰이나 학생 가운데 부상자가 발생했다는 소식을 접할 때면 마치 자신의 식구가 다친 것처럼 마음이 아팠다. 괜히 책임자인 남편이 잘못해서 그런 것처럼 생각돼 경찰가족들에게는 미안하기도 했다. 그날 밤 남편은 여느 때와 달리 묻지도 않은 말도 스스로 털어놓았다.

전남대 총학생회장 박관현의 방문

"거 참, 어제는 박관현이라고 하는 전남대 총학생회장이 날 찾아왔는데 그 친구 참 똑똑합디다.[1] 날더러 학생 시위를 허락해달라는 거요. 경찰이 시위를 강제로 해산시키면 충돌이 발생할 것이고, 폭력 상황으로 치닫게 될 것이니 도청 앞 집회를 경찰이 막지 말아달라는 거요. 경찰이 강제로 막지만 않는다면 학생들 스스로 자율적으로 질서를 지키겠다면서. 학생들의 민주화 주장을 국민과 정치권에 전달하는 것이 목적이지 경찰과 싸우기 위해 시위하는 게 아니라는 것이오. 학생들 때문에 경찰이 고생하고 있다는 것도 잘 알고 있다면서 서로 약속만 지키면 아무 일 없이 평화로운 시위가 될 것이라고 나를 설득합디다. 듣고 보니 진정성이 느껴져서 '그렇게 하자'고 허락했어요."

이 말을 듣는 순간 아내 전임순은 자신도 모르게 안도의 숨을 푹 내쉬었다. 내놓고 이야기할 수는 없었지만 집에서 가끔씩 전속부관이 전해주는 바깥소식은 불안하기만 했었다. 특히 5월 14일 오후 전남대 학생들이 경찰의 저지선을 뚫고 처음 교문 밖으로 진출할 때 여러 명의 경찰이 다쳤다는 소식을 듣고는 가슴이 철렁 했었다. 그 후 연속 3일간 도청 앞 분수대에서는 광주시내 여러 대학 학생들이 대규모 집회를 열었다. 다행히 첫날 이후 경찰과 학생들 간에 별다른 충돌은 없었다. 그래도 매일 시위가 이어지자 가슴이 조마조마하던 터였다. 그날 밤 오랜만에 집에 들어온 남편의 이야기를 듣자 마음이 푹 놓였다. 남편은 워낙 입이 무거워 여간해서는 밖에서 일어난 일을 집에 와서 이야기하는 경우가 거의 없었다. 그런데 이날만은 달랐던 것이다.

학생운동의 전통이 깊은 광주에서는 3월에 들어서자 어느 집단보다 학생들의 움직임이 빨라졌다. 3~4월 동안 유신시절 학도호국단을 해체하고 각 대학에서는 총학생회 부활, 어용교수 퇴진, 병영집체훈련 거부 등으로 부산했다. 5월 초부터는 정치적인 문제로 학생들의 관심이 빠르게 옮겨 갔고 민주화를 요구하는 학생들의 시위가 점차 커졌다. 그때만 해도 시위는 주로 학교 안에서만 이뤄졌다. 그러다 5월 14일부터 전남대생들이 학교를 벗어나 광주시내 중심부인 전남도청 앞 광장으로 쏟아져 나왔다. 14일 오후 도청 앞 분수대에서 열린 첫 집회는 5천여 명의 학생들이 참가했는데 그 이전 어떤 시위보다 규모가 컸으며 언론과 시민들의 주목을 크게 끌었다. 특히 총학생회장 박관현의 연설은 시민들 사이에서 대단한 반향을 불러일으켰다. '비상계엄 즉각 해제' '휴교령 거부' '정부주도 개헌공청회 중지' 등을 주장하는 내용이었다. 그의 유창한 언변은 청중의 마음을 삽시간에 사로잡았다. 분수대 주위에서 학생들과 거리를 유지하며 빙 둘러서서 지켜보던 시민들도 열광적인 박수를 보냈다.

5월 16일, 대학생 평화시위 허락

전남대 총학생회장 박관현, 총무부장 양강섭 등 총학생회 간부 3명이 경찰국장실로 찾아간 것은 15일 오전 10시 무렵이었다. 총학생회 간부들은 14일 오후 도청 앞에서 열린 '민주화성회 비상학생회의 시국성토 대회'가 성공적이었다는 자체 평가를 내렸다. 시민들의 호응이 예상했던 것보다 좋았다고 판단했기 때문이다. 여기에 자신감을 얻은 전남대 총학생회 지도부는 가급적 평화 집회를 원했다. 하지만 14일 대학 울타리를 처음 벗어날 때 전남대 정문과 후문을 지키던 경찰들과 치열한 몸싸움이 벌어졌다. 그 결과 양측 모두 부상자가 발생했다. 전남대를 빙 둘러싼 담벼락을 허물고 밖으로 빠져나온 학생들은 약 3킬로미터를 뛰다 걷다 하면서 도청 앞 분수대에 도착했다. 교문을 벗어날 때까지 경찰은 학생 시위대열을 강력하게 막았으나 시내로 진출하자 더 이상 제지하지 않았다. 도청 앞 집회가 끝난 후 총학생회 집행부는 "경찰과 충돌하면서 희생자를 낼 필요가 없으니 학생들의 평화시위를 보장하라고 직접 경찰국장을 찾아가 담판을 짓자"고 의견을 모았다. 경찰국장에게 그런 제안을 하자고는 했지만 좋은 결과를 기대하기는 쉽지 않을 것이라는 의견이 지배적이었다. 학생들은 전북대나 서울의 일부 대학들에서도 평화시위를 보장 받기 위해 총학생회가 경찰 고위급 인사들과 접촉했는데 거부당했다는 소식을 이미 듣고 있었다. 비록 민주화에 대한 요구와 목소리가 온 나라에 넘실거렸지만 아직은 비상계엄 상황이었다. 전남대 총학생회는 유신정권을 지탱했던 군부세력이 호시탐탐 반전의 기회를 노리고 있다고 판단했다. 언제 어떻게 계엄군이 전면에 나설지 몰랐다. 군, 특히 보안사령부가 뒤에서 경찰의 일거수일투족을 지켜보고 있기 때문에 광주지역의 치안을 책임진 경찰국장이라 할지라도 시위를 허용한다는 것은 선뜻 결단하기 어려운 문제일 것이라고 예상했다. 당시 전남대 총학생회가 비밀리에 운영하던 기획실의 책임자였던 송선태는 그때 상황을 생생하게 기억하고 있다.[2]

"안병하 전남경찰국장의 반응은 우리의 예상을 훨씬 뛰어 넘었어요. 그때 내가 직접 경찰국장실에 박관현 총학생회장과 함께 가지는 않았습니다만 경찰국장을 만났던 학생회 간부들이 곧바로 돌아와 저와 함께 회의를 했지요. 경찰국장과 만나서 나눴던 이야기와 반응을 자세히 들었는데 상당히 놀랐습니다. 당시 안병하 국장은 우리의 제안에 대하여 우호적인 반응을 보였습니다. 도청 앞 집회를 평화적으로만 진행한다면 경찰이 적극 협조하겠다고 했어요.”

안 국장은 도경 정보과장의 안내로 찾아온 전남대총학생회장 박관현을 주의 깊게 살폈다. 경찰 보고에 따르면 그가 대중 설득력이 뛰어난 인물이라고 했다. 안 국장은 그의 제안을 들으면서 ‘과감하고 당돌하다’는 인상을 받았다. 하지만 눈빛에서 진정성이 느껴졌다. 듣던 대로 박관현의 언변은 뛰어났다. 그렇다고 학생시위를 무조건 허락했다가 만약 예기치 못한 불상사가 발생한다면 경찰의 처지가 곤란해질 수도 있었다. 계엄 상황이라 학생집회는 원칙적으로 금지된 상태였다. 더구나 야간에 횃불시위를 허락한다는 것은 상당한 리스크를 감수해야 하는 사안이었다. 치안본부와 계엄사가 뒤에서 지켜보고 있었다.

14일 오후 2시부터 밤 10시까지 서울에서는 비가 내리는 가운데 대학생들이 시내로 쏟아져 나와 광화문과 종로, 청계천, 영등포, 서울역 등 주요 도심을 마비시키는 사태가 벌어졌다. 같은 시각 전주에서는 전북대생 3천여 명이 가두시위를 벌이다 학생 61명, 경찰 43명이 부상을 입었다. 대구에서도 계명대, 영남대 등 학생 2천여 명이 파출소를 부수고 경찰차 1대에 불을 질러 전소시키는 사태가 발생했다. 이와 같은 보고가 경찰정보망을 통해 접수되던 참이다.[3] 광주 역시 14일 전남대생 2천여 명이 학교 밖으로 진출하는 과정에서 경찰 부상자만 66명이 발생했을 만큼 격렬했다.[4]

이런 상황인지라 광주에서 학생시위가 안전하리라고 장담할 수 없었다. 사고가 발생하지 않을 것이라는 확신도 없이 섣부르게 집회를 허용한다는 게 쉽지 않았다. 곤혹스런 상황이 벌어질 가능성도 있었기 때문이다. 안 국장은 잠시 생각에 잠겼다가 결론을 내렸다. 총학생회장을 믿어보기로 했다. 시위방법과 시간을 정확하게 지킬 것을 조건으로 야간 횃불시위를 허락했다. 이때 학생이나 경찰은 서로 일방적인 요구를 하지 않았다. 적절한 요구조건을 내걸고 협상을 한 것이다. 학생들의 시위 목적은 민주화 요구였다. 안병하 국장은 무조건 강압적인 진압만이 능사는 아니라고 생각했다. 사회질서 유지를 위한 최선의 선택은 오히려 학생들을 신뢰하는 데서 가능하다고 보았다. 치안책임자로서 그의 생각을 엿볼 수 있는 대목이다. 안 국장은 그 자리에서 김형수 서부경찰서장에게 전화를 했다. 당시 전남대는 광주 서부경찰서가 맡고 있었다. 가급적 시위가 평화롭게 진행될 수 있게 박관현 총학생회장을 만나서 조치를 취하라고 지시했다.

"안병하 국장님의 지시로 전남대 총학생회장 박관현을 만났습니다. 학생들이 횃불시위를 계획하고 있다는데 방화나 화염병을 투척하지 않도록 하기 위해서, 내가 학생처장의 협조 하에 경찰복을 입고 학내에 들어가 정문에서 박관현을 만나 횃불시위에 안전을 책임지겠다는 각서를 받아서 안 국장님에게 전달한 적이 있어요."[5]

경찰국장의 뜻을 확인한 서장들의 시위 대응 태도는 크게 바뀌었다. 횃불집회와 행진을 자극하지 않았다. 윤형용 광주경찰서장은 분수대 앞 집회 현장에서 대학생 대표 2명을 만나 야간의 횃불행진 대열을 경찰이 에스코트해 주겠다고 약속까지 했다.

"광주경찰서 경찰차가 선두에서 에스코트를 하고, 금남로 중앙을 행진하는 시위대를 기동대가 좌우에서 보호해주면서 평화적인 시위를 유도했습니다. 학생들도 스스로 질서를 지키려 했으며, 경찰이 충분히 시위를 관리할 수 있었지요."[6]

야간 횃불행진 무사히 마쳐

16일까지 사흘간 이어진 광주지역 학생시위 분위기가 어떤 상태였는지는 1980년 5월 17일 자 신문에서 확인할 수 있다.

> 서울대 등 서울시내 23개 대학과 지방의 인천공전 등 24개 대학 총학생회장들은 15일 밤 12시부터 16일 아침 6시까지 고려대 학생회관에서 모임을 갖고 지난 13일부터 계속됐던 가두시위를 일단 중지하고 정상수업을 받기로 결의했다.[7]

> [광주] 전남대, 조선대, 광주교육대, 동신실업전문, 송원전문, 성인경상전문, 기독병원간호전문, 서강전문대 등 광주시내 9개 대학생 2만여 명은 16일 오후 3시 전남도청 앞 광장에서 시국성토대회를

벌였다.…(밤 8시부터) 학생들은 준비한 2백여 개의 횃불과 각종 구호를 쓴 플래카드, 피킷을 들고 조선대를 선두로 한 1개조는 금남로~유동삼거리~복개상가~중앙여고~현대극장을 거쳐 금남로로 되돌아왔고, 전남대를 선두로 한 1개조는 광주체신청~산장입구~산수동 5거리~동명파출소~노동청을 거쳐 출발지인 도청 앞 광장에 1시간 30분 만에 되돌아와 밤 10시 30분 자진해산했다.[8]

또 같은 날짜 《동아일보》는 이와 같은 학생 시위의 중단 배경이 정부와 국회의 적극적인 '시국수습' 움직임 때문이라는 사실도 보도했다.

대학생들의 대규모 가두시위로 위험수위를 맞고 있는 정국은 최규하 대통령이 16일 밤 중동 순방으로부터 급거 귀국함으로써 새로운 국면을 맞게 됐으며, 이와 함께 공화, 유정 측도 최 대통령, 김종필 공화당 총재, 최영희 유정회 의장이 동석하는 3자 요담을 통해 시국수습을 위한 정부의 결단을 촉구할 방침으로 있어 임시국회를 앞둔 내주 초가 수습의 고비로 될 것 같다.[9]

5월 16일 오전 안병하 국장이 내린 결단과 그 결과로 횃불행진이 불상사 없이 평화롭게 마무리되었다는 점은 5·18의 성격을 이해하는데 매우 중대한 의미를 갖는다. 계엄당국은 '5·17 조치', 즉 '비상계엄 전국확대'는 대학생들의 시위가 폭력성을 띠고 혼란스러웠기 때문에 취하게 된 불가피한 조치였다고 주장했다. 즉 대학생들의 폭력시위가 5·17 조치를 불러왔고, 공수부대 배치의 직접적인 원인이었다는 것이다. 그러나 계엄당국의 이런 주장은 실제 사실과 달랐다. 안병하 전남도경국장과 박관현 전남대 총학생회장의 만남과 그 결과가 어떠했는지는 이를 반증하고 있다. 두 사람의 약속으로 5월 16일 밤 광주에서 학생들의 야간 횃불집회 및 시위가 경찰의 보호 아래 아무런 사고 없이 평화롭게 마무리됐다.

계엄당국, 폭력상황 강조

학생들의 폭력시위가 5·17 조치를 불러왔다는 계엄당국의 주장이 허위사실이라는 점은 당시 군 당국의 문서에서도 확인된다.[10] 이틀 전인 5월 14일 오후 2시에 이미 7공수여단의 전남대 투입을 위한 병력 수송방안 등을 논의했었다. 이날 「학생가두시위대책 합동작전회의」는 광주 상무대에 위치한 전투병과교육사령부(이하 '전교사')의 전남북계엄분소장실에서 윤흥정 전교사령관, 신우식 7공수여단장, 정웅 31사단장 등이 참석하여 극비리에 열렸다.

특히 계엄당국은 5·17 비상계엄 전국 확대 조치를 정당화하기 위해 광주지역에서 발생한 폭력시위가 김대중의 정권 장악 목적 때문이라고 단정했다. 하지만 5·17 조치 이전까지 서울이나 전주, 대구 등지와 달리 광주에서 폭력시위는 없었다. 계엄당국은 5·17 이전 광주 학생시위가 혼란스럽고 폭력적이었다고 반복해서 거짓 사실을 강조했다. 1982년 국방부는 '광주사태'에 대하여 정부 차원의 공식 입장을 처음으로 종합 정리하여 발표했다. 이 문서에도 그런 거짓 사실은 반복되고 있다.

> 5월 16일에도 오후부터 전남대학 등 각 대학교 학생 1만여 명이 도청 앞 광장에 집결하여 성토대회 후 "비상계엄해제" "정치일정 단축" "유신잔당 퇴진" 등의 구호를 외치며 대규모 가두시위를 벌였고, 야간에는 고교생까지 가세한 1만여 명의 데모대가 횃불시위를 벌이는 등 소요는 눈덩이처럼 규모가 커져갔다. 2,000여 명의 기동경찰대가 이들의 시위저지를 위하여 간헐적으로 최루탄을 발사하기도 했으나 중과부적이었고, 광주시내는 곳곳에서 교통이 마비되는 등 혼란의 연속이었다.
> 전국적인 학원소요와 관련하여 계엄당국은 5월 17일 전군 주요지휘관회의를 개최하고 사태의 악화를 방지하기 위하여 비상계엄 전국 확대를 결의했고, 국방장관의 건의에 의해 최 대통령은 5월 17일 24시를 기하여 소위 말하는 '5·17 조치'를 공포했다.[11]

위 문서에서 확인할 수 있듯 5월 16일 열린 야간 횃불시위는 당시 실제 광주시내 시위 상황과 전혀 다르게 묘사돼 있다. 적어도 안병하와 박관현 두 사람의 회동 이후 벌어진 16일 집회에서 "기동경찰대는 시위저지를 위하여 간헐적으로 최루탄을 발사"한 적이 전혀 없었다. "광주시내 곳곳에서 교통이 마비되는 등 혼란의 연속"이라는 표현도 같은 맥락에서 사실을 왜곡한 것이다. 이 문서는 '5·17 비상계엄 전국확대' 조치가 마치 5월 16일 광주에서 열린 혼란스런 야간 횃불시위 때문인 것처럼 호도한다. 학생들은 자신들의 민주화 요구를 담은 정치적 의사를 국민들에게 알리고자 경찰의 에스코트를 받으며 질서를 유지한 상태에서 평화롭게 횃불시위를 했다. 안병하 국장은 학생들의 자유로운 의사표현을 보장했다. 그 결과 혼란이나 폭력 사태는 전혀 발생하지 않았다. 학생들은 학교로 돌아갔고 전국적인 상황변화를 지켜본 후 다음 행동 방침을 정하자고 결의했던 것이다.

당시 안병하 국장은 학생시위를 지혜롭게 잘 해결하는 전문가로 경찰 내부에서는 이미 정평이 나 있었다.[12] 이런 평가는 그가 1970년 7월 마흔 두 살 때 서울 서대문경찰서장으로 1년 5개월 동안 근무하면서 생겨났다. 그때는 1969년 박정희 정권이 '삼선개헌'을 강행한 이후 1972년 10월 '유신헌법' 선포로 이어지는 시기였다. 군사독재의 장기집권 음모라며 정권연장에 반대하는 학생들의 격렬한 시위가 끊이지 않았다. 학생들의 저항은 박정희 정권의 행보에 가장 큰 장애요인이었으며 정권은 유신체제 정착을 위해 경찰력을 강화했다. 이 무렵부터 경찰은 절도나 폭력 등 강력사건으로부터 시민의 안전을 지키기 위한 일반적인 치안 업무보다 시위진압에 동원되는 일이 더 많았다.

"시위 학생에게 피해가 가지 않도록 하라"

서대문경찰서 관할 지역은 연세대, 서강대, 이화여대 등이 자리잡은 신촌으로 서울 시내에서 학생 시위가 가장 잦았다. 경찰서장들 사이에서는 내심 근무를 기피하는 지역이었다. 강제 진압과정에서 경찰과 학생들의 충돌로 부상자들이 적지 않게 발생했다. 하지만 안병하 서대문경찰서장은 이 지역에서 과거에는 폭력적이기 일쑤이던 시위 행태를 평화스런 모양으로 바꿨다. 인내심을 가지고 시위를 주도하는 학생대표와 만나 대화를 통해 설득했다. 학생 시위 자체가 폭력화되지 않도록 최선을 다했던 것이다. 시위대가 도로를 점거하여 교통 혼란이 초래되는 등 불가피하게 강제 진압해야 할 경우도 없지 않았지만 그럴 때조차도 그는 시위 진압에 나선 경찰이 최루탄이나 진압봉의 사용을 최대한 자제토록 지시했다. 그 결과 당시 전국에서 시위가 가장 빈발한 지역으로 꼽히던 서대문경찰서 관내에서는 시위로 인한 불상사가 거의 발생하지 않았다. 그가 서대문경찰서장으로 발령 나던 날 처음 만났던 《경우신보》 기자 이정남은 1988년 10월 안병하의 사망소식을 듣고 다음과 같은 추모의 글을 남겼다.

소제가 당신을 처음 뵙게 된 것은 70년 7월 20일 서대문경찰서장으로 부임하여 햇병아리 기자를 따뜻이 맞이해준 때입니다. 그때 당신은 청렴결백과 대간첩 소탕의 일인자라는 소문이 한창이었습니다. 깔끔한 외모와는 달리 아주 서민적이고 인정이 넘쳤던 그 시절, 당신은 올챙이 기자였던 소제에게 항상 다정한 격려와 매서운 비판을 아끼지 않으셨던 것을 소제는 어려운 일이 닥칠 때마다 떠올리고는 했습니다…. 무슨 일이든 적극적이고, 섬세하게 추진하시던 당신이… 남보다 먼저 출근하고 뒤늦게 퇴근하는 경찰간부가 되셨습니다.[13]

당시 안병하 서장의 셋째 아들 안호재는 12살로 초등학교 5학년 학생이었다. 아버지가 자주 근무지를 옮겨 다녔기 때문에 학교에서는 친구를 사귈 시간이 별로 없었다. 수업이 끝나면 친구들과 어울리기보다 아버지가 있는 경찰서에 들러 놀다가 집에 돌아오는 것이 하루 일과였다. 서대문경찰서에도 자주 놀러갔고 경찰아저씨들과 친구처럼 시간을 보내곤 했다. 그 무렵 안호재의 눈에 비친 아버지의 일상은 경찰서장실에서 간부들과 모여 회의하는 시간이 대부분이었던 것으로 기억한다. 사무실 여기저기를 들락거리다 심심하면 서장실 귀퉁이에 앉아 회의하는 모습을 지켜보곤 했다. 그때마다 아버지는 '시위 진압할 때 경찰이 아무리 어렵고 힘들더라도 학생들이 절대로 다치지 않게 하라'는 말을 여러 차례 반복하여 강조하는 것을 자주 목격했었다. 어린 생각에도 시민의 안전을 먼저 챙

기는 아버지의 모습이 자랑스러웠다.[14]

평소 시민의 안전을 가장 중요하게 여겼던 안병하의 자세는 전남 경찰국장 시절에도 다르지 않았다. 1980년 5월 그와 함께 근무했던 경찰간부들이 회상하는 당시 안병하 국장에 대한 기억도 비슷하다. 시위진압이 경찰 일상 업무의 대부분을 차지하던 시절이었다. 그는 지휘부 대책회의를 주재하면서도 항상 '안전한 집회 관리'를 강조했고, '시위 학생에게 피해가 가지 않도록 하라'는 지시를 반복함으로써 불상사를 사전에 예방할 수 있었던 것이다.[15]

군 지역 경찰 동원해 시위 사전 대비

안병하 국장은 치안과 질서 유지를 위해 사전 예방활동에 철저했다. 민주화 요구와 더불어 점차 증가할 것으로 예상되는 시위 상황에 대비하기 위해 1980년 4월에는 기존 경찰력에다 기동대 1개 중대를 추가로 증설했다. 5월 17일 현재 전남도경에서 시위 현장에 직접 투입 운용할 수 있는 경찰의 규모는 기동대 1·2·3중대와 118전경대 728명이었다.[16] 여기에 전남대를 담당하던 서부경찰서 215명(간부와 일반경찰 각각 11/204), 조선대 담당 광주경찰서 270명 (13/257) 등 485명(24/461), 그리고 도경 본국의 진압부대 95명(8/87) 까지 합치면 모두 1,308명(46/1,262)이었다.

안병하 국장은 5월 3일부터 대학생들의 학내시위가 예정돼 있는 날에는 광주 인접지역 경찰서 근무자들을 조금씩 광주로 올라와 지원토록 조치했다.[17] 5월 14일 대학생들이 본격적으로 시내로 진출하자 지방에서 차출인원을 대폭 늘렸다. 광산, 화순, 나주, 담양, 장성, 영암, 영광, 여수, 순천, 구례, 광양, 함평 등 전남지역 각 경찰서에서 30~60여 명씩 모두 528명(21/507, 13개 경찰서)을 순차적으로 동원했다. 13개 군 지역의 경찰서에서 차출돼 광주에 올라온 경찰들은 여관이나 친인척 집에서 잠을 자고 식당에서 밥을 사서 먹었다. 불편하지만 시국이 시국이니만큼 어쩔 수 없었다. 광산, 나주, 화순, 담양, 장성 등 광주와 인접한 지역에서 차출된 경찰들은 그나마 나았다. 해당 군의 경찰서에서 매일 차량으로 식사를 날라다 주었다. 밤에는 시위가 없었기 때문에 시내 혹은 시외버스를 타고 각자 자기 집으로 돌아갔다가 아침 일찍 광주로 출근했다. 각군에서 올라온 경찰들은 5월 16일 야간 횃불집회가 끝나고, 당분간 학생시위가 없을 것이라는 안병하 국장의 판단에 따라 대부분 자신의 소속 경찰서로 돌아갔다.[18]

또한 그동안 시위에 동원된 부대에 대해서는 특박을 내보내는 등 모처럼 휴식시간을 갖도록 했다. "학생들의 대규모 시내 횃불집회가 끝나자 부대 특박이 떨어져서 고향인 무안으로 갔다."(모○○ 2기 동대) "5월 16일 집회가 끝나고 부대원끼리 장성 백양사로 야유회를 갈 정도로 치안엔 문제가 없었다."(최○○ 3기동대)

5·17 비상계엄 전국확대

5월 17일 토요일 자정 무렵, 도경국장 관사 비상전화가 요란하게 울렸다. 남편이 잠든 지 채 2시간이 지나지 않은 듯싶었다. 곤히 잠든 남편이 벌떡 일어났다. 열이틀 만에 집에 돌아와 겨우 2시간 정도 잠을 자고 있는데 '비상'이라니. 야속한 생각이 들었다. 지금 집에서 나가면 또 언제 돌아올지 기약하기 어렵다는 것을 직감했다. 군대 시절부터 경찰 생활로 이어지는 기간 내내 남편의 일정은 늘 긴장의 연속이었고, 예측이 어려웠다. 어쩔 수 없었다. 남편은 평소 그랬듯이 주섬주섬 옷을 입고 모자를 눌러 쓴 다음 대문을 나섰다. 어둠 속으로 사라지는 그의 뒷모습을 바라보던 아내 전임순은 불안한 마음에 그날 밤 뜬눈으로 날을 샜다.

안 국장은 상무관 앞 분수대를 가로질러 도청 뒤편에 있는 경찰국으로 발걸음을 옮겼다. 5월 중순이지만 밤공기가 써늘했다. 눈을 올려다보니 별이 총총 빛나고 있었다. 관사에서 도청 안에 있는 경찰국까지는 5분 정도밖에 걸리지 않는 짧은 거리였다. 담배 한 개비를 꺼내 불을 붙였다. 연기가 서늘한 공기에 섞여 폐 속 깊숙이 빨려 들어가면서 시원함이 느껴졌다. 안 국장은 잠시지만 빠르게 자신의 생각을 정리해 나갔다. 지금 '비상'이다. 여태까지도 비상계엄 상태였다. 하지만 비상계엄이 '전국확대'로 바뀌면서 어쩐지 전혀 상황이 달라지고 있다는 느낌이 들었다. 지휘관으로서 정확한 상황

파악과 판단이 필요했다.

　안 국장은 어젯밤 퇴근할 때 자신이 마지막으로 확인한 서울 치안본부의 분위기는 그다지 나쁘지 않았다는 사실을 떠올렸다. 5월 13일부터 15일까지 3일간 서울 시내를 휩쓸었던 학생시위가 중단된 상태였다. 광주에서도 하루 더 늦은 14일부터 3일간 시위가 이어졌지만 16일 저녁 야간 횃불시위를 끝으로 그쳤다. 광주지역 학생지도부는 서울과 보조를 맞춘다는 입장이었다. 어젯밤 광주 상황을 종합해서 전화로 보고할 때만 해도 며칠 전과 달리 치안본부의 분위기가 다소 느긋해졌다는 것을 느낄 수 있었다. 서울에서 학생들은 그동안 '비상계엄해제' '유신헌법철폐' '개헌일정단축' 등 민주화를 위한 정치 현안 해결을 요구하면서 대규모 시위를 벌였는데 마침내 정부와 정치권이 움직이기 시작하자 당분간 지켜보기로 하며 시위를 중단했다. 임시국회 소집에도 각 정당의 합의가 이뤄졌다. 5월 20일 '비상계엄해제'를 의결하기 위해서였다. 중동을 순방 중이던 최규하 대통령은 일정을 앞당겨 귀국하여 대책을 강구하겠다고 했다. 전국대학총학생회장단은 더 이상 정치권을 압박하지 말고 기다려보자는 쪽으로 입장을 바꿨다. 한껏 높아졌던 긴장 국면이 순식간에 풀리는 듯했다. 그런데 불과 몇 시간이 지나지 않아 '비상계엄 확대조치'가 내려진 것이다. 앞으로 정국이 어떻게 변할지 예측이 쉽지 않았다.

　안 국장의 생각은 더욱 빠르게 과거로 거슬러 올라갔다. 지난해

10 · 26사건으로 박정희 대통령이 서거한 직후 비상계엄이 내려졌다. 그때부터 비상계엄이 6개월 이상 지속되면서 긴장감이 점차 엷어진 것은 사실이다. 그 사이에 민주화를 요구하는 사회 각계의 바람이 풍선처럼 부풀어갔다. 유신체제에 저항하다 고통을 겪은 학생이나 일부 국민 사이에서 봇물처럼 터져 나오는 민주화에 대한 열망을 이해할 수 있었다. 일선에서 치안유지를 맡고 있는 경찰로서는 이런 정치상황이 부담스러웠다. 급격한 변화보다는 질서를 유지하면서 차근차근 풀어나갔으면 하는 바람이었다. 그러나 객관적인 정치상황이 어떻게 전개될지는 전혀 종잡을 수 없었다.

박정희 대통령이 서거한 직후에도 예측하기 어려운 상황에서 갑자기 12 · 12사건이 발생하지 않았던가. 대통령 시해사건을 수사하던 중 합동수사본부장 전두환 보안사령관이 계엄사령관 정승화를 갑자기 연행했다. 정승화 계엄사령관 연행 이유는 그가 박정희 대통령 사살 현장에서 멀리 떨어지지 않은 곳에 있었는데, 살해범으로 의심되는 김재규 중앙정보부장을 그 자리에서 곧바로 체포하지 않았다는 것이다. 뭔가 석연치 않은 정승화의 10 · 26 당일 행적을 합수부장인 전두환 자신이 직접 조사해야겠다는 것이 연행의 이유였다. 언론보도를 통해 12 · 12사건 소식을 접한 안병하는 바짝 긴장했다. 평소 자신과 친분이 두터웠던 정승화 계엄사령관이 연행되었기 때문이다.[19] 사건의 깊은 내막이야 알 수는 없지만 군 내부에서 알력이 심하다는 것은 짐작할 수 있었다.

밤중에야 '비상' 연락 받아

　정치에 대해서는 일체 개입하지 않을 뿐 아니라 어떤 경우라도 언급하지 않는다는 것이 평소 그의 신조였다. 1961년 5·16 쿠데타 때도 그랬다. 육사 8기인 자신의 동기들이 5·16의 중심세력을 이루었다. 그들이 '혁명대열'에 함께하자고 찾아오기도 했지만 안병하는 거절했다. 지금의 혼란스런 정치 상황도 그때와 비슷하지 않을까 속으로만 짐작할 따름이었다. 군이 주도하는 비상계엄 아래서는 평소와 달리 경찰의 위치가 군의 치안 유지를 보조하는 역할에 머물 수밖에 없었다. 군의 움직임에 촉각을 곤두세우지 않을 수 없는 처지다. 12·12 이후 군 내부에서 실권자로 알려진 전두환 보안사령관의 움직임이 심상치 않았다. 1980년 4월 14일 중앙정보부장 서리로 취임하면서 국내외 언론의 관심이 전두환의 행보에 더욱 집중됐지만 그는 여간해서 여러 사람들 앞에 자신의 모습을 공개적으로 드러내지 않았다. 5월 들어 학생 시위 규모가 커지면서 긴장이 고조될수록 군부가 어떻게 움직일지가 관심사였다.

　그가 도청 정문을 통과할 무렵 한 가지 마음에 걸리는 일이 떠올랐다. 사흘 전인 5월 14일 오후 전남대생들이 그동안 학교 안에서만 하던 교내시위를 박차고 시내로 쏟아져 나오던 날이었다.[20] 이날 오전 10시 45분부터 11시 20분까지 도지사실에서 '학원사태 대책회의'가 열렸다. 장형태 전남지사, 정웅 31사단, 전남대 및 조선대 총장, 정석환 중앙정보부 지부장, 이재우 전남합동수사단장(505 보안부대장) 등 지역의 치안관계자들이 모두 참석한 자리였다. 안병하 국장이 학원소요사태를 종합적으로 분석하여 참석자들에게 보고했다. 그때 뭔가 군 당국의 분위기가 심상치 않다는 느낌을 받았다. 이날 오후 2시부터 전남북계엄분소가 위치한 상무대의 전교사에서는 광주지역 진압작전에 대비한 '학생 가두시위 대책'을 강구하기 위한 군 관계자들만의 작전회의가 은밀하게 열렸다.[21] 물론 안병하 국장은 이날 오후 전교사에서 열린 회의뿐 아니라 그 이전에 계엄사에서 어떤 대책을 강구하고 있는지에 대해서는 전혀 모르고 있었다. 계엄사는 이미 5월 7일부터 2군 및 수도권지역 계엄군의 소요진압 준비태세에 들어갔다. 소위 충정훈련(소요진압훈련) 계획에 따른 것이다.[22]

밤중이지만 경찰국은 부산했다. 환하게 켜진 전등 불빛 아래 안병하 국장이 실내에 들어서자 그를 향해 경례를 하는 소리들이 이어졌다. 주말에 외박을 내보낸 기동대원과 전경들을 불러들이기 위한 비상연락 때문에 여기저기 전화소리가 시끄러웠다. 전남도경과 서부경찰서, 광주경찰서 등에서 각각 정보과 요원 10명씩 모두 30명을 차출하여 광주505보안부대에 긴급 파견을 보냈다는 사후조치 보고도 들어왔다. 지난밤 안 국장이 퇴근한 후 갑자기 보안부대에서 대학을 담당하는 정보과 소속 경찰들을 불러들였다는 것이다.[23]

"공수부대 투입 요청하지 않았다"

17일 자정을 전후해서 전남대와 조선대에 공수부대 2개 대대가 배치됐다는 보고를 받았다.[24] 믿어지지 않았다. 사흘 전 도지사실에서 '학원사태 대책회의'가 열렸을 때까지만 해도 31사단장은 계엄군 투입에 대해 도경국장에게 아무런 언질도 없었다. 다만 14일 저녁 7시경 31사단장이 광주시내 KBS, MBC, CBS, 전일방송국 등 언론사가 위치한 건물의 안전을 염려하여 31사단 병력 85명(장교 5, 사병 80)을 배치했다는 사실만 파악하고 있었다. 광주에서는 14일 낮부터 학생시위가 교내를 벗어나 시내 중심가로 진출했다. 때문에 만일의 사태에 대비하여 언론사 등 주요 공공기관 건물에 경계병을 미리 배치하는 것은 예방차원에서 필요하다고 생각했었다.

그런데 이번 경우는 그때와 달랐다. 적지 않은 규모의 공수부대가 한밤중에 전남대와 조선대 운동장에 은밀하게 진주한 것이다. 전남경찰국에서는 31사단이나 전교사에 계엄군의 지원을 요청한 적이 없었다. 어젯밤 퇴근 무렵 치안본부에 확인했을 때까지만 해도 치안본부 상황 역시 별다른 게 없었다. 이로 미루어 분명 치안본부에서도 계엄군 투입을 요청하지는 않았을 것으로 짐작됐다.

왜 이렇게 갑자기 공수부대를 대학에다 배치했을까? 광주에서 마지막 학생시위는 하루 전인 5월 16일 밤 10시경 경찰의 보호 아래 횃불행진으로 평화롭게 마무리 됐다. 학생들은 당분간 더 이상

시위를 하지 않기로 경찰국장인 자신에게 약속까지 했었다. 보통의 경우 시위를 막다가 경찰력만으로는 도저히 안 되겠다고 판단되면 경찰이 먼저 군의 지원을 요청한다. 그럴 경우에 계엄군 투입이 이뤄지는 게 일반적이다.

그런데 갑작스럽게 밤중에 기습적으로 공수부대가 배치되는 상황이 벌어진 것이다. 상식적으로는 도무지 이해가 되지 않았다. 물론 계엄군의 배치나 이동은 상황이 급박할 경우 계엄사령부가 독자적으로 판단해서 시행할 수도 있다. 하지만 계엄 당국의 판단에 따라 계엄군을 투입한다 해도 최소한 현지 치안책임자의 의견과 판단을 미리 들어보는 게 상식적이다. 더군다나 최정예부대로 알려진 공수부대를 배치하는 일이라면 더욱 그랬다. 생각이 여기까지 미치자 안 국장은 당혹스러웠다. 도대체 앞으로 자신이 어떻게 부하 경찰들을 지휘할 수 있을지 걱정이 앞섰다. 현지 치안책임자인 경찰국장을 '왕따'시키는 게 아닌가 하는 의구심과 함께 그동안 줄곧 상황을 공유해왔던 31사단 관계자들을 향해서도 서운한 생각이 들었다. 또한 누구보다 이런 상황을 잘 알고 있을 법한 윤흥정 전남북 계엄사령관에게도 서운한 감정은 마찬가지였다. 다른 사람은 몰랐다 할지라도 육사 동기생이던 윤흥정 사령관은 아마 이 상황을 미리 알았을 것이라고 짐작했다. 그렇다면 자신에게 미리 귀띔이라도 한번 해줬을 법한데 그러지 않았다.

전두환과의 만남

계속해서 안 국장에게 보고가 들어왔다. "18일 새벽부터 예상치 못한 보고가 올라오기 시작했어요. 공수부대 280명 정도가 조선대에 진주했다고 산수파출소에서 전화 보고가 오고, 서부경찰서에서는 공수부대 320명 정도가 전남대에 진주했다는 전통이 와서 안병하 국장에게 즉시 보고했는데 국장도 무슨 영문인지 몰랐습니다."(최○○ 전남경찰국 상황실)[25] 시간이 흐를수록 상황이 조금씩 더 분명해졌다. 광주에만 공수부대가 투입된 것이 아니었다. 7공수여단의 다른 2개 대대는 같은 시각 전북대학교와 충남대학교에 각각 배치됐다는 사실을 알게 됐다. 또한 서울 지역 주요 대학에도 공수부대가 일제히 배치됐다는 사실도 파악됐다.

그 무렵 안병하 국장이 지휘하던 도경은 10·26 사태 직후 계엄이 시작되면서부터 전남지역 계엄부대인 31사단의 통제를 받고 있었다. 도경에는 31사단에서 파견 나온 통신, 작전 분야 병력이 상주했고, 경찰국에서도 31사단 작전참모실에 군과 연락업무를 맡을 연락관을 파견한 상태였다. 31사단과 도경 상황실은 직통전화가 가설돼 있었다.[26] 평소 일상적인 계엄업무는 군과 경찰 사이에 설치된 직통전화와 연락관들을 통해 원활하게 협조가 이뤄지고 있었다.

시간이 흐르면서 상황이 더 분명해질수록 계엄사령부가 어떤 강력한 의도를 가지고 움직이지 않고서는 있을 수 없는 일이 벌어지고 있다는 판단이 들었다. 그 순간 안 국장의 뇌리를 퍼뜩 스쳐가는 불길한 생각 하나가 떠올랐다. 날짜는 분명치 않지만 며칠 전 전남 도청에 중앙정보부장 서리 겸 보안사령관 전두환이 다녀갔다. 전두환의 전남 도청 방문은 극비리에 진행됐기 때문에 일반인들은 알지 못했다. 막강한 정보기관의 수장으로서 그는 그림자처럼 움직였다. 안 국장은 그날 도청에서 전두환을 만났을 때를 떠올렸다. 안병하 국장이 학생 동향 등 계엄업무에 대한 보고를 했다. 전두환이 도청을 떠나기 직전이었다. 전 사령관은 안 국장에게 악수를 청하면서 손을 꽉 움켜쥐었다.

"선배님, 조만간 서울 오시면 저에게 한번 들러주십시오. 드릴 말씀이 좀 있으니….“

짧지만 진지한 말투였다. 그냥 인사치레로 건네는 말이 아니라는 느낌이 전해왔다. 전두환 보안사령관은 10·26 직후 계엄사 합동수사본부장으로 박정희 대통령 시해사건 수사 때 처음으로 언론에 등장했다. 하지만 12·12를 거치면서 경찰 정보계통에서는 전두환이 '군의 실세'라는 소문이 자자했다. 이듬해 4월 중순 중앙정보부장 서리에 취임하면서 국내외 언론의 주목을 받았다. 경찰 정보와 여론에 따르면 전두환은 명실상부한 군의 최고 실권자였다. 그런 사람이 이런 제안을 한다는 것은 다소 의외였다. 제안을 그냥 무시해 버리기에는 부담스러웠다. 겉으로만 본다면 안병하는 육사 8기로, 11기 전두환의 선배였다. 안병하의 동기생들은 5·16 군사정변 당시 주력군으로 참여했기 때문에 박정희 대통령이 집권하자 정권의 실세로 자리를 굳혔다. 직책상 높은 자리에 있는 후배 전두환이 안병하에게 깍듯이 인사를 차리는 것은 친근감과 예의바른 인상을 주기에 충분했다. 하지만 당시 안병하 국장의 느낌은 달랐다고 한다. 전두환은 직속상관이던 정승화 계엄사령관을 지난해 12월 12일 밤 전격 체포한 뒤 실권을 잡았던 인물이 아니던가. 전두환의 제안에 긴장하지 않을 수 없었다. 뭔가 큰일을 앞두고 협조를 구하려 하는 게 아니냐는 느낌을 받았다. 하지만 그 뒤 안병하는 일부러 전두환을 만나러 가지는 않았다. 개인적으로 그를 만나고 싶지 않았기 때문이다.[27]

비상계엄으로 멈춰버린 민주화의 여정

5월 17일 밤 7공수여단의 배치는 경찰국장 안병하마저도 모르게 극비리에 진행됐다. 이날 밤 상황이 육군본부가 발간한 공식 자료집 『계엄사』에는 다음과 같이 정리돼 있다.[28]

- 이처럼 제한된 병력으로 안정을 회복시키기 위해서는 고교생 및 노동자와 불량배 등 부화뇌동 분자들이 가세하기 이전에 조치하지 않을 수 없었다.
- 만약 소요가 과열 중에 있을 때에 군을 투입한다면 학생과 군인

공히 희생자가 발생할 것이기 때문에 학생들이 전열정비를 위해 소강상태에 있는 5월 17일 주말을 기하여 병력을 투입함으로써 희생자 발생을 방지할 수 있었기 때문에 불가피하게 5·17 조치를 단행하지 않을 수 없었다.
- 결국 5월 17일 11시 전군 주요지휘관 회의에서 난국을 수습하기 위하여 비상계엄 확대를 결의.

무르익어 가던 민주화 여정은 17일 자정에 내려진 '비상계엄 전국 확대' 조치로 멈춰버렸다. 안병하 국장은 군부가 전면에 나서는 상황이 바로 눈앞에 다가온 것을 직감했다. 지금으로서는 상황이 어떻게 변할지 전혀 예측할 수 없었다. 대충 상황이 파악되자 안병하 국장은 더욱 긴장할 수밖에 없었다. 한편으로는 계엄군이 투입된다니 차라리 잘 됐다 싶은 생각도 들었다. 경찰력으로만 시위를 막으려면 경찰 부상자가 많이 나오지 않을까 염려됐기 때문이다. 경찰 대신 군이 앞장선다면 경찰로서는 오히려 좀 수월해지지 않을까 하는 생각도 들었다.

2. 경찰, 시위 진압에 나서다(5월 18일)

18일 아침 8시경, 외박 나갔던 기동경찰과 전경들이 아침 일찍 대부분 경찰국으로 복귀했다. 새벽에 서부경찰서와 광주경찰서를 통해 접수된 전남대와 조선대 상황은 일요일이어서인지 조용했다.

그런데 대학교에 배치된 7공수여단 수색조들이 도착과 동시에 밤중 내내 도서관, 학생회관, 방송실 등을 급습하여 그곳에서 공부하고 있거나 휴식을 취하던 학생들을 모조리 연행했다는 소식이 들어왔다. 강제연행에 불응하거나 조금이라도 저항하는 기색이 보이는 학생은 군인이 진압봉으로 거칠게 다루더라는 보고도 있었다. 새벽녘까지 체포된 학생 숫자는 전남대와 조선대 두 군데서 69명에 이르렀다. 또한 505보안부대가 사령부로부터 미리 확보한 광주전남지역의 예비검속자 명단 20여 명 가운데 12명이 이날 밤 체포됐다. 서부경찰서와 광주경찰서 정보과 소속 경찰들이 505보안부대 군인들을 안내해서 예비검속 대상자들의 집을 밤중에 급습했다. 전남대 총학생회장 박관현은 어디로 숨었는지 아직 붙잡히지 않은 모양이었다. 현장에 나가서 군인들을 보조하거나 지켜보던 경찰 정보망을 통해 이런 소식들이 속속 안병하 국장에게 보고되었다.

지난밤 발령된 계엄포고 제10호가 치안본부를 통해 내려왔다. 새벽 1시에 이희성 계엄사령관 명의로 발표됐다는 계엄포고령을 읽는 순간 안병하 국장은 이게 보통 사태가 아니라는 것을 새삼 직감했다. 모든 정치활동 중지, 집회 및 시위 금지, 전국 모든 대학 휴교령, 언론보도 사전 검열, 파업 및 유언비어 유포 금지 등의 내용이 담겨 있었다. 서울에서는 김대중, 김종필 등 거물급 정치인들이 밤중에 예비검속으로 연행됐다는 소식도 들어왔다. 계엄사는 임시로 업무조정을 지시하여 경찰대신 헌병이 치안을 담당토록 조치했다.[29] 계엄사의 지휘를 받는 치안본부에서는 '비상계엄 전국확대' 조치에 반발하여 학생시위가 예상된다며 '질서 유지'를 위해 경찰이 적극 대처하라는 지시가 내려오고 있었다.

안 국장은 심정이 착잡해졌다. 아무래도 학생들이 가만 있지 않을 게 분명해 보였다. 정치권, 대통령까지 상황을 수습하겠다고 나설 만큼 학생들의 민주화 요구 목소리가 커진 상태인데다 이걸 단번에 막겠다는 계엄사의 의도가 포고령 문안에서 뚜렷이 읽혀졌다. 학생은 물론 경찰의 희생도 커질 것 같은 우려가 앞섰다. 지금까지 경찰의 영역이던 치안 질서 확립도 헌병을 앞세워 군이 주도하겠다는 것이 계엄사의 의도였다. 안 국장 자신이 아무리 합리적이고 평화적인 방법으로 시위를 진정시키고자 해도 군인들이 그 방식에 동의하지 않으면 어려울 수밖에 없는 상황이 예상됐다. 군이 이렇듯 강하게 나오는 마당에 경찰이 멈칫거리는 모습을 보일 수는 없었다. 경찰이 소극적으로 학생시위에 대처하는 모습을 보였다가는 군이 개입할 명분만 주는 꼴이 되겠다 싶었다. 만약 그렇게 되면 학생과 군 사이에 충돌이 발생할 것이고, 학생의 희생이 훨씬 더 커질

게 분명했다. 생각이 여기에 미치자 안 국장은 고개를 좌우로 절레절레 흔들었다. 경찰이 시위 진압에 좀 더 적극적으로 나서서 차라리 군의 개입 여지를 줄이는 편이 낫겠다는 생각이 들었다.

아침 일찍 식사를 마친 안 국장은 오전 10시경 전남대 정문 앞에서 학생들과 7공수 경계병 사이에 충돌이 발생했고, 잠시 후 학생들이 광주역을 거쳐 시내 금남로 방향으로 이동한다는 보고를 들었다. 안 국장은 오전 11시 이전 전남대 앞에서 시작된 시위대가 금남로에 도착하기 전까지 전일빌딩 부근 금남로 1가에 경찰기동대와 전경대를 우선 배치하라고 지시했다.[30] 이날 오전 9시부터 오후 1시까지 경찰의 배치 상황은 다음과 같다. 전남대와 조선대(각 2개 중대), 시가지와 공원(각 2개 중대), 그리고 예비대 1개 중대, 채증과 체포활동에 1개 중대 등 모두 10개 중대 1,925명(95/1,830)을 배치했다. 여기에 동원된 부대는 기동대(4개 중대)와 광주경찰서 및 서부경찰서 2개 중대, 전남의 시군지역 경찰서에서 차출한 3개 중대, 본국 1개 중대 등이었다.[31] 시와 군에서 차출한 경찰은 3개 경찰서를 묶어 1개 중대씩으로 편성했다.

"도망하는 시위대를 쫓지 말라" 강조

안병하 국장은 시위진압에 나서는 경찰 지휘관들에게 '안전한 집회 관리'를 강조하고, '시위 학생에게 피해가 가지 않도록 하라'고 반복해서 지시했다.[32] 비상계엄 전국확대 조치에 따라 부득이하게 경찰의 진압강도가 지금까지보다는 훨씬 강화될 수밖에 없는 상황이라는 점도 강조했다. 경찰의 진압강도가 높아지다 보면 예상치 못한 피해가 발생할 우려도 컸다. 어떤 상황에서라도 학생들의 안전 보장이 최우선이라고 여겼다. 이와 같은 안 국장의 생각은 당시 진압작전에 나선 경찰 '지휘부 대책회의' 기록 중 '전남경찰국장의 주요 지시사항'에서 확인할 수 있다.[33]

- 시가지에서 구호를 외치거나 플래카드 이용 시위 학생은 연행할 것
- 시가지 운집 학생은 해산지시에 불응시 전원연행
- 학생에 대하여 부상 및 희생자 없도록 최대한 노력
- 화학탄을 사용치 말고 부상사례가 없도록 적극 유의
- 해산요령은 주력부대를 분산시킬 것
- 주모자만 신속히 연행, 도주하는 학생은 추적치 말 것

당시 시위진압 부대를 이끌었던 전남도경 소속 경찰지휘관들의 증언에서도 안 국장의 지시내용이 확인된다.[34] "안병하 국장은 시위 시민들을 자극하는 행동을 하지 말고 항상 안전수칙을 준수하며 도망하는 시위대를 쫓지 말고 시민들이 다치지 않도록 각별히 신경 쓰라"고 당부했다.(기동 1중대장 김○○) "안 국장은 공격 진압보다

는 방어 진압을 우선시 했고, 진압을 하되 꼭 방어 진압을 강조"했다.(기동 2중대장 허○○) "특히 시위 학생들에게 돌멩이를 던지지 말고 도망가는 학생들을 쫓지 말라"고 지시했다.(기동 3중대장 이○○) "군인 출신답지 않게 인성이 좋았고, 직원들 간 유대관계도 좋았다. 시위대가 밀려오더라도 격렬하게 대처하지 말고 평화롭게 대처하되 우리 경찰관들도 절대 다치지 않도록 대처하라"고 했다.(광주서부경찰서장 김○○) "5·17 자정에 계엄이 확대되고 공수부대를 포함한 군 병력이 광주에 투입된다는 통보를 군 당국으로부터 받은 국장께서는 경찰 지휘관들에게 연일 시위진압에 수고가 많다고 위로하면서 '군의 지원병력이 투입되면 경찰에 큰 도움이 될 것'이라고 격려"했다.(영암경찰서장 김○○)

지휘관의 위치는 진압대열의 선두

안병하 국장의 지시사항 가운데 특이한 점은 "시위 진압 시 각급 지휘관이 진압대열 선두에 위치하여 시민 학생들의 안전을 보호"하도록 하라는 지시였다.(목포경찰서 경리계장 최○○) 시위진압 현장에서 지휘관이 선두에 위치해서 책임지고 진압 경찰을 통제하라는 뜻이었다. 시위진압을 하다보면 시위대와 몸이 서로 부딪치거나 돌멩이, 심지어는 화염병이 날아오기 때문에 자칫 감정이 격해지기 쉽다. 그러다보면 자연히 진압봉을 강하게 휘두르거나 불필요하게 주먹 혹은 발길질을 하면서 서로 부상자가 속출하기 일쑤다. 안 국장은 이런 점을 염려해서 지휘관들이 선두에서 부대를 지휘함으로써 감정적인 충돌을 방지하라고 세밀하게 지시했던 것이다. 오전 11시경, 금남로 3가 가톨릭센터 앞에 도착한 학생시위대가 도로를 점거하고 농성에 돌입했다. 점거농성 대열 후미에 가톨릭센터에서 지켜보다 나온 수녀들 20여 명도 함께 참여했다. 전일빌딩 앞에 배치된 경찰이 가톨릭센터 앞으로 달려왔다. 주위에서 구경하는 시민들 숫자도 순식간에 늘어나 1백여 명이 넘었다. 경찰 지휘관이 메가폰으로 도로를 점거한 시위학생 500여 명에게 '비상계엄 전국확대'와 '공수부대의 광주진입' 사실을 알리며 만약 당장 해산하지 않으면 "공수부대가 직접 시위진압에 나설 것"이라고 말했다. 또한 "공수부대가 투입되면 학생들의 희생이 불가피하게 될 터이니 빨리 해산하라"고 설득했다. 그럴수록 학생시위대는 흥분하여 "비상계엄 철폐하라" "김대중 석방하라" "전두환 물러가라"며 목소리를 더 높여 구호를 외쳤다. 경찰 숫자가 시위대보다 압도적으로 많았다. 해산 기미가 보이지 않자 경찰이 지휘관의 지시에 따라 우르르 시위대에 달려들어 한 명씩 강제로 대열에서 떼어내 끌고 갔다. 강하게 저항하는 학생들을 제압하기 위해 몸싸움이 벌어졌다. 학생들은 엊그제 야간 횃불시위를 평화롭게 에스코트하던 데 비해 거칠어진 경찰의 모습에 깜짝 놀랐다. 그러자 누군가 "폭력경찰 물러가라"라고 구호를 바꾸어 외쳤다. 최루탄이 터졌다. 공격적으로 바뀐 경찰의 진압

태도에 시위대의 분노가 커졌다. 오전 11시 55분경 안병하 국장은 "시위현장에서 붙잡혀오는 학생들이 다치거나 피해가 없도록 유의할 것"을 현장 지휘관들에게 다시 지시했다.[35]

더 이상 그 자리를 지킬 수 없다는 사실을 깨닫고 시위대열은 급히 금남로를 벗어나 광주공원 쪽으로 향했다. 도중에 충장로파출소를 지날 때 시위대열에서 누군가 파출소를 향해 돌을 던졌다. 그러자 흥분한 시위대의 상당수가 금남로에서 경찰에게 당한 화풀이로 길바닥에 깔린 보도블럭을 깨서 충장로파출소에다 던져댔다. 순식간에 도로 쪽으로 향한 파출소 유리창이 모두 깨져버렸다. 그러고 나서 곧바로 공원 방향으로 도망쳤다. 산수동 쪽으로 쫓겨 간 학생 시위대 20여 명도 산수파출소 곁을 지나다 파출소에 돌을 던져 유리창 20여 장을 깨고 나서 구호를 외치며 도망쳤다. 그러자 안병하 국장은 12시 55분경 "시위 중인 학생을 철저히 검거하라"고 지시했다.

치안본부, 강경 진압 요구

오후 2시에서 3시 사이 학생회관 골목에 학생 시위대 한 무리가 나타나 갑자기 점심식사를 하던 전투경찰을 에워쌌다. 수적으로 열세였던 경찰이 그 자리를 피하자 시위대는 경찰의 가스 살포차량('페퍼포그 차')에 불을 질러버리는 사건이 발생했다. 이 소문이 퍼지자 시위대의 기세가 다시 살아나는 모양새였다. 오후 3~4시 사이에는 동명파출소, 지산파출소, 동산파출소 등지에도 시위대가 투석하여 유리창이 깨졌다.

오후에는 헬리콥터가 공중에서 경찰의 진압작전을 지원했다. 헬기는 공중에 낮게 떠서 골목으로 피해 달아나는 시위대를 추격했다. 헬기가 경찰 진압부대에 무전으로 골목에서 이동하고 있는 시위대의 위치를 알려줬다. 이 정보에 따라 곧바로 경찰 진압부대가 출동하여 시위대를 해산시켜버렸다.[36] 진압경찰의 기동력이 빨라지자 시위대의 규모도 눈에 띄게 줄었다. 경찰의 진압이 평소보다 강력하게 진행되면서 구경하던 시민들이 자칫 시위대열에 합세할까봐 우려했지만 아직 그럴 낌새는 엿보이지 않았다. 곁에서 구경하던 시민들은 학생들의 구호에 공감하면서도 감히 시위대열에 동참하지는 못했다. 학생시위는 오후 내내 산발적으로 이어졌지만 시간이 흐를수록 뒤쫓는 경찰을 피해 이리저리 분산됐고, 지쳐가는 모습이 역력했다.

안병하 국장은 직접 시위 현장을 돌며 진압상황을 지켜본 후 작전지시를 내렸다. 시위대를 이끄는 자들 가운데 딱히 주동자라고 보이는 학생은 눈에 띄지 않았다. 실제로 5월 16일까지 도청 앞 시위를 이끌었던 전남대총학생회 지도부는 18일 시위대열 속에 없었다. 17일 저녁 보안사의 사전 예비검속을 눈치 채고 그날 밤 이미 광주를 벗어나 피신한 상태였기 때문이다. 비상계엄 확대와 김대중 연행 등 갑작스런 상황 변화에 흥분한 학생들이 자발적으로 나서서 시위대를 이끌고 있다는 판단이 들었다. 안 국장은 시위대가 서로 뭉쳐 규모가 커지지 않게 이런 식으로 현재 상황을 잘 관리하면 날씨가 어두워질 무렵 시위도 자연스럽게 수그러들 가능성이 크다고 생각했다.

그런데 치안본부에서는 자꾸 '시위를 강력하게 진압하라'는 지시가 내려왔다. 안병하 국장은 상부에서 광주의 현장 상황을 구체적으로 잘 모르고 있기 때문에 그런 지시를 내려 보내고 있을 것이라고 판단했다. 오히려 '경찰이 시민과 정면충돌하여 경찰의 희생이 발생하면 계엄군이 강력한 진압을 위한 명분으로 삼을 수도 있다'는 생각에 경찰의 강경진압을 독려하지 않았다.[37] 오후 3시 32분, 안병하 국장은 "16시 20분부터 공수단이 투입되어 협동작전을 하게 되니 각 부대장은 현장을 유지하고 가스차 피탈이나 인명피해가 없도록 조치하라"고 지시했다.[38] 경찰의 진압작전이 무리 없이 진행되고 있는 상황인데 공수부대를 투입한다는 것은 통상적이지 않았다.[39]

광주시내 경찰정보센터 23곳 운용

이때 경찰은 시내 중심가 또는 시위대가 집결하기 쉬운 장소 23군데에다 정보센터를 운영하고 있었다.[40] 각 정보센터마다 경찰관 2명씩을 배치했고, 임시 경비전화를 가설하여 시위대의 동태를 촘촘히 파악했다. 각 정보센터에서 들어온 보고 내용은 도경 상황실의

지도 위에 실시간으로 표기돼 시위대와 진압경찰의 이동상황이 입체적으로 그려지고 있었다. 각 정보센터에서 입수된 상황관련 첩보는 즉시 치안본부에 보고됐고, 동시에 도지사와 31사단장, 보안부대장에게도 통보했다. 유관기관끼리 관련첩보를 공유하는 시스템이 갖춰져 있었던 것이다.

안 국장은 누구보다 군의 작전에 깊은 이해가 있었다. 6·25 때 일선 부대 지휘관으로 참전해서 적군을 섬멸시킨 적도 있었고, 그로 인해 여러 차례 표창까지 받았다. 경찰에 투신해서도 무장공비 소탕작전을 성공적으로 지휘했고, 서대문경찰서장 재직시절에는 무리 없이 시위관리를 잘했다고 실력을 인정받았던 터였다. 그의 입장에서 볼 때 시위 기세가 수그러들고 있는 상황에 갑작스런 공수부대 투입은 납득하기 어려웠다. 그렇다고 군 당국이 하는 일을 잘못됐다고 지적하거나 제지할 수 있는 처지도 아니었다.

계엄령이 확대된 시점에서 경찰은 계엄법에 따라 군의 지시를 받을 수밖에 없었다.[41] 평소 같으면 경찰국장인 자신이 주도적으로 시위진압 작전을 지휘할 수 있지만 지금은 군이 앞장서고 경찰은 치안유지의 보조적인 역할로 행동반경이 제한된 상태다. 공수부대가 시위 현장에 투입되면 경찰은 군인들의 후미를 받쳐주는 2선 개념으로 바뀐다. 군인들이 시위대 방향으로 돌격하면 경찰부대가 그 뒤를 경계해주는 형태로 경찰의 작전이 전환되는 것이다. 필요에 따라서는 계엄군에게 연행된 시위자를 현장에서 인계받아 호송하는 역할도 맡았다. 안 국장은 기세가 꺾여 거의 사그라질 것 같은 시위가 공수부대 투입에 자극돼 오히려 더 커지지 않을까 염려했다.

오후 4시경, 금남로 5가 수창국민학교 부근에 있던 경찰의 진압부대에서 공수부대가 투입됐다는 보고가 들어왔다.[42] 시위진압 양상이 달라지기 시작했다. 도경 상황실에는 수창국민학교와 시외버스공용터미널 부근에 최초로 투입된 7공수 대원들의 진압상황이 속속 접수되고 있었다. 공수대원들이 학생뿐 아니라 시위 현장 부근에서 구경하는 젊은이들까지 마구잡이로 붙잡아 진압봉으로 심하게 두들겨 패서 거의 초죽음 상태로 만들고 있다는 목격담들이었다. 현장에서 들어오는 보고들은 믿기 어려울 만큼 거칠었다. 시위 현장에서 공수대원에게 붙잡힌 사람들이 차량에 실려 광주경찰서와 서부경찰서에 도착했다. 군으로부터 경찰에 인계된 연행자들의 몰골은 말이 아니었다. 팬티만 걸친 청년들이 얼마나 두들겨 맞았는지 머리와 몸에서 피가 줄줄 흐르거나, 등에는 진압봉 자국이 붉은색으로 선명했다. 눈 주위가 부어올라 얼굴을 알아보기 힘들 정도였다. 어떤 사람들은 대검 따위의 날카로운 칼에 찔렸는지 피가 낭자한 모습도 보였다. 안 국장은 공수부대 투입 결과 자신의 우려가 현실로 나타나고 있음을 직감했다. 당장 부상자를 병원으로 옮겨 응급치료를 하도록 지시했다. 경찰서 앞마당과 유치장, 사무실 복도 등에는 붙잡혀온 사람들의 비명과 신음소리가 가득했다.

공수부대 강경진압, 상상 초월

안병하 국장은 공수부대가 투입되면 경찰과 달리 진압강도가 훨씬 세질 것이라고 예상은 했지만 이렇게 심각할 줄은 미처 몰랐다. 연행자들의 모습을 보자 더욱 걱정됐다. 자신의 경험에 비춰볼 때 강하게 진압하면 시위가 곧바로 진압되는 경우도 있었지만, 오히려 시위대의 반발을 불러일으켜 상황이 더욱 악화되는 사례도 없지 않았다. 금남로에 공수부대가 투입됐다는 소식을 접하는 순간부터 조마조마했는데 결국 사태가 악화일로로 치달을 수밖에 없음을 직감했다.

오후 5시경, 지산동 법원 방향으로 향하던 경찰 수송버스 한 대가 시위대에 둘러싸였다. 시위대가 던진 돌멩이들이 유리창 보호용 철망을 부숴버렸다. 담양에서 광주의 시위진압을 위해 이날 오후 긴급 동원된 경찰들이었다. 42명의 경찰이 시위대에게 붙들려 볼모가 됐다. 시위대가 볼모로 붙잡힌 경찰을 에워싸고 도청 쪽으로 향한다는 보고가 도경 상황실에 접수됐다. 이 상황은 곧바로 공수부대에게도 전파됐다. 시위대는 연행된 학생과 자신들이 붙잡은 경찰을 교환하자며 도청 쪽으로 향했다. 이 대열이 동명로 입구 청산학원에 이르렀을 때 공수부대와 마주쳤다. 차량에서 내린 공수대원들은 시위대를 향해 빠르게 돌진하며 진압봉을 사납게 휘둘렀다. 순식간에 아수라장이 돼버렸다.

공수대원들은 각기 한 명씩을 목표로 도망가는 학생들을 끝까지 추격했다. 공수대원의 시위진압을 지켜본 경찰은 깜짝 놀랐다. 진압봉으로 닥치는 대로 두들겨 패고, 붙잡혀 쓰러지면 여러 명이 달려들어 잔인하게 군홧발로 짓이겨 피투성이로 만들어버렸다. 심지어 7공수는 '총검 진압'을 펼쳤다.[43] 진압에 나선 공수대원들이 이렇듯 강경하게 나오는 것은 주위에서 구경하는 시민들에게 공포감을 조성하려는 의도인 것 같아 보인다는 보고도 들어왔다. 공수부대가 투입되자 시위대는 혼비백산해서 도망갔다. 그 사이에 시위대에게 붙잡혔던 경찰이 모두 무사히 풀려났다. 안 국장은 공수부대의 도움으로 경찰이 무사히 풀려난 점은 다행이지만 앞으로 상황이 어떻게 될지 더 염려됐다.

오후 6시경, 전남북계엄분소에서는 '계엄분소 공고 제4호'를 발령하여 광주 시내 일원의 통금시간을 자정에서 9시로 3시간 앞당긴다고 발표했다. 하지만 이날 밤 계엄당국의 '통행금지' 시각은 지켜지지 않았다. 안 국장은 저녁 7시경 31사단에서 경찰연락관을 통해 시위진압이 완료된 것 같다는 보고를 들었다. 7공수여단 대대장으로부터 31사단장에게 시위진압 완료보고가 있었다는 것이다. 하지만 7공수의 강력한 진압은 오히려 구경하던 시민을 크게 자극하여 어두워져도 시위가 그치지 않았다. 가톨릭센터 앞 금남로와 노동청, 한일은행 부근에서는 밤 11시 정도까지 수백 명 혹은 1~2천 명 규모의 사람들이 대열을 지어 몰려다니며 공수부대의 잔인한 진압에 항의하는 목소리를 높였다. 자정이 가까워지자 비로소 시위대가 흩어졌다. 안병하 국장은 이날 밤 시위대가 흩어지자 11시 20분까지 18개 경찰서와 파출소, 36개 도로 교차지점에 계엄군 1개 지대와 경찰 2개 분대씩(약 30명 규모)을 합동으로 배치했다.[44]

전교사 「작전상황일지」에 따르면 18일 하루 사이에 광주에서 시위 관련 혐의로 연행된 사람 숫자는 405명에 달했다. 대학생 114명, 전문대생 35명, 고교생 6명, 재수생 66명, 일반시민 184명 등이었다.[45] 또한 7공수가 휘두른 진압봉에 맞아 청각장애인 김경철(남, 28세)이 '후두부 찰과상 및 열상'을 입고 치료 중 5월 19일 새벽 3시에 사망했다. 5·18 기간 중 최초의 사망자였다. 이날 경찰은 파출소 5개소 유리창 및 집기류 파손, 가스분사 차량 1대가 불타버리는 피해를 입었다.

군 투입되면 경찰은 더 편할 것 기대

한편 안병하 국장의 부인 전임순 여사는 17일 자정 무렵 '비상'이라며 남편이 나간 뒤부터 뜬눈으로 밤을 새웠다. 직업이 직업인지라 항상 남편은 그랬다. '비상'이 걸리면 곧바로 나갔고, 며칠씩 집에 들어오지 못하는 경우가 다반사였다. 군인과 경찰의 아내로 살아가야 하는 사람의 숙명이려니 하면서도 이런 불안을 견디는 건 언제나 자신만의 몫이었다. 오랜만에 집에 들어온 남편은 불과 2~3

시간 정도 짧은 시간 깊은 잠에 빠져들었다가 곧바로 다시 나갔다. 잠시 후 경찰국에서 전화가 왔다. 비상계엄령이 전국으로 확대해서 선포됐다는 사실을 알려왔다.

18일 아침 날이 밝자 경찰국 과장이나 경찰서장 부인들 8~9명이 불안한 표정으로 국장 관사에 모여들었다. 돌아가는 상황이 모두 궁금했다. 누군가 관사에 오던 도중에 보니까 대학교에는 이미 군인들이 들어와 있더라고 했다. 바깥 상황이 너무 궁금해 거리로 나가 대학교 앞에 가보니 학생들이 모여 있었고, 군인들에게 돌을 던지기도 했다. 점점 학생들이 늘어갔다. 파출소 앞에도 학생들이 모여 있었다. 시간이 갈수록 그 숫자는 늘어갔다. 뭔가 큰일이 생길 것 같아 걱정스러웠다. 그 때 누군가 오후 2시에 공수부대가 시내에 들어온다고 말했다. 군인들이 들어오면 경찰을 대신해서 시위를 막아 줄 것이므로 차라리 잘된 일 아니냐고 부인들끼리는 서로의 생각을 주고받았다.

꽤 오랜 시간이 흘렀다. 어디에선가 많은 학생들이 몰려왔다. 마침내 누군가 "공수부대가 온다"고 외쳤다. 부인들도 그쪽으로 가보았다. 군중 속으로 군 트럭이 몇 대 들어오더니 차에서 내린 공수대원들이 진압에 나섰다. 군인들은 학생들을 진압봉으로 닥치는 대로 때린 다음 차에 실었다. 피투성이가 된 학생들이 고개만 들어도 진압봉을 마구 휘둘렀다. 부인들은 너무 놀랐다. '이런 게 아닌데…' 하는 생각이 들었다. 공수부대원들은 상가 빌딩 안으로 도망가는 학생들도 끝까지 추적해서 잡아왔다. 주변에서 데모를 구경하던 사람들은 겁에 질려 아무 말도 하지 못한 채 보고만 있을 뿐이었다. 얼마나 지났을까? 주위가 조용해지자 부인들은 힘없는 발걸음으로 관사로 돌아왔다. 관사에 남아 있던 임 순경은 여기저기서 발생한 부상자가 몇 백 명은 될 것이라며, 경찰은 연행된 학생들 가운데 부상자를 치료하고 밥도 먹여야 한다고 말했다.

밤이 되자 얼굴도 모르는 일반 시민들로부터 경찰국장 관사로 전화가 걸려왔다. "붙잡힌 학생들이 다 죽었다는데 사실이냐?"고 물었다. "죽긴 왜 죽습니까? 지금은 비상시국이니 집에 돌아가거든 아이들을 밖에 내보내지 말고 잘 간수하라"고 당부했다. 전임순 여사는 밤새도록 이런 전화를 여러 차례 받았고 차분하게 답변해 주었다. 지금까지는 학생들만 시위를 했는데 앞으로 시민들까지 합세할 것 같다는 생각이 들었다.

19일 아침 일찍 시장에 나가 보니 상인들이 삼삼오오 모여서 이야기를 하고 있었다. 누군가가 "우리 아이들이 죽어 가는데 장사가 다 무엇이냐. 우리도 같이 다 들고 일어나자"고 말했다. 전임순 여사가 생각한 대로였다. 택시운전사가 도망가는 학생을 태웠다고 군인이 대검으로 그 택시운전사 허벅지를 찔렀다는 이야기를 임 순경으로부터 전해 들었다. 이에 분노한 운전기사들이 들고 일어나겠다고 했다는 것이다. 점점 불안해졌다. 시위가 걷잡을 수 없이 커질 것 같다는 생각이 들었다. TV에서는 광주에서 일어난 일들이 유언비어라고만 보도했다. 전화 등 통신도 두절되었으니 광주에서 사태가 이렇게 돌아가고 있는 것을 상부에서는 모를 것이라는 생각이 들었다. 자신이 직접 눈으로 보고 귀로 들은 것을 그분들께 알리고 싶었다. 사태가 커질수록 남편도 너무 힘들어 질 것 같다는 생각 때문이었다.

그런데 광주시민의 분노를 폭발시킨 7공수여단의 광주 투입이 '안병하 도경국장의 요청에 따른 것'이라는 주장이 훗날 제기돼 논란이 됐다. 1988년 국회 5·18 청문회 자리에서다. '경찰이 군병력 투입을 요청했다'고 증언한 사람은 1980년 5월 당시 31사단 작전보좌관 임ㅇㅇ 소령이었다.[46] 그의 증언에 따르면 당시 31사단이 경찰을 통제하고 있었는데 도경상황실에서 연락관을 통해 31사단 상황실에 그런 요청이 있었고 그에 따라 7공수여단을 광주시내에 투입했다고 주장했다. 전남도경에서 경찰력만으로는 시위진압을 감당하기 어려우니 31사단 측에 군을 투입해달라는 요청을 했다는 것이다. 그러나 임 소령의 이런 주장은 거짓이다. 당시 국방부는 광주청문회에 대비하기 위해 '511 연구위원회'(이하 '511 위원회')라는 조직을 만들었는데 여기서 증인을 회유하여 조작해낸 증언이다.[47] 청문회에서 조홍규 평민당 의원은 임ㅇㅇ 증인이 승진을 목전에 둔 상태에서 육군본부의 회유에 따라 거짓 증언을 하고 있다고 질타했다. 『전두환 회고록』에서도 '전남경찰국의 요청'으로 계엄군이 시위진압 전면에 나섰다고 주장했다.

오전까지만 해도 시가지 시위에는 경찰력만으로 대응할 수 있었다…시위대가 파출소를 습격하고 순찰차를 전복 방화하는 사태로까지 악화되자 전남도경은 전남북계엄분소장인 윤흥정 전교사령관에게 계엄군의 출동을 정식으로 요청했다. 도경의 요청을 받은 윤흥정 전교사령관은 오후 2시경 정웅 31사단장에게 계엄군의 출동을 지시했고 정웅 사단장은 곧바로 전남대와 조선대에 진주해 있던 7여단 33대대와 35대대에 시위진압을 위한 병력 출동을 명령했다.[48]

"계엄군 투입 요청하지 않았다"

그러나 1980년 전남경찰국에서 작성한 「집단사태 발생 및 조치상황」에는 경찰이 군에 최초로 병력지원을 요청한 것은 단 두 차례였다. 그 시점은 '5.19. 15:18'과 '5.20. 19:49' 두 차례다.[49] 『전두환 회고록』에 기재된 것처럼 '5월 18일 오후 2시경'이 아니라 계엄군의 과격한 진압작전으로 인해 시내 상황이 악화된 다음 날인 '19일 오후' 경찰이 시위군중에 포위되었을 때 긴급히 7공수에게 지원을 요청했던 것이 최초다. 또한 도경에서 군에게 지원을 요청한 방법도 31사단이나 전교사에 정식으로 요청하지 않았고, 시위 현장에서 작전을 진행 중인 7공수여단 정보참모에게 직접 요청한 것이다. 31사단 작전보좌관 임〇〇 소령이 청문회에서 '도경 연락관을 통해 31사단 상황실에 군 지원을 요청'했다는 내용이 조작되었다는 사실을 확인시켜 주는 대목이다. 경찰이 군의 지원을 요청한 것은 19일과 20일 단 두 차례였다는 사실은 당시 군 지원을 직접 요청했던 경찰의 증언에서 다음과 같이 확인된다.

19일로 기억되는데 노동청과 전대병원 사이에 우리 경력이 고립되자 공수부대에 지원을 요청하여 공수부대의 도움으로 포위망을 빠져 나왔으며, 20일 저녁 무렵 이미 시위대가 시내 전역을 장악하고 도청으로 밀려왔기 때문에 군 지원을 요청하였는데, 경찰이 군에 지원을 요청한 것은 단 두 차례이며, 지시를 받아 내가 직접 요청(했다.)(이○○ 전남경찰국 경비계)[50]

5·18 직후 합동수사본부 수사관이 작성한 「전남도경국장 직무유기 피의 사건」[51] 조사 보고서에서도 당시 안병하 도경국장이 공수부대의 투입을 요청하지 않았다는 사실을 매우 구체적으로 기록하고 있다.

전남도의 치안 책임자인 본명은 관할 계엄분소장에게 군 동원의 필요성을 외면한 채 단순 경찰 병력으로만 저지 가능하리라는 안일한 판단으로 사태가 악화되는 오류를 저질렀으며…5·17. 22:00경에는 군이 시내에 진주하여 대학과 공공건물은 군이 담당 경비한다는 기본 방침에만 의존, 구체적인 군과의 협조를 소홀히 하여 경찰 병력

배치 계획을 수립치 않았고, 5·18 계엄군 진주시 경찰은 도로변을 담당, 11:00경부터 작전에 임하였으나 계엄군에만 의존한 소극적 작전 계획과 협조 미비로 데모 저지에 미진.

진압 책임 경찰국장에게 떠넘겨

『전두환 회고록』은 공수부대 투입 책임을 모두 안병하 국장에게 떠넘기고 있다. 뿐만 아니라 명백한 사실을 거짓으로 기술하고 있다.

광주사태 초기에 경찰력이 무력화되고 그로 인해 계엄군이 시위진압 전면에 나설 수밖에 없게 된 것은 전남 경찰국장의 중대한 과실 때문이었다. 파출소가 습격당하고 경찰차가 불타는 등 소요가 걷잡을 수 없이 악화되고 있는데 시위진압을 지휘해야 할 전남 경찰국장이 자리를 지키고 있지 않았다. 점심을 먹는다며 경찰국 청사를 떠난 안병하 전남 경찰국장이 연락두절 상태가 됐고, 안 국장은 이날 오후 늦게 업무에 복귀했지만 상황은 이미 걷잡을 수 없을 만큼 악화된 후였다.[52]

그럴듯하게 지어낸 이런 이야기는 『전두환 회고록』 자체에서도 사실관계에서 앞뒤가 맞지 않는다. 앞에서 인용한 회고록 391쪽 부분을 다시 살펴보면 논리적 모순은 쉽게 발견된다. "18일 오전까지만 해도 시가지 시위에는 경찰력만으로 대응할 수 있었는데 시위대가 파출소를 습격하고 순찰차를 전복 방화하는 사태"로까지 악화되자 "전남도경은 전남북계엄분소장인 윤흥정 전교사령관에게 계엄군의 출동을 정식으로 요청했다. 도경의 요청을 받은 윤흥정 전교사령관은 오후 2시경 정웅 31사단장에게 계엄군의 출동을 지시했다"는 것이다.[53]

만약 이 주장을 사실이라고 인정한다면 전남도경이 전교사령관에게 계엄군 출동을 정식으로 요청한 시각은 18일 오전 11시 이후부터 오후 2시 이전이어야 한다. 점심시간이다. 이 시각 안병하 도경국장이 "점심을 먹는다며 경찰국 청사를 떠나 연락두절 상태"였다는 것이『전두환 회고록』의 주장이다. 그렇다면 도경국장의 지시도 받지 않고 전남도 경찰국 실무자들이 오후 2시 이전 전교사령관에게 계엄군(공수부대) 출동을 정식 요청했어야 맞다.『전두환 회고록』은 앞뒤 상황이 전혀 맞지 않는다.

그 시각 안병하 국장의 알리바이는 명백하다. 그는 단 한순간도 현장을 떠나지 않고 경찰의 진압작전을 지휘했다. 18일 점심시간 안병하 국장이 무슨 일을 하고 있었는지에 대한 행적은 당시 경찰기록에 정확하게 남아 있다. 1980년 전남 경찰국이 작성한「집단사태 발생 및 조치상황」에는 다음과 같이 적혀 있다.『전두환 회고록』에서 안병하 국장이 "점심을 먹는다며 경찰국 청사를 떠나 연락두절 상태"였다는 바로 그 시각, '5월 18일 오전 11시부터 오후 2시 사이'다. 안병하 국장은 그 시각 다음과 같이 진압작전에 나선 경찰들에게 지속적으로 '지시사항'을 하달한다.

5·18.11:00   분산되는 자를 너무 추격하지 말 것, 부상자 발생치 않도록 할 것

5·18.11:55   연행과정에서 학생의 피해가 없도록 유의할 것

5·18.15:32   공수부대가 투입되어 합동작전을 하게 되니 각 부대장은 현장유지를 하고 가스차 피탈이나 인명피해가 없도록 조치[54]

뿐만 아니라 『전두환 회고록』에서 이어지는 문장은 악의적 의도가 엿보인다.

경찰이 시위대에 쫓겨 도망 다녀야 하는 급박한 상황에 지휘 책임자가 없으니 휘하 경찰은 적극적으로 진압에 나서야 할지 우선 피신을 해야 할지 어찌할 줄 몰랐다. 경찰국장의 행방이 묘연해지자 부하들은 안 국장이 위급한 상황에 직면해 부하들에게 알리지도 못한 채 피신한 것이라고 생각했고, 계엄군이 출동해주기만을 기다리고 있었다. 도경에 남아 있던 사람들은 전남계엄분소에 상황을 통보한 후 모두 피신해버렸다. 결국 그렇게 해서 파출소가 시위대에 습격을 당하고 무기까지 탈취당하는 일이 벌어진 것이다.[55]

무기탈취는 군의 강경진압이 원인

안병하 국장의 행적뿐 아니라 당시 시위 진압에 집중하고 있던 도경의 경찰들도 "모두 피신해버렸다"고 주장한다. 한걸음 더 나아가 경찰이 모두 피신해버렸기 때문에 "파출소가 시위대에 습격을 당하고 무기까지 탈취당하는 일이 벌어진 것"이라고 기술하고 있다. 하지만 5월 18일 오후 4시 이전, 즉 7공수여단이 투입되기 전까지 경찰은 시위대 숫자보다 훨씬 더 많았다. 경찰국을 비우고 피신해야 할 이유가 전혀 없었다. 경찰은 5월 21일 오후 4시, 계엄군이 광주시내에서 모두 철수하기 이전까지는 지속적으로 경찰국을 본부 삼아 계엄군의 진압작전을 지원했다. 파출소가 시위대에 습격을 당하고 '무기까지 탈취당하는 일'은 공수부대의 잔혹한 진압에 광주시민의 분노가 극에 달했던 5월 21일 오후 상황이다. 전후 맥락을 무시한 채 21일 상황을 마치 18일에 일어난 일처럼 객관적 상황을 뒤섞어버린 것이다.

계엄 수뇌부는 비상계엄 전국확대 조치 이후 18일 아침부터 전국 각 지역에서 어떤 반응이 나타나는지를 면밀히 들여다보고 있었다. 특히 광주505보안부대는 전남경찰국 및 중앙정보부 광주지부의 정보는 물론 7공수에 파견된 보안부대원, 31사단 파견 보안부대원, 전교사 파견 보안부대원 등 군부대 지휘관 및 작전 준비 동향까지 종합적인 정보를 수집하여 보안사령부 종합상황실에 보고했다. 보안사는 계엄사령부와 육군본부 및 예하 1,2,3군단, 국방부, 수도경비사령부, 헌병부대 등에 파견나간 보안요원들로부터도 각 지휘관들의 움직임과 시위상황 정보를 실시간으로 수집했다. 이게 가능할 수 있었던 이유는 전두환 보안사령관이 보안사와 중앙정보부 책임자를 겸하고 있었던 데다 치안본부의 경찰정보마저 계엄사를 통해 통제할 수 있었기 때문이다. 보안사 종합상황실은 각 분야에서 들어온 보고사항을 바탕으로 사실상 계엄사령부의 컨트롤 타워 역할을 할 수 있었다. 18일 보안사와 계엄사에서는 어떤 일이 진행되고 있었는지를 간단히 요약하면 다음과 같다. 오전 12시경, 보안사는 전남대 앞에서 학생들의 항의가 있었고, 금남로 시위로 이어지면서 경찰이 진압에 나서고 있는 광주지역 상황을 알려주며 육군참모차장 황영시에게 공수부대 증파가 필요하다고 '지휘조언'했다.[56] 오후 1시 이희성 계엄사령관 주재로 전두환 보안사령관, 노태우 수경사령관, 정호용 특전사령관, 황영시 육군본부 참모차장 등 신군부 핵심인물들과 유병현 합참의장, 해군참모총장, 공군참모총장 등이 참석한 계엄 수뇌부의 오찬 회의가 열렸다. 다른 지역은 조용한데 광주에서만 학생시위가 확산 조짐을 보인다는 보고에 따라 참석자들은 부마사태 경험으로 미루어 '조기 진압'이 필요하다고 입을 모았다.

『전두환 회고록』의 거짓말

이 자리에서 신군부 수뇌부는 광주에 즉각 공수부대를 더 투입하기로 결정했다. 계엄사령관은 식사 도중 김재명 작전참모부장에게 곧바로 1개 공수여단 증파를 지시했고, 오후 2시 정호용 특전사령관은 11공수여단을 광주로 보내라고 김재명에게 지명해줬다. 김재명은 11공수여단의 광주 이동을 '육본작전명령 19-80호'로 시달했고, 정호용 특전사령관은 오후 3시 30분경 동국대로 가서 11공수여단장 최웅 준장을 만나 광주로 출동할 것으로 지시했다.[57] "광주에서 지금 7공수여단 2개 대대가 계엄군으로 나가 있는데 소요진압 작전을 못하고 매우 고전을 면치 못하고 있다. 그들을 도와 시위진압에 최선을 다하라."[58] 하지만 광주에서 7공수가 시위 현장에 투입된 시각은 오후 4시였다. 아직 금남로에 투입되기도 전인데 마치 이미 투입돼 고전을 겪고 있는 것처럼 거짓 사실을 말한 것이다.

객관적 상황이 이럴진대 『전두환 회고록』에서 "안병하 국장이 5월 18일 점심을 먹는다며 경찰국 청사를 떠나 연락두절 상태였다…경찰이 시위대에 쫓겨 도망 다녀야 하는 급박한 상황에 지휘 책임자가 없으니 휘하 경찰은 적극적으로 진압에 나서야 할지 우선 피신을 해야 할지 어찌할 줄 몰랐다"[59]는 기록은 명백히 거짓일 뿐 아니라 '사자(死者) 명예훼손 의도'마저 읽혀진다. 5월 18일 안병하 국장이 취한 일련의 행동은 소극적이고 비겁한 태도가 아니었다. 올바른 경찰이라면 마땅히 갖춰야할 기본 덕목으로 '시민의 생명과 안전을 보호하고 인권에 유의한 집회시위 관리'를 강조한 것이었다.[60]

3. 무기소산을 지시하다 (5월 19일)

안 국장은 전남도청 청사 안에 있는 경찰국장실에서 꼬박 밤을 새웠다. 18일 통행금지 시각이 오후 9시로 평소보다 3시간이나 앞당겨졌지만 시위대는 밤 11시가 넘어서야 겨우 흩어졌다. 시위도중 연행된 자들을 살펴보니 공수부대 투입 이후 심각한 상처를 입은 부상자들이 많았다. 경찰부상자도 있었다. 경찰이건 연행자건 부상자는 가리지 말고 응급치료를 하도록 지시했다.

19일 새벽 잠깐 새우잠이 들었던 모양이다. 한기를 느껴 눈을 떴다. 동이 트는지 어둠이 가시기 시작했다. 어제 7공수의 과격한 진압과 이에 격노한 시위대의 기세로 보아 상황이 쉽게 가라앉지 않을 것 같아 보였다. 31사단에서 파견된 연락관을 통해 파악된 계엄군 동향은 더욱 염려스러웠다. 지난밤 한밤중에 조선대 운동장에는 11공수여단 병력 1천여 명이 더 증원됐다는 것이다.

계엄사령부의 의도가 무엇인지 갈수록 의심스러웠다. 왜 이렇게까지 강경하게 나오는지 이해가 되지 않았다. 어제 시위만 해도 안 국장의 판단으로는 저녁 어두워질 때쯤이면 자연스럽게 해산될 것으로 보았다. 그런데 7공수가 투입되면서 갑자기 분위기가 악화되어 결국 자정에 가까워서야 해산됐다. 공수부대 1개 여단이면 숫자는 1천~1천5백 명 정도에 불과하지만 정규군 1개 여단 2천~5천 명을 투입한 효과가 있다. 그만큼 전투력이 강하다. 계엄확대 조치 하루 만에 벌써 7공수 일부와 11공수여단까지 합치면 모두 1천7백여 명의 공수대원이 광주에 투입됐다. 첫날 시위 학생들의 규모는 기껏해야 1~2천 명 정도였다. 진압에 동원된 경찰 숫자만 1천8백여 명이었으니 경찰력만으로도 충분했다. 그런데 공수부대를 투입하여 긁어 부스럼을 만든 꼴이 아닌가 싶었다. 오늘은 공수병력 1천7백여 명에다 경찰 1천8백여 명을 합치면 모두 3천5백여 명이 시위 진압에 나설 것으로 예상됐다. 31사단 병력은 주로 광주시 외곽 전남지역에 배치돼 있었다.

의심스러운 강경진압 의도

5월 들어 학생들의 민주화를 요구하는 기세가 예전보다 훨씬 강해진 것은 분명했다. 그렇다고 경찰이 통제 불가능한 상황은 아니었다. 학생들은 시위가 과격한 폭력상황으로 치닫지 않도록 절제하면서 정부의 변화를 촉구했다. 정부와 정치권도 여기에 적극 반응하던 참이었고, 학생들도 '일단 지켜보자'며 5월 17일 시위를 중단했다. 이렇게 전국이 소강상태에 접어들었던 참인데 계엄당국이 갑자기 비상계엄 전국확대 조치와 더불어 호남출신 정치지도자 김대중 씨까지 밤중에 연행해 가버렸다. 계엄사령부가 이런 정황을 모를 리 없었다. 광주시민들의 불만은 타 지역보다 클 것이 뻔했다. 안 국장은 계엄사령부가 광주에다 공수부대 병력을 집중 배치한 이

유도 그 때문일 것이라고 짐작했다. 그러나 강력한 초동진압이 성공할지는 미지수였다.

안병하 국장은 지금부터가 더 문제라고 판단했다. 지난밤 공수부대 추가 투입으로 미루어 계엄당국은 더욱 강하게 시위를 진압할 기세였다. 새벽부터 치안본부에서는 강경진압 지시가 내려오고 있었다. 다른 지역에는 시위가 없는데 유독 광주에서만 시위가 발생하고 있으니 경찰이 좀 더 적극적으로 진압에 나서라는 지시였다. 안병하 국장은 치안본부장과 직접 통화를 했다. 치안본부장은 누구라고 구체적인 인물은 밝히지 않은 채 '계엄당국의 시각'이라며 안 국장이 시위대처에 좀 더 '적극적으로 나서라'고 주문했다.[61] 안 국장은 어제 광주의 시위상황을 자세히 설명해줬다. 하지만 치안본부장은 이쪽 입장을 새겨들으려 하지 않고, '적극 진압'만 요구했다. 안 국장으로서는 그런 치안본부장의 주문이 여간 부담스럽지 않았다. 치안본부장도 계엄사령부의 통제와 지시를 받는 입장이기 때문에 곤란한 상황인가보다 하고 미루어 짐작했다. 그러나 마음속에서 서운한 생각이 치고 올라왔다. 광주 현지 지휘관의 상황판단을 존중한다면 누구보다도 경찰의 입장을 계엄사에 이야기해서 강경진압을 완화시켜야 할 사람이 치안본부장 아닌가? 그런데 그게 아니었다. 현지 상황은 들으려 하지도 않고 계엄사의 눈치만 보며 일방적으로 적극적인 시위진압을 주문하고 있지 않은가?

아무리 생각해도 진압 강도를 더 높이면 시민들이 학생시위에 합세할 가능성이 커 보였다. 안 국장은 어떻게든 시위가 더 커지지 않도록 잘 관리해서 시위대가 제풀에 지쳐 가라앉도록 하는 게 서로 피해를 줄이면서 사태를 수습하는 현명한 방안이라고 생각했다. 그렇다고 '적극 진압하라'는 상부의 지시를 완전히 무시할 수는 없었다. 안 국장은 상부의 지시를 어느 정도 수용하면서도 가급적 냉정을 유지해서 시위대나 경찰 양측 모두 부상자들이 발생하지 않도록 단속하는 게 중요하다고 방침을 정했다. 이렇게 곤란한 상황일수록 경찰의 본분을 생각하면서 원칙을 지켜 진압작전을 펼치는 것이 중요하다고 판단했다. 공수부대의 투입으로 경찰이 일선에 서지 않게 된 것은 다행이라고 생각했다.

"시위대를 자극하지 말라"

아침 식사를 마친 뒤 진압작전에 나서는 경찰 지휘관들에게 어제 내렸던 지시를 반복해서 더욱 강조했다.

'경찰이 흥분하거나 시위대를 자극하지 말라.'

'시민의 안전이 최우선이다.'

안병하 국장은 19일 아침 31사단 작전명령에 따라 경찰을 전남도청 일대와 금남로, 광주 남부 쪽인 전남대병원 등지에 집중 배치했다. 새로 투입된 11공수여단은 금남로와 양동시장 등 광주 서부 쪽을, 북부 쪽은 31사단 96연대가 맡았다.

안병하 국장은 시위진압 현장을 둘러보고 다시 경찰국으로 들어왔다. 오늘 투입된 11공수 역시 7공수 못지않게 공격적인 진압작전을 펼치고 있다는 사실을 자신의 눈으로 직접 확인했다. 오랜 경찰 생활에서 자신이 터득한 이치는 가급적 시위대를 자극하지 않아야 상호간에 피해를 줄이면서 시위를 진압할 수 있다는 것이었다. 그런데 11공수는 그런 사항들을 무시한 채 오히려 공포감을 조성하려는 듯했다. 구경하는 시민들 앞에서 시위 도중에 붙잡혀 온 사람들의 옷을 벗긴 채 진압봉으로 마구 때리거나 기합을 주었다. 의도적으로 모욕감을 유발시키는 행위였다. 그 모습을 지켜보던 주위 사람들이 격노했고, 구경꾼들이 시위대열에 가담했다.

공수 진압부대는 경찰에게도 위협적이었다. 공수대원이 경찰에게 욕을 퍼붓거나 심지어 경찰을 구타한다는 보고가 속속 경찰국장실로 들어왔다. 안병하 국장은 이런 보고를 접할 때마다 울컥했고, 억장이 무너지는 듯했다. 공수부대 중령 한 사람이 부상 입은 시민의 수송을 지휘하던 안수택(安洙宅) 전남도경 작전과장에게 "부상 폭도를 빼돌리거나 시위 학생을 피신시키면 너희들도 동조자로 취급하겠다"면서 폭언을 퍼부었다. 급기야 계엄군들이 진압봉으로 작전과장의 머리를 때리고 군홧발로 걷어찼다. 그의 머리에서 피가 흘러내렸다.[62] 안수택 총경은 경찰 전투복을 입고 있었다. 안 총경은 그 자신이 공수부대 출신인데다 현역 군인들보다 나이가 한참 위였다.[63] 공수대원은 시위 도중 붙잡은 대학생 4~5명을 경찰이 풀어줘

버렸다고 도경 작전과장에게 화풀이를 한 것이다.

전일빌딩 부근 학원가에서는 공수대원들이 학생들을 무자비하게 진압봉으로 구타하며 연행했다. 학생들을 붙잡으면 진압봉으로 신체 아무 곳이나 가격하여 피투성이로 만들었다. 이렇게 무자비한 광경을 보다 못한 광주경찰서 경비과장이 공수대원의 행동을 제지하자 오히려 그를 향해 진압봉을 휘둘렀다.[64] 영광경찰서 소속 경찰 김○○은 광주 시위진압에 동원돼 19일 오전 금남로에 배치됐다. 공수대원들이 시위현장에서 붙잡은 학생들을 트럭에 싣고 가서 광주경찰서에 인수인계하는 일을 도왔다. 공수대원은 트럭 문을 열고 피투성이 상태의 학생들을 발로 걷어차서 그냥 땅바닥에 떨어뜨리는 식으로 하차시켰다. 이를 목격한 주위 경찰들이 이럴 수 있냐고 흥분했으나 지켜보는 것 말고는 할 수 있는 일이 없었다.[65]

계엄군, 경찰에게도 폭행

공수대의 만행을 지켜보던 경찰 간부 한 사람은 충장로 주변 골목길에서 서성이는 시민들에게 "제발 집으로 돌아가라. 공수부대에게 걸리면 다 죽는다"면서 울먹이기도 했다.[66] 그런가 하면 광주경찰서에서는 사복을 입고 계급장도 달지 않은 보안대 요원이 서장실에 들어가 안하무인격으로 이래라 저래라 하며 지시하는 상황이 벌어졌다.[67]

경찰국 작전과장이 공수대원에게 폭행을 당했고, 광주경찰서 경비과장도 강경진압을 말리다 당했다는 이야기를 전해 듣고 광주경찰서 직원들은 공수대원들에게 노골적인 반감을 갖게 되었다. 그렇다고 어찌할 수도 없는 상황인지라 공수대원과 경찰 사이에 사소한 충돌들이 이어졌다. 광주경찰서 청옥파출소에 근무하다 시위진압에 동원된 경찰 신○○와 광주경찰서 안○○은 "만약 경찰에게 무기가 있었다면 공수부대와 교전상황이 벌어질 수도 있었을 것"이라고 말했다.[68] 당시 경찰이 공수부대의 거친 행위에 얼마나 큰 반감을 가지고 있었는지 짐작해 볼 수 있는 증언이다.

안병하 국장은 이런 보고를 접할 때마다 자괴감에 빠져들었다. 지금껏 지휘관으로서 자신의 모습은 흐트러짐이 없었다. 뿐만 아니라 자타가 경찰 지휘관으로서 그의 탁월한 역량을 인정했다. 6·25 때는 군인 장교로 전선에서 공을 세웠고, 경찰시절 대간첩작전도 성공적으로 수행했으며, 유신체제에 저항하는 시위진압도 남 못지 않게 잘한다며 유능한 경찰로 평가를 받아왔다. 그런 그에게 이렇게 곤혹스런 상황은 처음이었다. 그렇다고 막무가내로 몰아 부치는 공수부대를 마땅히 제지시킬 방법도 없었다. 계엄 상황인지라 군이 시위진압의 주도권을 행사하는 것은 당연했다. 하지만 군은 현지 실정을 잘 알지 못한다.

진압작전이 성공을 거두기 위해서는 경찰의 도움이 필수적이다. 현지에 대한 정보들, 즉 위치 등 지리적 정보나 시위 주동자, 막후에서 영향력을 행사하는 조직 등 구체적인 인적 정보가 있어야 효과적으로 시위진압을 할 수 있다. 그런데 지금 공수부대는 경찰의 정보 따위는 필요 없다는 식으로 강경책만 일삼으며 오히려 경찰에게 더 강력하게 진압하라고 촉구한다. 아무리 생각해도 이건 아니다 싶었다. 안 국장은 경찰 지휘관으로서 자신의 모습이 처음으로 초라하다고 느꼈다. 시간이 흐를수록 상황은 더욱 심각해졌다.

"안 국장은 강경진압 활동을 촉구, 종용하는 계엄사의 지시를 일체 승복하지 않았고, 오히려 경찰 지휘관들에게 시위 진압과정에서 결코 난폭한 언행을 삼갈 것과 뼈를 깎는 아픔도, 참기 어려운 고통도 인내로서 극복할 것을 강조했고, 각급 지휘관은 반드시 진압대열의 선두에 위치하여 지휘할 것을 명령했다."[69](김희순 증언)

과격진압 완화 건의, 묵살 당해

19일 오후, 시위 양상이 지금까지와 크게 달라졌다. 고등학생들도 시위에 참여하기 시작했다. 시위대의 숫자가 줄기는커녕 오히려 구르는 눈덩이처럼 불어났다. 시민들은 이제 구경꾼에 머무르지 않고 적극적으로 참여했다. 청년들뿐 아니라 시위대 뒤쪽에서는 여성들이 보도블럭을 깨서 건네주거나 매운 최루탄 가스를 씻어내기 위해 민가에서 물을 떠다 주는 모습도 보였다. 시위대는 금남로 양쪽을 차단한 군과 경찰을 향해 돌과 화염병을 던지며 밀어붙였다.

단순 시위에서 폭동 조짐을 띠기 시작한 것이다.

점심시간이 끝날 무렵 금남로에 나타난 공수부대는 장갑차에다 M60 기관총을 장착한 채 무서운 속도로 시위대를 향해 돌진했다. 광주시내에 배치된 5개 공수 대대병력이 총력전을 펼쳤다. 군인들은 무서운 기세로 시위 군중 사이를 파고들었다. 붙들린 사람을 진압봉으로 마구 때리고 대검으로 찔렀다. 공수부대가 시내에 출현한 지 30여 분, 금남로 중심부는 쥐죽은 듯 조용해졌다. 그러나 금남로 양측 도로와 골목길로 밀린 시위대는 더욱 치열하게 저항했다. 여러 골목으로 시위 지역이 확산되고 있었다.

시내 곳곳에 배치된 경찰 정보망은 빠르게 경찰국으로 시위상황을 타전해왔다. 상황판에 충돌지역이 표시되고 있었다. 안 국장은 우려스런 상황이 벌어지고 있음을 직감했다. 격분한 시위대의 기세가 더욱 넓은 범위로 번져가고 있었다. "안 국장은 수차 군부에 과격진압의 사정을 알리고 이를 완화해주도록 건의하였으나 허사였고, 오히려 경찰의 강경진압 활동을 촉구, 종용했다."[70]

오후부터 시위지역이 확산되자 경찰도 본부 대기요원까지 모두 출동시켰다. 작전개념을 지금까지 '시가지 거점배치'에서 '시가지 타격작전'으로 변경했다. 광주경찰서와 서부경찰서에 각 2개 중대, 금남로와 공원에 2개 중대, 충장로와 노동청에 각 1개 중대를 배치했고, 시위자들의 증거 수집과 체포를 위해 1개 중대를 별도로 운용했다. 경찰이 수집한 시위상황 첩보는 즉시 치안본부에 보고함과 동시에 도지사, 31사단장, 505보안부대장에게 통보하여 유관기관끼리 관련 첩보를 공유했다. 시내에 투입된 공수부대와 경찰의 긴밀한 협조가 필요해짐에 따라 19일 오전 10시 20분 안병하 국장은 도경 경무계장에게 지시하여 공수여단 본부와 연락망을 더 원활하게 운영토록 경찰 4명(2/2)을 별도 배치했다.[71] 이날 투입한 경찰은 모두 12개 중대 2,300여 명이었다.[72]

이런 조치에도 불구하고 오후 3시 무렵 시위군중이 3천~4천 명으로 증가했다. 노동청과 전대병원 사이에 배치된 경찰이 시위대에게 휩싸여 고립되어버렸다. 그러자 전남 경찰국 경비계 소속 이○○이 7공수여단 정보 참모에게 병력지원을 요청했고, 공수부대의 도움으로 포위망을 겨우 빠져나올 수 있었다.

군의 강경진압, 시위사태 악화시켜

공수대원들에게 붙잡혀 온 사람들이 경찰서 유치장을 가득 채워 공간이 부족했다. 먼저 붙들려 온 사람들을 31사단과 전교사 등 군부대로 보냈다. 오후 5시경 계림동 광주고 앞 도로에서 장갑차에 탄 군인이 발포했다는 보고가 들어왔다. 가장 우려하던 발포 상황이 발생한 것이다. 총탄에 쓰러진 젊은이는 주위에서 지켜보던 시민이 전남대병원으로 싣고 갔는데, 다행히 생명에 지장은 없다는 보고였다.[73]

오후 7시쯤 가랑비가 내리기 시작했다. 어둠이 깔리는 금남로는 경찰과 공수부대가 장악하고 있었다. 시위대가 물러간 자리는 가스 냄새가 자욱했고, 부서진 공중전화 박스 등이 널브러져 을씨년스러웠다. 이날 밤 시위는 약한 비가 내리는 가운데 전날에 이어 자정 무렵까지 지속됐다.

오후부터 시위대들 사이에 '경상도 군인들이 광주시민을 싹쓸이하러 왔다'는 소문이 떠돌았다. 진원지가 어딘지 종잡을 수 없는 유언비어였지만 빠르게 확산됐다. 터무니없는 유언비어인데도 불구하고 가열된 시위 분위기에다 기름을 붓는 꼴이었다. 고속버스터미널 부근에서 경상남도 차량 번호판을 달고 있던 8톤 트럭 한 대가 불타고 있다는 보고가 들어왔다. 지역감정을 자극하는 유언비어와 그에 흥분한 시위대의 행동은 사태를 더욱 악화시켰다. 밤 9시 15분에는 임동파출소가 시위대의 공격을 받아 불탔다. 계엄군이 진압을 강경하게 하면 할수록 경찰에게도 불똥이 튀었다. 밤 10시경 시위대 일부가 경찰력이 미치지 못하는 광주 외곽의 파출소 몇 군데를 습격하여 유리창 등 기물을 부숴버렸다. 격분한 일부 시위대가 북구청, 양동, 임동, 역전파출소 등을 습격했다. 밤 10시 31분에는 임동파출소 현장에서 방화범으로 추정되는 13명을 체포했다는 보고가 들어왔다.[74]

시내 상황을 둘러보던 안병하 국장은 이번 시위진압 작전은 실패라고 판단했다. 의도했건 하지 않았건 공수부대 투입으로 시작된 강경한 진압작전은 시위를 잠재운 게 아니라 더욱 키웠다. 시민들은 공포와 분노에 치를 떨었다. 여기서 물러서지 않고 더욱 강하게 나올 기세였다. 공수부대의 강경진압에 경찰들마저 혀를 내둘렀다. 계엄군은 시민뿐 아니라 경찰도 믿을 수 없는 존재로 여기는 듯했다.

그나마 다행히 공수부대와 달리 시민들은 경찰을 직접적인 공격 대상으로 삼지 않았다. 안병하 국장이 '진압 작전의 기본 방침'을 여러 차례 강조하여 지시한 결과였다. 19일 밤 시위현장에서 연행된 시민의 숫자는 새벽 0시 50분까지 모두 345명이었다.[75] 군과 경찰도 24명이나 중경상을 입었다. 시민들 중에는 공수부대의 대검에 찔려 부상을 입은 사람도 상당수가 있었다.[76]

한편 안병하 국장은 19일 오후 8시경 당시 중앙정보부 전남지부장 정석환 과장의 연락을 받고 광주비행장으로 나갔다. 서울에서 전남 출신 유력인사 8명이 선무활동 차 내려오기 때문에 영접하러 나가자고 전갈이 왔기 때문이다. 정석환 과장은 그 때 중앙정보부 전남지부장 대리 역할을 하고 있었다. 1980년 4월 14일 전두환이 중앙정보부장 서리로 취임하면서 중앙정보부 간부들을 모두 교체할 때 전남지부장 자리도 공석이 됐다. 박정희 대통령을 사살한 김재규 전 중앙정보부장이 임명한 간부들은 믿을 수 없다며 모조리 갈아치운 것이다. 정석환은 평소 성격이 올곧고 자기 직무에 충실한 안병하 국장에 대하여 유능하며 건전한 사고를 가진 사람이라고 생각했다. 정석환은 안병하 보다 6살 아래로 나이차가 있었지만 전남지역 정보기관과 치안기관의 수장으로서 둘은 평소 남들에게 말하기 어려운 속엣말을 터놓는 사이였다.

재경 전남출신 유력인사 영접

정석환은 이날 오후 5시경 전두환 중앙정보부장으로부터 직접 전화를 받았다. 허문도 당시 중앙정보부 비서실장이 "부장님과 전화를 바꿀 테니 기다리라"고 했다. 잠시 후 전두환 중앙정보부장의 목소리가 들렸다. "나 부장인데…"라고 하자 정석환은 바짝 긴장하며 정식으로 관등성명을 댔다. 전두환 부장은 "수고한다"고 격려한 다음 "광주가 심상치 않게 돌아가는 것 같아 특별민심순화활동이 필요하다고 생각되어 재경 전남출신 유력인사 8명을 헬기편으로 보낸다, 오늘 저녁 광주비행장에 도착할 예정이니 각 기관장들과 협의해서 효과적인 민심순화활동에 활용하도록 하라, 나는 이 사람들을 만나지도 못했다, 이들을 급히 내려 보내느라 여비도 못주었으니 지부가 갖고 있는 예산에서 활동비를 마련해 이들에게 지급하고 신청하면 바로 지급해 주겠다"고 말했다.

전두환 부장과 통화가 끝난 후 허문도 비서실장이 광주에 내려갈 8명의 유지들 명단을 불러줬다. 정석환은 그 지시를 받고 즉시 장형태 전남도지사, 윤흥정 전교사령관, 안병하 전남도경국장, 이재우 505 보안대장 등 5명에게 연락하여 위와 같은 전두환 중앙정보부장의 취지를 전하고 도착 예정 시간인 저녁 8시에 비행장으로 나오라고 말했다.

헬기에서 내린 사람은 정래혁 전 상공부장관, 신형식 전 건설부장관, 고재필 전 보사부장관, 박경원 전 내무부장관, 전부일 전 병무청장, 김재명 예비역 육군소장, 박철 전 공화당 의원, 김남중 전 전남일보회장 등 8명이었다. 윤흥정 사령관이 "시내에서는 식당도 영업을 못하고 있어 전교사 상황실에 만찬을 준비했으니 사령부로 가 저녁식사를 한 뒤 상황을 설명드리겠다"며 그들을 전교사로 안내했다. 이후 그때까지의 광주 상황을 간략히 브리핑했다. 그러자 그들은 "너무 염려하지 마세요. 타 지역 분들이 우리 고장 기관장으로 오셔서 이렇게 고생하게 되어 미안하게 생각합니다"라고 위로했다.[77]

식사를 마친 다음 윤흥정 전교사령관은 별도로 안병하 국장을 잠시 보자고 했다. 다른 사람이 없는 자리에서 윤 사령관은 '시위를 초기에 경찰이 강력하게 진압해서 이런 사태가 일어나지 않게 했어야지 어떻게 했길래 이런 상황을 초래했느냐'고 힐난조로 말했다. 안 국장은 이번 사태가 공수부대 만행의 결과인 것을 뻔히 알면서도 이렇게 말하는 것이 야속하다고 느꼈다. 두 사람은 군에 있을 때 육사 8기 동기생으로 서로가 잘 아는 처지였다. 비록 다른 길을 걸어왔지만 윤 사령관이나 안 국장 둘 다 육사 동기생들 사이에서는 합리적이고 능력 있는 인물로 평가를 받고 있었다. 윤 사령관 역시 합리적인 인물이라 공수부대의 강경진압과 계엄사의 일방적인 강경진압

지시에 상당히 불만을 갖고 있었다. 공수부대 지휘관들에게는 노골적으로 '대검을 사용하지 말라'고 직접 지시했다. 윤 사령관 역시 오죽 답답하면 자신에게까지 그런 말을 하겠느냐 싶어 한편으로는 이해가 되면서도 막상 그런 말을 듣고 나니 서운했던 것이다. 다음날 안 국장은 비서역할을 하던 도경국장 부속주임 권문오에게 '동기생이란 사람이 내게 시위대를 강력하게 진압하지 못했다고 그렇게 말하는 것은 너무했다'며 자신의 서운한 속내를 얼핏 드러냈다.[78]

정석환은 그때 전교사령관 브리핑만으로는 서울에서 내려온 사람들이 사태의 심각성을 제대로 깨닫지 못하는 것 같다는 생각이 들어서 "광주시내 상황도 볼 겸 도청으로 갑시다" 하고 제안했다. 장형태 도지사, 안병하 경찰국장, 정석환 중정 지부장 이렇게 3명이 서울서 내려온 8명을 안내하여 전교사에서 지원한 군용차량을 타고 도청으로 갔다. 전교사가 위치한 상무대에서 전남도청으로 이동하는 동안 이들 8명의 눈에 비친 차창 밖 금남로 풍경은 놀라웠다. 도청으로 가는 큰 길은 도로변이 화분과 공중전화 박스 등으로 뒤범벅이 되어 차가 인도로 올라갔다가 다시 골목길로 빠지는 등 몹시 힘들었다. 그때서야 이들은 사태의 심각성을 깨닫는 것 같았다. 정석환은 도지사실에서 이들에게 미리 작성해둔 설득해야 할 대상자 명단을 건네주면서 현금 50만 원씩 담은 돈 봉투까지 전두환 중앙정보부장 명의로 각자에게 전달했다.[79]

계엄사, "경찰이 사태 수습 방관하고 있다"

밤 10시쯤 모두 흩어진 후 안병하 국장은 마지막으로 돌아가려는 정석환에게 잠시 좀 보자고 했다. 단 둘이 경찰국장실로 갔다. 안 국장은 다짜고짜 "죽어버리고 싶다"고 말했다. 정석환은 깜짝 놀라 자신의 귀를 의심했다. 무슨 일이냐고 물었다.

"김종환 내무부 장관의 질책이 이만저만 아닙니다."

"네? 무슨 질책인데요?"

"경찰이 사태 수습은커녕 방관만 하고 있어 사태가 더욱 악화되고 있다는 게 계엄사를 포함한 중앙의 시각이라는 겁니다."

정석환은 '내무부 장관도 아마 계엄사의 압력을 견디기 힘들기 때문에 그런 지시를 할 수밖에 없는 것 아니겠느냐'고 말했다. 계엄사는 경찰의 진압태도가 사태악화의 원인으로 보고 있는 것 같았다. 안 국장은 '치안본부에서 경찰이 보다 강력하게 대처하라는 불호령이 지속되고 있다'고 말했다.

"근데 말이죠. 저는 치안본부의 강력대처 요구가 무슨 뜻인지 그 진의를 잘 알 수가 없습니다. 군인들의 과격한 진압으로 흥분할 대로 흥분한 시민들을 경찰이 무슨 수로 진정시킬 수 있겠습니까? 현재와 같은 상황에서 강력히 대처하라는 것은 무력을 사용해서라도 상황을 진정시키라는 뜻 아닐까요? 경찰이 시민들을 향해 어떻게 그럴 수 있습니까? 시민의 공복인 경찰이 어떻게 시민을 향해 발포를 할 수 있겠어요? 죽고 싶은 심정입니다."

안 국장의 의지는 확고했다. 어떤 경우에도 시민을 향해 총부리를 겨눌 수는 없다는 의지가 분명했다. 안 국장은 진지하게 속내를 털어놨다.

"지금 계엄군은 경찰과 시민이 충돌하여 경찰의 희생이 발생하면 그런 시민들의 행위를 '폭도'로 규정할 태세입니다. 시민을 보호하는 경찰까지도 해치는 폭도들이라며 계엄군이 강경진압의 명분으로 삼지 않을까 염려됩니다."

이때 안병하 국장은 진압작전에서 사용하는 '폭도'의 의미를 분명히 구분했다. '폭도'는 일반시민과 달랐다. 국가에 대항하여 폭동을 일으키거나 폭동에 가담한 사람의 무리다. 특정 집단을 '폭도'로 규정하면 이들은 국민으로서 국가가 보호해야 할 대상에서 벗어난다는 것을 의미한다. 전투에서 적군과 마찬가지다. 폭동으로 사회 질서를 어지럽히는 '폭도'라고 규정하면 어떤 수단을 사용해서든 제압하고 섬멸해야 할 대상으로 바뀌는 것이다. 안 국장은 경찰이 강경한 태도를 취하면 시민들이 경찰에 반발할 것이고, 이를 빌미로 계엄군이 시위에 참여하는 광주시민들을 '폭도로 규정'할 것이라는 점을 우려하고 있었다. 안병하 국장의 고민은 깊었다.

깊어지는 안병하의 고뇌

정석환은 잠시 안병하를 응시하면서 그가 현재 느끼고 있을 고뇌의 깊이를 헤아려 보았다. 안 국장은 지금 이 순간 운명의 갈림길에 서 있다. 어떤 길을 선택할지는 그의 판단과 용기, 그리고 신념에 달렸다. 어느 쪽이든 쉽지 않은 선택이다. 상부의 명령에 따르면 광주시민을 적으로 돌려야 한다. 명령을 무시하거나 거역하면 자신에게 닥쳐올 피해가 어떨지 충분히 예견할 수 있다. 그럼에도 불구하고 어느 쪽인가를 선택해야 하는 기로에 선 것이다. 상부의 지시에 따라 당장 내일부터 강경진압에 나선다면 일신의 안위는 보장받을지 모르지만 역사의 죄인이 될 것이 분명했다. 그렇다고 지시를 무시하면 보안사가 주도하는 합동수사본부가 어떻게 나올지 뻔했다.[80] 공직자로서 파멸의 길을 걷게 될 것이다. 어쩌면 자신만의 파멸에 그치지 않고 가족에게까지 피해가 이어질지도 몰랐다. 이 순간 안 국장은 가족들의 얼굴이 하나하나 떠올랐다. 고개를 절레절레 흔들었다. 정석환은 이때가 안 국장에게는 인생에서 가장 어려운 결단의 순간일 것이라고 생각했다. 안병하 국장은 오늘밤 그런 선택과 결정을 하려는 것으로 보였다. 안 국장은 그런 중대한 결단을 앞두고 정석환에게 진심으로 조언을 구하고 있었다. 하지만 안 국장은 이때 어떤 선택을 해야 할지 이미 결심을 한 것으로 보였다. 정석환은 안 국장에게 이렇게 말했다.

"어떤 상황에서도 시민을 향해 경찰이 발포하는 사태가 발생해서는 안 됩니다."

정석환은 안 국장도 이미 잘 알고 있을 법한 4·19 당시 손○○ 마산경찰서장 이야기를 꺼냈다. 자유당 말기 3·15 부정선거 규탄 시위가 벌어졌을 때 데모대를 향해 마산경찰서 소속 경찰들이 발포를 했다. 마산경찰서장 본인의 부인에도 불구하고 당시 언론에서는 그가 발포명령을 내렸다는 주장이 끊임없이 제기됐다.[81] 정석환은 마산서장의 선택과 결심 때문에 자손들까지 역적의 자식이라며 취업이 안 되는 것은 물론, 사회로부터 버림받아 고생하고 있다는 점을 환기시켰다.

"아무리 현실이 어려워도 반민주적 행위나 자손들에게까지 씻을 수 없는 불명예를 안겨주는 부모가 되어서는 안 되지 않겠습니까? 제 판단으로는, 어렵겠지만 끝까지 조직력을 동원해서 시위에 참여하는 시민들을 몸으로 설득하고 대처하는 방법 밖에는 없다고 생각됩니다."[82]

정석환의 이야기가 끝나자 침묵이 흘렀다. 안 국장의 고뇌는 더욱 깊어지고 있었다. 무거운 분위기가 경찰국장실을 감쌌다. 한참 고개를 숙이고 있던 안 국장의 눈빛이 일순간 반짝였다.

"정 과장님의 조언 고맙습니다. 저도 시민을 향해 무력을 사용할 수 없다는 생각은 확고합니다. 다만 군인들의 과격한 진압으로 흥분할 대로 흥분한 시민들을 무슨 수로 진정시킬 수 있을지 걱정입니다."

19일 밤 11시, 정석환과 헤어진 뒤 안병하 국장은 곧바로 경찰 지휘차량을 타고 31사단 사령부로 갔다. 31사단장이 진압관련 지휘관들을 소집하여 회의를 연다는 긴급 연락이 왔다. 도청에서 31사단까지는 6.5킬로미터, 승용차로 10분 거리였다. 이동하는 길은 어둠에 덮여 있었다. 평소 같으면 밤늦게까지 가게들이 문을 열고 장사를 할 텐데 단 한 군데도 문을 연 곳이 없었고, 차량도 일절 다니지 않았다. 평화롭던 도심이 단 이틀 사이에 전장 터로 변해버린 느낌이었다. 이 도시에 사는 시민의 생명과 재산을 보호해야 할 치안책임자이지만 자신은 지금 그들의 생명과 재산이 파괴되는 상황을 목도하면서도 아무 일도 할 수 없는 처지였다.

'국가'의 명령으로 '비상계엄 전국확대'가 선포되자 계엄군이 진주했다. 그들의 진압작전은 무자비했다. 시민들은 공포에 휩싸였다. 이틀 만에 공포가 임계점을 넘어서면서 통제할 수 없는 분노로 바뀌고 있었다. 이런 상황에서 상부에서는 막무가내로 강경진압을 주문하고 있다. 공무원이기 때문에 당연히 국가의 요구에 따라야 한다. 하지만 이 도시에서 지금 벌어지고 있는 일들은 국가의 요구에 따라야 할 의무와 책임이 있는 공직자일지라도 선뜻 받아들이기 어려울 만큼 비현실적이다. 계엄군의 진압작전은 일반 시민을 상대로 한 시위진압이라기보다는 '대간첩작전'을 연상시켰다. 무자비하고 강력했다. 아무리 국가의 명령이라지만 납득하기 힘들었다. 지금껏 국가의 명령에 충성하는 길이 공직자로서 자신의 임무라고 생각하면서 살아왔다. 언제든 죽음을 불사하고 나섰다. 그러나 지금은 달랐다. 어떻게 처신해야 할지 곤혹스러웠다.

4·19 교훈과 경찰의 명예

눈을 지그시 감고 조금 전 정석환 과장과 나눴던 이야기를 다시 떠올렸다. 누구에게도 털어 놓기 어려운 이야기였다. 마음이 한결 가벼워졌다. 어차피 사태가 이렇게 커져버린 이상 종료되고 나면 누군가는 책임을 져야 할 상황이다. 경찰의 작전방침은 경찰국장인 자신이 결정할 수밖에 없다. 구차하게 다른 사람에게 책임을 떠넘길 수 없는 처지다. 계엄사 통제를 받는 치안본부 등 윗선에서는 광주 현장에 있는 자신에게 책임을 떠넘기려는 것 같다는 낌새가 분명하게 느껴졌다. 앞으로 어떤 일이 벌어질지 한치 앞도 내다보기 어려운 상황이다. 이 순간 안 국장은 한 가지 원칙을 자신의 마음속에 분명히 세웠다. '시민의 안전을 위해 경찰의 본분을 끝까지 잃지 않아야 한다'고 스스로 다짐했다. 4·19 때처럼 경찰의 명예를 더럽힐 수는 없다고 결심한 것이다.

1960년 3·15 부정선거 규탄 시위가 마산에서 벌어졌다. 내무부 장관 최인규는 강경진압을 지시했고, 마산시민들은 분노했다. 마산지역 경찰들이 시위를 진압하던 중 발포했고, 주민 4~10여 명이 사망했다. 3월 18일, 강경진압을 지시한 내무부장관 최인규와 치안 본부장 이가학이 사임했고 홍진기가 내무부장관에 임명됐다. 전라 북도 남원 금지중학교를 졸업하고 마산상고에 입학한 김주열 학생 이 이날 실종된 지 27일 후인 4월 11일 아침 마산 중앙부두 앞바다 에서 왼쪽 눈에 최루탄이 박힌 채 시신으로 떠올랐다. 격분한 시위 대는 마산경찰서 무기고 문을 파괴하고 수류탄을 탈취했으며, 그 중 2개를 경찰서장실 앞뜰에 투척, 폭발시켰다. 김주열의 죽음은 4·19의 도화선이 됐다.

4월 18일 고려대 학생들이 시위를 시작했는데 신도환이 이끄는 대한반공청년단과 정치깡패 임화수 등 50~60명이 대학생들을 피 습하는 사건이 벌어졌다. 4월 19일 시위 구호가 부정선거규탄에서 독재타도로 전환되었고, 대학생 2만여 명이 경무대 앞을 점거하면 서 서울 시내가 무정부 상태에 빠져들었다. 정부는 오후 3시 계엄 령을 선포했지만 경찰의 발포로 인한 유혈사태가 서울뿐 아니라 부 산, 대구, 광주, 대전 등 전국 대도시로 번졌다. 19일 경무대로 몰려 갔던 학생시위대를 향해 경무대 경찰서장 곽영주가 발포명령을 내 렸다. 여러 명의 학생들이 그 자리에서 쓰러졌다. 그날 오후 경찰로 부터 무기를 탈취한 무장시위대가 동대문 경찰서 앞을 지날 때 경 찰이 집단 사격을 퍼부었다. 쌍방 간 교전이 벌어졌다. 시위대는 동 대문에서 청량리에 이르는 연도의 파출소 여러 곳을 불태웠다. 무 기 획득을 위해 의정부까지 진출했던 차량 시위대는 반격에 나선 계엄군에게 몰려 19일 밤늦게 고려대 뒷산으로 피신했고, 20일 새벽까지 이곳에서 버텼다. 뒤늦게 투입된 계엄사령관 송요찬은 경찰과 달리 계엄군의 선제발포를 금하고 유연하게 대처하여 사태를 수습했다. 4월 19일 하루 동안 사망자는 서울 1백여 명, 부산 19명, 광주 8명 등 모두 186명이고, 부상자는 6,026명에 이르렀다. 4·19 혁명의 개략적인 모습이다.[83]

경찰의 집단발포로 경무대(현 청와대) 경찰서장 곽영주 등이 사형을 당했다. 이때 시위대를 향한 발포는 경찰의 역사에서는 가장 치욕스럽고 뼈아픈 오명으로 남아있다. 안병하 국장이 처한 5·18 상황이 바로 4·19 때와 유사했다. 20년 전 4·19 때처럼 또 다시 경찰의 역사에 검은 점을 남길 것인지 아니면 자신과 가족을 희생시킬 것인지 선택의 기로에 선 것이다.

31사단장도 '무혈진압' 지시

밤 11시, 31사단장 정웅 소장 주재로 시위진압 지휘관들이 모두 참석한 가운데 긴급회의가 열렸다. 안병하 국장이 회의실에 들어섰을 때 다른 사람들은 벌써 도착해 있었다. 19일부터 진압작전에 나선 11공수여단장 최웅 준장과 18일 오후 금남로에 투입된 7공수여단 33대대장 권승만 중령, 35대대장 김일옥 중령 등 3명의 공수부대 지휘관들이 특전사 특유의 얼룩무늬 전투복을 입고 있었다. 처음 보는 얼굴들이었다. 그리고 31사단 연대장, 대대장, 참모들까지 참석했다. 상황이 상황인지라 바짝 긴장된 분위기였다.

정웅 사단장은 광주시내에서 이틀간 벌어진 계엄군의 진압작전이 너무 강경한 것 아니냐고 말문을 열었다. 내일부터 당장 피를 보면서까지 시위대를 강력하게 진압하는 '유혈진압'을 하지 말고, 피를 흘리지 않는 상태에서 '무혈진압'을 하라고 말했다. 안 국장은 회의장 분위기가 싸늘해지는 것을 느꼈다. 공수부대 지휘관들의 얼굴이 경직됐다. 작정한 듯 쏟아내는 31사단장의 발언은 단호했다.

"내가 오늘 오후 상무대 계엄분소장 주재로 열린 광주지역 기관장회의에 참석했는데, 계엄군의 진압방식이 너무 강경해서 기관장들은 물론 광주시민들의 분위기가 매우 좋지 않습니다. 이 작전은 시위를 진압하는 것이지 시위대를 자극하는 것이 목적이 아니라는 점을 명심하기 바랍니다."

당장 대검사용을 중단하고, 더 이상 부상자가 발생하지 않도록 하라고 지시했다. 이 작전은 일반 시민을 상대로 한 것이라는 점을 강조했다. 그 자리에서 정웅 사단장은 '31사단 작전명령 제3호' 명령을 하달하라고 지시했다. '대검사용 금지, 진압봉 머리 타격 금지, 분산 주력, 연행 금지 등'을 포함시키라고 작전참모에게 하달했다. 다른 사람들은 침묵한 채 사단장의 말을 듣고만 있었다. 정웅 사단장의 표정은 단호했다. 그 자리에서 참모와 지휘관들에게 자신의 판단과 결정에 대해 어떻게 생각하느냐고 한 명씩 돌아가며 의견을 묻기까지 했다. 10명 가운데 8명은 그와 같은 생각이었고, 2명은 모호하게 답변했다.[84] 1988년 정웅 사단장은 국회의원이 되었을 때 국방부장관에게 다음과 같이 대정부 질의 발언을 했다.

"80년 5월 19일 작전에는 5개 대대 2,500명을 출동시켰으며, 이날의 작전결과도 약간의 충돌은 있었으나 큰 마찰 없이 잘 평정되었다는 보고였습니다. 그러나 시민으로부터의 제보는 공수부대의 과격한 진압행동으로 인해 많은 부상자가 발생했다는 내용이어서, 확인한 바 공수부대원들이 공비토벌작전형식의 진압방법을 사용함으로써 부상자가 많이 발생하고 있는 사실을 알고 본 의원은 공수부대 작전을 전반적으로 재검토했습니다. 공수부대의 입장에서는 정상적인 진압작전이었을지 몰라도 시위진압 시 강압적인 행동을 적극 지양시키고 있는 향토사단의 입장에서는 상식에 어긋나는 진압작전이었기 때문입니다."[85]

안 국장은 회의를 끝내고 경찰국으로 돌아오면서 자신의 판단이 올바르다는 확신을 더욱 굳혔다. 정웅 사단장을 지켜보면서 자기와 마찬가지로 '스스로 중대한 결심을 한 것'이 아닌가 하는 느낌을 받았다. 한편으로는 광주지역 계엄군 책임자인 31사단장이 공수부대의 진압행태를 자신과 마찬가지로 생각을 하고 있다는 점에서 '의외'라고 생각했다. 그날 밤 우연히 정석환 중앙정보부 지부장이나 정웅 31사단장 모두 비슷한 생각을 하고 있다는 사실을 확인한 것이다. 자신만의 고민이 아니라는 점을 확인하자 다소 위안이 됐다.

자신이 취해야 할 방침이 분명해지고 있음을 또렷이 느꼈다. 경찰
국으로 돌아오는 길에 안 국장은 최선을 다해 시민의 피해를 줄일
수 있도록 만반의 조치를 취해야겠다는 각오를 다졌다.

"경찰 무기, 군부대로 대피시키라"

안 국장이 경찰 보유 총기와 실탄을 31사단으로 옮겨 소산시키라
고 지시한 시점은 5월 19일이다. 그에 앞서 5월 15일에 이미 안 국
장은 지서나 파출소 등에 있는 무기를 본서, 즉 각 지역의 경찰서장
이 있는 곳으로 옮겨서 집중 관리하라고 지시했다.[86]

이 무렵 계엄군은 경찰보다 하루 앞선 18일에 무기고 안전대책
강구 지시를 내렸다. 31사단을 직접 지휘 통제하는 진종채 2군사령
관은 계엄의 전국확대 조치가 취해진 첫날인 5월 18일 새벽 3시 5
분에 예하부대에 무기고의 안전대책을 강구하라고 지시했다.[87] 19
일 경찰의 무기소산 조치 이후 점차 무기 피탈이 우려되는 상황으
로 바뀌자 안 국장은 치안본부장에게 보고한 후 21일 광주시내 경
찰서에 남아 있던 무기들을 모두 안전한 곳으로 소산시키라고 지시
했다. 비록 치안본부장에게 보고하는 형식을 취하긴 했으나 책임은
현장 지휘관인 안병하 국장의 몫이었다. 당시 경찰들의 증언은 다
음과 같다.

"군이 투입된 다음날인 19일로 기억되는데 안병하 국장이 경찰관

서에 보관중인 모든 무기를 31사단으로 소산하라고 지시했습니다. 만약 그때 무기를 소산하지 않았다면 여러 가지 참혹한 일들이 생겼을 것입니다."(안○○ 광주경찰서 수사과)

"무기 소산과 관련해서는 도경국장의 심오한 판단에 의해 작전과와 협의하여 결정한 일입니다. 시위대에게 총기가 피탈 당하는 경우를 대비하여 소산하도록 작전2계에서 예하 경찰서에 직접 전통으로 처리했습니다."(배○○ 전남경찰국 작전2계장)

"생각해보면 안병하 국장이 무기를 미리 소산시킨 것은 아주 잘한 일이지요. 경찰에게 무기가 있었다면 시민에게 발포할 상황이 생길 수도 있었을 것이고, 그렇게 되면 시민과 적이 되었을 것입니다."(최○○ 전남경찰국 상황실)

당시 전남경찰국이 작성한 문서에는 다음과 같이 기재되어 있다.

"광주권 2개 경찰서 무기.실탄 및 비밀문건 소산완료(5.19. 22:00)"[88]

총기류 등 무기는 경찰국 대공분실로, 실탄은 담양경찰서, 비밀문건은 화순경찰서, 유치장에 수용되어 있던 유치인은 나주경찰서로 각각 소산시켰다.[89] 19일의 이런 무기소산 조치로 인하여 앞으로 안병하 국장 자신에게 어떤 불이익이 닥칠지 당시로서는 미지수였지만 시민의 안전을 최우선으로 생각한다면 당연한 조치라고 확신했다. 그러나 상부의 '강력한 진압' 지시가 '경찰의 발포'까지를 염두에 둔 것이라면 이와 같은 안 국장의 사전 무기소산 조치는 계엄사의 강경진압 방침과는 정면으로 어긋나는 결정이었다. 실제로 계엄사 합동수사단의 「직무유기 피의사건 수사결과 보고서」에는 다음과 같이 기재되어 있다.

> 시위가 폭력 폭동화 할 경우에 대비하여 지역 내 국민의 재산과 생명을 보호할 의무가 있는 치안 책임자임에도 불구하고 경찰 무기를 폭도들로부터 피탈을 방지하겠다는 소극적인 발상 하에 치안본부장에 건의한 후 경찰 2개서 및 4개 기동대의 무기 약 1,300정을 도경 안전가옥에 이동 소개시킴으로써 5.21. 「진도개 둘」이 발령되고, 5.22. 「자위권」이 발동되었음에도 광주시내에 근무하는 전 경찰의 무장을 불가능케 하였고…[90]

운명을 갈랐던 '사전 무기소산' 결단

안 국장이 19일, 최악의 상황에 대비하여 미리 무기소산 조치를 취한 것은 그의 운명을 가르는 결정적인 계기가 됐다. 뿐만 아니라 '5·18의 성격'을 가늠하는 중대한 잣대였다. 신군부의 5·17 비상계엄 전국확대 조치와 공수부대를 투입한 조기 강경진압이 얼마나 무모한 작전이었는지를 반증하기 때문이다. 당시 안병하 도경국장을 비롯하여 광주의 질서 유지를 책임지고 있었던 윤흥정 전남북계엄분소장과 전교사 참모들, 정웅 31사단장 등 주요 지휘관 대부분은 공수부대 투입이 평범한 시위를 오히려 폭동사태로 만들어버렸다며 계엄사의 방침에 반발했다. 안 국장은 19일 경찰의 무기소산을 지시했고, 정웅 사단장은 19일 밤 공수부대에게 '무혈진압'을 지시했으며, 윤흥정 전교사령관은 19일 오후 공수부대 지휘관들에게 강경 진압을 자제하라고 지시했다. 그러자 신군부 지휘부는 윤흥정 전남북계엄분소장을 5월 22일 자로 갑자기 교체시켜버렸는데 전남북계엄분소장 교체를 준비한 시각도 19일이었다.[91] 공수부대가 투입된 지 이틀째 되는 날에 신군부와 전남지역 계엄군 지휘관들 사이에 이런 일이 벌어졌던 것이 우연이었을까? 안병하 국장은 당시 신군부와 전남지역 군 지휘관들 사이에 이런 일이 있었다는 사실은 전혀 모르고 있었음에도 불구하고 스스로의 판단에 따라 '무기소산' 조치를 취했다.

신군부의 정권장악 기도가 광주 현지 군과 경찰 지휘관들의 비협조로 예상치 못한 복병을 만난 꼴이었다. 당초 신군부는 경찰을 앞세워 이 과정을 순탄하게 가져가고 싶었을 것으로 추정된다. 가급적이면 자신들은 배후에서 실체를 드러내지 않고, 상황이 여의치 않으면 공수부대를 투입하겠다고 으름장을 놓으면서 경찰에게 악역을 맡기려 했던 것으로 보인다. 그렇게 추정할 수 있는 이유는 다음과 같다.

첫째, 5월 17일 비상계엄 전국확대 조치 직전에 전두환이 전남 도청에 방문했을 때 안병하 도경국장에게 '조만간 서울에서 한번 보자'고 은밀하게 제안했던 점이다. 전두환은 계엄확대 조치 이후 전남경찰의 협조 가능성을 미리 떠보고자 했던 것이 아니었을까? 이런 속내를 전혀 알지 못했던 안병하 국장은 전두환의 방문 요청을 받고도 응하지 않았다. 둘째, 5월 18일 오전에 7공수부대를 시위진압에 곧바로 투입하지 않고 지켜보다 오후 늦게야 투입했던 정황도 그런 짐작을 가능케 한다. 전남대 앞에서 오전 10시 경 시위가 발생하자 신군부 수뇌부는 곧바로 점심시간에 육군본부에 모여 대기중인 7공수를 광주시내에 투입하라고 지시한 다음, 추가로 11공수여단을 서울에서 광주로 내려 보낼 것을 결정했다. 이 자리에 모인 사람들은 전두환 보안사령관, 노태우 수경사령관, 정호용 특전사령관, 이희성 계엄사령관 등 신군부 핵심 멤버들과 유병현 합참의장, 해군 및 공군 참모총장이었다.

무리한 진압 자제, 거듭 지시

그러나 안병하 경찰국장이나 정웅 31사단장, 윤흥정 계엄분소장 등 광주 현지의 군경 지휘관들은 신군부의 뜻대로 움직이지 않았다. 시위진압을 하기는 했으나 신군부가 생각하는 것처럼 강경하지 않았다. 안병하 국장은 평소처럼 '시위대를 분산함으로써 해산시키는 방식'으로 진압을 했다. 시위대를 자극하지 않도록 지시하고, 가급적 진압봉 사용을 자제했으며, 시위 주동자만 연행하고, 도망가는 사람은 뒤쫓지 말도록 거듭해서 강조했다. 경찰기록에 기재돼 있는 5월 18일 오전 첫 진압작전 상황에서 전남경찰국장 주요 지시사항은 시간대 별로 다음과 같다.

> 11:00 분산되는 자 너무 추격하지 말 것, 부상자 발생치 않도록 할 것.
> 11:55 연행과정에서 학생의 피해가 없도록 유의할 것.[92]

정웅 31사단장 역시 2군사령부의 거듭되는 계엄군 투입 지시에도 불구하고 '출동 준비 명령'을 내린 뒤 3시간 정도가 지나서야 마지못해 7공수를 투입했다. '현재 시위상황은 경찰만으로도 충분히 진압할 수 있다'고 판단했다. 좀 더 상황을 지켜본 뒤 계엄군을 투입해도 늦지 않을 것이라며 2차례나 상부의 투입지시를 지연시켰다.[93] 이 같은 사실은 당시 505보안부대가 보안사령부에 실시간으로 보고한 문서에서 다음과 같이 확인된다.

> 31사 작전명령 제1호에 의거, 5.18. 12:45 현재 전남대 및 조선대에 주둔한 7공수 33, 35대대를 최소의 학교 경계 병력만 남기고 시내 소요사태 진압을 위해 출동 준비토록 지시.[94]

정웅 사단장은 거듭되는 상부의 지시에도 불구하고 '출동 지시'를 바로 내리지 않고 '출동 준비'를 지시한 것이다. 7공수를 오후 4시까지 광주시내로 출동하라는 명령은 그 후에 하달한다.

광주 현지의 치안 책임자인 안병하 경찰국장과 정웅 31사단장이 이렇게 나오자 이를 지켜보던 신군부 지휘부는 점심시간에 모여 공수부대 투입 및 증파라는 강력한 카드를 꺼내들었다. 공수부대의 투입과 강경진압이 시위를 곧 잠재울 것으로 기대했지만 그들의 예상은 빗나갔다. 신군부는 7, 11, 3여단 등 최정예 공수부대를 각각 18일부터 20일 사이에 매일 한 개 부대씩 연거푸 광주에 투입했다. 다른 한편으로는 내무부 장관, 치안본부장 등을 압박함으로써 전남 경찰의 강경 진압을 독촉했던 것이다.

육군본부, 광주시위 철저한 사전 대비

『전두환 회고록』은 당시 육군본부에서 광주 투입 계엄군의 작전지침을 작성한 김재명 육군 작전참모부장[95]이 1996년 7월 25일 5·18 특별법에 따른 1심 24차 공판에서 진술한 내용을 장황하게 인용하고 있다. 그 대목을 회고록에 있는 대로 이곳에 옮겨보자.

지금 제일 제가 아쉽게, 광주 상황에 대해서 생각하는 것은 군사작전 담당, 그 당시의 참모로서 생각하는 것은 참 안타깝고 한 것은, 5월 18일 9시에 상황이 붙었어요. 전남대학교 앞에서, 이 초동조치를 30분, 1시간, 2시간 이내에 왜 봉쇄도 안 하고 서로 투입해라, 공수여단 투입해라 말아라 이렇게 하면서 시간을 낭비했느냐, 육군본부에서는 소요사태에 대비해서 지휘조 훈련까지도 그 전에 1,2,3군다 해놓아라, 경찰의 돌아가는 상황을 다 파악해 놓아라, 상황도 교환해라, 구체적으로 지도까지 해줬는데 이것이 안타깝습니다. 전남대학, 전투경찰이 2,000명이 30분 거리에 지원할 수 있는 도청, 경찰국 지역에 있었습니다. 이 사람들은 작전계획을 다 세워서 전남대에 있을 때는 어떻게 봉쇄하고, 어떻게 소탕하고, 법원에 왔을 때는 어떻게 하고, 조선대에 갔을 때는 어떻게 하고, 훈련되고 그 유형에 제일 잘 아는 사람들입니다. 왜 경찰도 사전 즉각 투입조치 안하고 군 병력 겨우 한 600명, 2개 대대 300명 되는 것, 그것 보내 투입해야 한다 안 해야 한다 이러면서 시간을 낭비했는지 안타깝습니다. 초동조치만 잘했다 하더라도 오늘 이와 같은 일이 없을 것이라고 단언합니다.[96]

김재명의 증언은 육군본부가 5·18 이전부터 얼마나 철저하게 광주에서 시위가 일어날 것에 대비하여 준비했는지를 역설적으로 잘 보여주고 있다. 육본에서 소요사태에 대비하여 지휘조 훈련까지 마쳤고, 경찰에 대한 상황 파악, 그리고 계엄군과 경찰이 상황을 교환하라는 지시까지 했다는 것이다. 여기서 눈여겨 볼 대목 하나는 육군본부의 지시에도 불구하고 '계엄군과 경찰이 상황교환을 원활하게 하지 않았다'고 토로하는 대목이다. 안병하 국장은 18일 새벽 7

공수여단이 전남대와 조선대에 진주했다는 사실을 사전에 통보받지 못했다. 뿐만 아니라 공수부대가 언제 시내에 투입될지도 잘 몰랐다. 전남도경에 파견 나와 있던 31사단 연락관은 당시 전남도경과 계엄군의 상황정보를 공유하고 있었다. 그럼에도 불구하고 7공수의 투입에 대한 정보조차 모르고 있었던 것이다.

위 김재명의 증언에 따르면 7공수부대 투입여부를 두고 처음부터 티격태격했고, 이 점 때문에 투입시각이 늦어져서 시위사태가 수습하기 어려운 지경에 이르렀다고 한다. 누가 공수부대 투입여부를 두고 티격태격했는지는 분명치 않다. 문맥으로 볼 때 당시 현장 시위진압을 책임지고 있던 '31사단장'과 계엄사의 지시를 받은 '전교사령관' 사이에, 즉 광주 현지의 계엄군과 서울 계엄사령부 사이에 공수부대 투입을 둘러싸고 그런 견해차가 있었다는 것을 지칭하고 있는 것으로 추정된다. 실제로 당시 정웅 31사단장은 경찰력만으로도 충분히 시위를 진압할 수 있다며 7공수의 투입을 꺼려했다. 공수부대가 투입되면 과잉진압이 예상되고, 그 결과 오히려 시민들을 자극해서 시위규모가 더 커지지 않을까 우려했다. 이 점은 안병하 국장의 생각과도 일치했다. 그러자 계엄사의 지시를 받은 진종채 2군사령관이 윤흥정 전교사령관에게 공수부대를 투입해서 강력하게 진압하라고 독촉했다. 결국 31사단장이 계엄사의 독촉에 7공수의 투입을 지시한 시각은 오후 2시경이다.

경찰만으로도 진압 가능 판단

아무튼 7공수의 최초 투입을 둘러싸고 빚어진 계엄군 내부의 견해차와 상관없이 안병하 국장은 경찰력만으로 시위를 진정시킬 수 있다고 판단한 점은 분명하다. 그런데 김재명이 "왜 경찰도 사전 즉각 투입조치 안 하고…시간을 낭비했는지 안타깝습니다"라고 말했다. 경찰 측에서 동의했다면 곧바로 투입했을 텐데 이견이 있었기 때문에 시간을 낭비했다는 의미다. 안병하 경찰국장이 공수부대 투입을 달가워하지 않았던 것이다.

김재명 작전참모부장은 공수부대를 좀 더 일찍 투입해서 초동조치를 강력하게 했더라면 5·18과 같은 일이 없었을 것이라고 했다. 하지만 실제로 그러했을 가능성은 별로 없다. 왜냐면 계엄사가 광주지역에서 발생한 학생시위를 대처하는 방식은 처음부터 비상식적이었다. 18일 오후 4시 공수부대가 최초 투입된 시각 광주시내의 시위상황은 경찰력만으로 통제 불가능할 정도가 아니었다는 것이 안병하 국장의 판단이다. 그런데도 신군부 지휘부의 거듭되는 지시에 따라 공수부대를 투입했고, 그 결과는 '단순 시위'를 자극하여 '폭동사태'로 변질시킨 것이다. 게다가 매일 1개 공수여단씩을 지속적으로 투입했고, 급기야 정규군인 20사단까지 총 2만 명에 가까운 군인을 투입했다. 이렇듯 신군부의 '초강경 진압작전'은 광주시민들이 공동체의 생존을 지키기 위해 스스로 무장할 수밖에 없는 상황으로 몰아갔던 것이다.

한편 19일 오후 전임순 여사는 부속 주임한테 2호차(일반 승용차)를 준비해달라고 부탁했다. 광주에서 자신이 직접 목격한 일들을 상부에 정확하게 알려줄 필요가 있다고 생각했기 때문이다. 오후에 광주를 떠나 밤늦게 서울에 도착했다. 먼저 손달용 치안본부장[97] 집으로 찾아갔다. 늦은 시간이라 치안본부장은 집에 있었다. 광주에서 자신이 직접 목격한 사실을 모두 말씀드렸다. "사태가 걷잡을 수 없게 확대되면 우리 경찰의 희생이 클 테니 어떤 조치를 해주셔 하겠다"고 했다. 아무 말도 하지 않고 묵묵히 듣고 있던 손달용은 무겁게 입을 열어 "사흘 안으로 어떤 조치를 취할 테니 기다리라"고 말했다. 치안본부장이라고 해도 계엄령 하에서 마음대로 지시하지 못한다는 것은 알고 있었다. 하지만 광주에서는 사태가 너무 급박하게 돌아갔다. 3일을 기다릴 만큼 여유가 없었다. 마음은 더욱 초조해졌다. 곁에서 지켜보던 치안본부장 사모님은 "그동안에 무슨 일이야 있겠느냐"며 안심을 시키려 했다. "나도 전라도가 고향이지만 전라도 사람들이 좀 과격해서 그런 것이니 기다려봅시다. 그동안 절에나 같이 갑시다"고 말했다. 이들은 자신이 말한 것을 제대로 다 믿지 않는 눈치였다. 생각해보니 5월 21일이 부처님 오신 날인 초파일이었지만 전 여사는 그렇게 한가한 마음의 여유가 없었다. 그대로 집에 돌아올 수밖에 없었다.

누구를 더 찾아갈까 생각했다. 내무부장관 사모님은 한 번도 만난 적이 없었다. 불현듯 내무부차관을 지낸 서정화 씨[98] 사모님이 떠올랐다. 서정화 씨 사모님은 김현옥 씨가 내무부장관을 할 때 내무부와 치안본부 간부들이 부부동반으로 속리산에 같이 간 적이 있었는데 당시 알게 된 사이였다. 그때 서정화 씨는 내무부에서 국장급이었다. 그 후 남편 안병하가 경기도 경찰국장으로 재직 중일 때 내무부 간부들이 부부동반으로 인천에서 행사를 갖게 되었다. 그 자리에서 서정화 씨 사모님을 다시 만나 더 가까워지는 계기가 됐다. 전임순은 5월 20일 아침 일찍 서정화 씨 댁으로 찾아가 사모님을 만났다. 광주에서 자신의 눈으로 직접 목격한 상황을 그대로 전했다. 그러자 그 사모님은 "그 사람들 빨갱이들"이라고 하는 것이었다.

"네? 무슨 빨갱이입니까? 자식들이 죽어 가는데 어느 부모가 가만히 있겠습니까?"

공수부대 군인들이 시민들 보는 앞에서 과격한 광경을 보였으니 시민들까지 합세할 것이라고 말했다. 더 이상 아무 말도 없었다. 그대로 집에 돌아올 수밖에 없었다.

4. 부상자 치료에 주력하다(5월 20일)

시위대 숫자는 기하급수적으로 불어났다. 경찰 기록에 따르면 5월 18일에 1천여 명에서 19일 3천여 명, 사흘째를 맞는 20일에는 5만여 명으로까지 늘었다.[99] 20일 아침 7시 30분, 3공수여단 병력 1,392명(255/1,137)은 서울에서 기차를 이용하여 광주역에 도착하자마자 광주 시내에 투입됐다. 오전에 약간의 비가 내린 뒤 그치면서 오후부터 시위가 다시 시작됐다. 안병하 국장은 경찰의 작전 개념을 시가지 타격작전에서 자체 경비작전으로 바꾸도록 지시했다.[100] 더 이상 공격적인 방법으로는 시위가 가라앉지 않을 게 분명하다는 판단이었다. 아울러 수사과장에게 새로운 지시를 내렸다. 시위 초기 단계에서 지금까지 '주동자 검거와 채증 활동'하던 것을 중단하고 '부상자 치료'와 '연행자들의 식사 제공'에 차질이 없도록 하라고 지시했다. 1988년 10월 사망 직전에 자신의 육필 기록으로 남긴 「안병하 비망록」에는 당시 상황이 이렇게 적혀 있다.

> 80.5. 소요사태가 격화되자 그 대책으로서 (경찰)국 수사과장의 임무는 주동자 검거, 채증 활동을 지시한 바 있으나, 군이 진압 과정에서 발생한 많은 부상자를 경찰에 인계함에 따라 (경찰)국 수사과장에게 상기 임무를 바로 해제하고 부상자에 대한 치료와 식사를 책임지게 함으로써 많은 부상자를 보호함.[101]

그러나 계엄군은 달랐다. 진압의 강도를 더욱 높였다. 2군사령부는 19일 밤 11시 40분을 기해 전교사에 강경진압을 지시하는 충정작전 지침을 하달했다. '도시게릴라 난동 진압, 바둑판식 분할점령, 과감한 타격, 총기 피탈 방지, 편의대 운용' 등이었다. 신군부가 주도했던 '보안사-육군본부-2군사령부-전남북계엄분소'로 이어지는 공식적인 지휘라인에서는 더욱 강경한 진압 지시가 내려졌다. 시위군중 규모가 수만 명에 이르자 공수부대는 지금까지 분산 배치된 채 운용하던 병력을 대대 단위로 통합하여 대규모 시위대와 맞서는 대응방식으로 전환했다.

그러나 윤흥정 사령관이 지휘하던 전남북계엄분소는 상급부대인 2군사령부의 방침과 다르게 '선량한 학생 및 시민은 보호할 것, 군인의 기본자세를 견지할 것' 등 31사단과 전남도경에다 완화된 진압지침을 내려 보냈다.[102] 광주 현장에 있던 계엄 부대 전남북계엄분소의 판단은 신군부의 통제 아래 있던 육군본부의 판단과 크게 달랐던 것이다. 외지에서 광주에 갑자기 투입된 공수부대의 과잉진압이 시위사태를 키우고 있다고 보았기 때문에 '군인의 기본자세를 견지'하라고 거듭 지시를 내린 것이다.

가슴 아팠던 경찰관 사망사건

20일 오후부터는 시위대 숫자가 너무 많아 곳곳에서 길이 막혔고, 진압에 나선 경찰들에게 식사도 제대로 공급할 수 없을 정도가 됐다. 오후 7시쯤 도경 상황실에는 택시기사들이 무등경기장에서부터 차량대열을 지어 금남로로 향하고 있다는 보고가 들어왔다. 안 국장이 도청 옥상에서 바라본 차량행렬은 쓰나미 같이 무서운 기세였다. 도청 분수대 앞에 다가오자 공수부대가 막아섰고, 최루가스가 자욱하게 금남로를 덮었다. 공수대원들은 차량에 탑승하고 있던 사람들 가운데 현장에서 붙잡힌 40~50명을 진압봉으로 제압한 다음 끌어내서 도청으로 끌고 왔다. 격렬한 상황이 20여 분 지속된 뒤 시위대가 물러갔다. 그 뒤에도 몇 차례나 파상적으로 밀려오는 시위대의 물결은 도청을 삼켜버릴 듯 압박했다.

노동청 앞에 배치된 무안과 함평경찰서에서 올라온 경찰 부대는 서로 1선, 2선으로 교대하면서 도청으로 진입하려는 시위대와 밀고 밀리는 공방전을 계속했다. 오후 7시 49분, 전남대 의과대학 5거리에 배치된 기동3중대와 장성경찰서에서 온 부대가 군중에게 포위되었다는 보고가 들어왔다. 안병하 국장은 경찰국 경비계에 지시해서 7공수에게 지원을 요청했다.[103] 19일 오후 3시 18분에 이어 두 번째로 계엄군에게 지원을 요청한 것이다.[104]

시위대 규모는 밤이 되면서 더 불어났다. 경찰국 상황실에서 각 지역 정보센터 보고를 집계한 바에 따르면 5만~10만 명에 육박했다. 이런 상태라면 오늘밤 무슨 일인가 크게 터질 것 같은 예감이 들었다. 이날 밤 9시 20분경 노동청 앞에서 다급한 보고가 들어왔다. 경찰관 4명이 시위대 버스가 돌진하는 바람에 현장에서 즉사했다는 소식이다. 조마조마하던 사건이 터지고 말았다. 노동청 방향 선두에서 차단하고 있던 2기동대는 돌진하는 버스를 피했다. 그런데 노동청 반대방향 2선에 배치된 영광경찰서장이 지휘하던 중대(함평, 영광, 장성에서 동원된 경찰부대)를 향해 버스가 굴러와 뒤에서 휴식을 취하던 함평경찰서 경찰관들을 덮쳤다. 시위 상황이 연일 계속되자 현장에 동원된 경찰은 지칠 대로 지쳐 있었고, 틈만 나면 잠에 빠져들었던 것이다.

이 사건은 5·18이 종료된 후 관련자들이 체포되어 합수단의 수사를 통해 그 내막이 자세히 밝혀졌다. 광주고속 운전기사 배용주(당시 34세)는 회사 버스에 동료 운전기사와 시위대원 서너 명을 태운 채 노동청에서 도청으로 향하던 중 상무관 앞에 이르자 최루가스가 버스 안으로 밀려와 눈을 뜰 수 없었다. 자신도 모르게 운전대를 놓치고 말았는데 기어가 걸린 상태였던 버스가 도로 귀퉁이로 미끄러지면서 어딘가에 부딪쳐 멈췄다. 차가 멈추자 운전사는 버스에서 뛰어내려 몸을 피했는데 다음날 회사에 출근해서 자신의 차에 경찰 4명이 깔려 사망했다는 소식을 듣고 깜짝 놀랐다. 조사가 종료된 후 운전기사 배용주는 군법재판에 회부되어 살인 및 소요 혐의로 사형선고를 받았고, 1981년 12월 대법원에서 형이 확정됐다. 하지만 1년 뒤 1982년 12월 특별사면으로 석방됐으며, 그로부터 16년 후 1998년 7월 재심 법원은 '헌정질서 파괴범죄(군사반란 및 비상계엄)'에 저항한 정당한 행위로 보아 그에게 무죄를 선고했다..

이때 사망한 경찰은 함평경찰서 소속 정춘길, 강정웅, 이세홍, 박기웅 등 4명이고, 5명이 부상을 입었다.[105] 밤 9시 45분경, 경찰은 시위대와 협상 끝에 포위망을 뚫고 부상당한 경찰관들을 전남대병원으로 옮겼다.[106] 하지만 4명의 사망자는 시신 안치 등 사후 수습이 제대로 이루어지지 않았다. 5월 27일 사태가 종료될 때까지 2구는 전남대병원에, 다른 2구는 철수할 때까지 상무관과 장비계 사이 노상에 진압복(일명 '방석복')을 입은 상태로 방치되어 있었다.[107] 안병하 경찰국장으로서는 가장 가슴 아픈 사건이었다.[108]

이날 밤 부상자는 경찰과 시민뿐만 아니라 공수부대에서도 많이 발생했다. 시위대 숫자가 너무 많아 공수부대가 포위된 형국이 돼버렸다. 보급로가 차단되자 밥을 굶을 수밖에 없었고, 부상자가 나와도 후송을 할 수 없는 지경에 이르렀다. 공수부대는 현지 사정에 밝은 경찰에게 부탁해서 시내에 있는 병원으로 군인 부상자를 옮겼다. 경찰이 부상자의 긴급 후송을 위해 비켜달라고 부탁하면 비록 그 환자가 공수대원일지라도 시위대는 길을 터줬다. 시위대가 경찰에게 적대감을 갖고 대하지 않았기 때문에 이런 일이 가능했다. 가까운 병원에 찾아 들어가면 시위 도중 부상당한 시민과 경찰, 공수대원이 서로 옆 병상에 누워 있는 경우도 있었다.[109]

시민들은 다음날 아침까지 날을 새며 시위를 이어갔다. 차명숙, 전옥주 등 혜성처럼 나타난 두 여성들의 카랑카랑한 목소리가 이날 밤 시위대를 이끌었다. 차량에 설치한 방송장비를 통해 도청과 광주역 사이를 가득 메운 시위대는 이 두 여성의 목소리를 따라 밤중 내내 칠흑처럼 어두운 거리를 돌아 다녔다. 공수부대 저격수들은 이 여성들의 사살을 시도했으나 워낙 시위대 숫자가 많아 포기하고 말았다. 경찰 역시 시위대를 향해 "부모형제가 기다리니 집으로 돌아가라"는 선무방송을 지속했다.

시민들, "경찰은 우리 편"

이날 밤 도청을 제외하고 계엄군의 모든 방어선이 무너져버렸다. 광주MBC와 광주세무서, KBS, 도청 차고가 불탔다. 불행 중 다행인 것은 시위대가 공수부대와 달리 경찰을 향해서는 직접적인 공격을 하지 않았다. 파출소도 19일 5개가 파손된 이후로 20일에는 더 이상 파괴되지 않았다. 시위대 사이에서 "경찰은 우리 편"이라는 말이 공공연하게 떠돌았다. 새벽 2시 48분, 최루탄이 바닥나버린 군과 경찰은 각종 차량의 헤드라이트를 켠 채 시위대의 접근을 차단했다.[110]

광주역과 시청 등 전략적 요충지를 방어하던 3공수여단은 자정이 넘자 전남대로 모두 퇴각했다. 퇴각하기 전 광주역을 사수하던 3공수 12, 15대대에서는 최세창 3공수여단장의 지시에 따라 끝없이 밀려드는 시위대의 차량을 향해 발포를 했다. 이때 발사된 M60 기관

총과 M16 소총의 총성이 광주 시내를 뒤흔들었다. 이날 밤 10시경 광주역 부근에서 3공수대원 정관철 중사가 시위대 차에 치여 공수대원 중 광주에서 최초의 사망자로 기록됐다. 밤 11시경 광주역 부근에서 3공수대원이 쏜 총탄에 맞거나 진압봉에 구타당해 숨진 시민은 김재화(26), 이북일(29), 김만두(45), 김재수(25), 허봉(26) 등 5명으로 알려졌다.

밤 11시 20분, 3공수여단의 광주역 발포 사실을 보고받은 2군사령부는 '발포 금지, 실탄 통제, 3개 공수여단의 임무를 20사단에게 인계 검토, 특전사부대 대대 단위로 분산 집결, 선무공작 홍보활동 강화' 등의 작전지침(작상전 444호)을 급히 전교사에 내려 보냈다. 계엄사령부 역시 광주역에서 집단발포가 있었다는 소식을 접하고 긴급대책 수립에 들어갔다. 다음날 5월 21일 새벽 4시 30분에 열린 계엄사 긴급대책회의에서는 어젯밤 광주역에서 발생한 발포 문제를 커버하기 위한 방안의 하나로 '자위권 발동' 문제를 본격 거론했다.

신군부가 주도했던 계엄군의 '조기 강경진압' 방침[111]에 따른 공수부대 투입과 겁주기 식의 진압작전은 완전히 실패했다는 점이 판명된 것이다. 계엄사령부는 광주시민의 공분을 사고 있는 공수부대를 광주시내에서 빼내고, 그 자리에 정규군인 20사단을 투입함과 동시에 광주 '외곽 봉쇄'로 작전개념을 변경했다. 그러나 공수부대를 광주시내에서 빼내고 그 자리에 20사단을 투입하는 것 자체가 여의치 않을 만큼 이날 밤 3공수여단의 집단발포는 상황을 급속히 악화시키고 말았다.

그런데 『전두환 회고록』은 이 대목을 왜곡하여 안병하 경찰국장과 정웅 31사단장, 윤흥정 전남북계엄분소장의 작전실패 탓으로 돌렸다.

정웅 31사단장의 작전지침은 위력시위를 생략한 채 시위대의 모든 퇴로를 차단 봉쇄하고 체포 위주로 시위를 진압하라는 것이었다. 도망가는 시위대를 끝까지 추격하게 되면 퇴로가 막힌 시위대는 체포하려는 군인과 충돌을 빚게 된다. 결사적으로 저항하는 시위대를 잡으려다보면 군인들의 행동도 거칠어질 수밖에 없다.

윤흥정 전교사령관은 충정작전 지침 추가 지시를 통해 도시게릴라식 소요 및 난동 행태에 대비해 소규모로 편성된 다수의 진압대를 융통성 있게 운용할 것과 바둑판식 분할 점령, 대대 단위 기동타격대 보유, 조기에 분할 타격, 과감한 타격 등을 지시했다.

(안병하 도경국장은) 경찰이 모든 수단을 동원했으나 결국 실패하고 군 병력의 투입을 요청한 만큼 공수부대가 들어갔을 때에는 경찰의 시위진압 방법하고는 다른 방식의 진압작전을 펴게 된 것이다. 광주 시민들이 봤을 때 지금까지 경찰이 하던 것과 다르게 하는 것을 보고 이것은 과잉진압이다, 공수부대니까 적과 싸우듯이 무자비하게

하는구나 하고 생각할 수 있는 상황이다.[112]

위와 같이 『전두환 회고록』은 실제 광주에서 진행된 사실을 정반대로 기록했다. 당시 신군부 지휘부의 무모하기 짝이 없던 조기강경진압 방침이 초래한 작전 결과를 합리화시키고, 무력진압의 정당성을 강조하기 위해서 광주 현지의 계엄 지휘부와 치안책임자들이 초기진압에 실패한 것처럼 그 책임을 돌린 것이다.

5. 지휘부, 광주비행장으로 옮기다(5월 21일)

5월 21일은 '부처님 오신 날'이었다. 밤을 꼬박 새운 데다 며칠간 지속된 시위 탓에 시위대는 물론 경찰, 공수부대 모두 지쳐 있었다. 광주시내는 새벽녘에야 잠시 조용해졌다. 날이 밝자 다시 시민들이 거리로 쏟아져 나와 10만 명 이상이 금남로를 가득 메웠다. 안병하 국장은 꼬박 밤을 새웠다. 아침 일찍 지난밤 시위상황에 대한 보고를 받았다. 경찰 4명 사망, 7명 중상, 14명 경상이었다. 그밖에도 공수대원 1명이 사망했고, 시위대 사망자는 아직 정확히 파악되지 않았다. 잠시 후 광주역 부근에서 사망한 시민 2명의 시신을 리어카에 싣고 시위대가 금남로에 나타났다는 보고가 들어왔다. 2명의 시신은 뜨거워진 시위대에 기름을 붓는 꼴이었다.

안 국장은 아침 일찍 장형태 도지사에게 지금까지 진행상황을 보고했다. 사태가 심상치 않다고 판단한 안 국장은 곧바로 경찰국 본국과 1중대, 118중대에 남아 있던 무기도 모두 전남북계엄분소가 위치한 전교사로 옮기라고 지시했다. 이 무기는 오전 9시 36분에 전교사 병기 창고에 입고됐다. 이로써 광주시내에 경찰이 보유하고 있던 무기는 모두 군 부대에 소산을 완료했다. 다만 31사단의 통제 아래 있던 광주세무서, 전방, 일신방직 등 직장 예비군의 훈련용 무기만 아직 남아 있었다.

이어서 안 국장은 21일 오전 9시 35분경 광주 이외의 전남지역

각 경찰서나 지서들도 경찰뿐 아니라 예비군 무기까지 가급적 빨리 가까운 군부대로 무기를 소산시키도록 지시했다. 장성, 담양, 화순, 광양, 나주, 영암 등 광주와 인접한 지역 6개 경찰서의 예비군 무기와 탄약은 다른 지역보다 신속하게 옮길 것을 지시했다.[113] 총기는 노리쇠, 공이를 제거하여 안전한 곳에 묻고 노리쇠와 공이는 별도로 보관토록 조치했다. 화순 무기고의 경우 오전 11시 18분까지 소산조치를 마쳤다. 하지만 전남지역 상당수의 경찰서나 지서들은 소산조치가 늦어졌다. 그 이유는 시위진압을 위해 대부분의 경찰들이 이미 광주로 차출된 상태라 현지 경찰서나 지서에는 1~2명 정도 밖에 남아 있지 않았기 때문이다.

장형태 도지사는 18일 오후 모친상을 당한 터라 20일까지 장례식을 치르고 20일 오후부터 출근했다. 장 지사는 1979년 1월 12일 전남도지사로 부임했다. 안병하 국장보다 1달 전에 부임한 것이다. 1929년 생으로 안 국장보다 한 살 아래였지만 행정조직에서 도경국장은 도지사 산하에 소속된 기관장이었다. 1947년 교사로 공직을 시작하여 1962년부터 내무부 공무원으로 근무했다. 광주시장, 부산부시장, 전남과 경남 부지사, 내무부 연수원장을 거쳐 전남도지사로 왔다.

집단발포 전 도청 상황

비상계엄 하에서 도지사는 전남북계엄분소장의 지휘를 받게 돼 있었다. 계엄법에 따르면 계엄사령관이 입법부를 제외한 행정부와 사법부를 동시에 통제하도록 되어있다. 계엄사의 지방조직인 계엄분소 역시 도청과 지방법원 및 지방검찰청을 통제했다. 도청에 소속된 경찰국도 치안본부와 동시에 전남북계엄분소장의 통제를 동시에 받도록 돼 있었다. 계엄은 주로 치안이 문제됐을 때 선포되기 때문에 계엄분소가 관심을 갖는 것은 전반적인 도정 업무가 아니라도 경찰국 업무였다. 도지사는 경찰국을 관장하므로 계엄분소장이 소집하는 회의에 참석할 때는 도경국장을 배석시키는 경우가 일반적이었다. 5·18 기간 중 전남북계엄분소장인 전교사령관이 소집한 계엄관계관회의는 두 차례 있었다. 행정책임자로는 전남도지사와 전북도지사, 교육감, 계엄군으로는 전남분소장인 31사단장, 전북분소장인 35사단장 및 광주에 파견된 공수부대와 20사단 등 파견부대 지휘관, 그리고 검사장, 경찰국장, 중앙정보부지부장 등 지방기관장들이 참석해서 계엄업무 추진사항에 대해 논의하고 계엄분소장의 의견과 지시사항 등을 전달하는 자리였다.

장형태 지사는 윤흥정 전남북계엄분소장과 친했다. 공식적인 자리 외에도 평소 자주 만났다. 1980년 3월 경 윤흥정 사령관은 장형태 지사와 만난 자리에서 당시 상황이 평온한데 경찰이 시위진압 훈련에 많은 시간을 투입할 필요가 있겠느냐고 말한 적이 있었다.[114] 또한 비상계엄 전국확대 직전인 5월 17일 오후에는 장형태 지사, 윤흥정 사령관, 김기석 부사령관이 광주비행장에서 함께 골프를 쳤다. 골프 도중 윤 사령관에게 연락이 와서 급하게 부대로 돌아간 사실이 있었다. 그 연락이 비상계엄과 관련된 것이었음에도 불구하고 도지사에게는 사전에 한마디도 언급하지 않았던 점에 대해 장형태 지사는 한동안 섭섭하게 생각했다. 그만큼 당시 비상계엄 확대조치가 극비리에 진행됐다는 이야기다.[115]

이러다 보니 도지사는 5월 14일 7공수여단 2개 대대가 광주지역에 계엄군으로 들어오기 위해 전교사에서 병력이동을 위한 군용차량 등 수송수단이 지원되었다는 사실도 전혀 몰랐다. 또한 5월 15일에는 31사단에 공수부대 숙영시설의 설치명령이 계엄사에서 내려와 전남대와 조선대에서 31사단이 야전막사 설치 작업을 하고 있었는데도 군과 협의는 물론 경찰 상황계통을 통해서도 도지사에게 그런 사실이 보고된 바가 없었다. 신군부 관계자들이 주장하는 것처럼 경찰에 의한 진압이 불가능하기 때문에 도지사가 군 투입을 요청한 사실도 없었다. 장형태 지사는 11여단이나 3여단의 추가 투입 과정도 사전에 알지 못했다는 것이다.

21일 아침 8시경, 장형태 도지사는 세수를 마치고 도청 본관 3층 중앙에 있는 자신의 사무실 앞 복도에서 밖을 바라보았다. 금남로 거리가 한눈에 들어왔다. 금남로와 오른쪽의 노동청, 왼쪽의 전남대의대 방향에 공수부대 병력이, 그 뒤에는 경찰들이 약간 떨어진 상태에서 배치돼 있었다. 공수부대 전방에는 엄청난 규모의 시민들이 금남로를 가득 메우고 있었다.

오전 9시경, 장형태 지사는 전날 밤 시위대를 선동하던 전옥주라는 여자가 면담을 요청해왔다고 해서 경찰국 정보과장을 불러 그 여자를 도지사실로 데려오라고 했다. 전옥주와 남자 2명이 함께 왔는데 그들은 자칭 시민대표라고 했다. 이들 시민대표는 4가지 요구사항을 제시했다. 첫째 공수부대 철수, 둘째 연행자 석방, 셋째 과잉진압 사과, 넷째 계엄사령관 면담주선 등이었다. 도지사는 그들의 요구사항이 관철되도록 최선을 다하겠다고 약속했다.

전옥주는 4가지 약속사항을 도지사가 시민들 앞에서 직접 이야기해달라고 요청했다. 마이크를 설치하는 도중에 그 자리에 함께 있던 광주시장이 먼저 시민들 앞에서 이야기 해보겠다며 나갔는데 잠시 후 허둥지둥 돌아왔다. 시장이 연단에 올라가자마자 흥분한 시민들 속에서 몽둥이 등이 날아오는 바람에 도저히 말할 수 있는 분위기가 아니어서 쫓기듯이 들어왔다며 도지사가 시위군중 앞에 나가는 것을 만류했다. 장형태 지사는 시민들 앞에 서는 것을 접고, 헬기로 방송을 하는 것이 좋겠다고 판단했다.

그 시각 《동아일보》 김영택 기자가 도지사실로 들어와서 "지금 공수부대가 실탄을 나누어 주고 있는데 큰일"이라고 말했다. 김 기자는 오전 10시 10분경 도청 3층 복도에서 금남로 쪽을 바라보던 중 공수부대의 실탄 분배 장면을 목격했다.[116] 장형태 지사는 그 말을 듣는 순간 4·19 혁명의 원인이 됐던 3·15 부정선거 당시 마산 경찰서 손○○ 서장을 떠올렸다. 장 지사는 손 서장을 평소 알고 있었다. 장 지사는 손 서장이 발포명령자 처벌 문제 때문에 상당기간 도피생활을 하는 등 엄청난 고초를 겪었던 일이 생각나서 김영택 기자에게 "발포를 하는 불행한 일은 일어나지 않아야 한다"고 걱정했다.[117]

집단발포 직전, 전교사에 다녀오다

도지사는 오전 11시경 경찰 헬기를 준비시켜 도청 옥상에서 이륙했다. 헬기를 낮게 띄운 상태에서 도지사임을 알리고 '계엄군이 철수하도록 최선을 다 하겠다'며 시민들의 자제를 촉구했다. 방송을 끝내고 다시 급유를 받아 광주 일원을 공중 정찰한 후 다시 도청으로 가려고 했을 때는 이미 착륙이 불가능한 상황으로 변해 있었다.

금남로에 있던 시민들 사이에서는 12시가 되면 공수부대가 철수할 것이라는 소문이 파다하게 퍼졌다. 도지사가 계엄군의 철수를 약속했다는 것이다. 장형태 지사는 1995년 검찰에서 당시 계엄군의 철수 등 중대한 작전사항에 대해서 도지사가 이래라저래라 말할 수 있는 위치에 있지 않았다고 말했다. 도지사로서 최선을 다해보겠다고 언급한 것이 당시 상황에서 시민들 사이에 그런 오해를 불러왔을 수도 있었을 것이다. 아무튼 도지사의 헬기 선무방송 이후 공수부대와 시위대 사이에는 긴장이 눈에 띄게 완화되었다. 일부 시민은 공수대원에게 그동안 당신들도 고생했다며 김밥과 우유를 건네주기도 했다.

그러나 12시가 넘어도 공수부대가 철수할 기미를 보이지 않자 시위대 사이에서 '공수부대 철수하라'는 외침이 터져 나왔다. 술렁이기 시작했다. 금남로에 모여든 시위대 숫자는 정오 무렵 20만 명 선을 넘어서고 있었다. 이때 이곳을 지키던 11공수부대에게는 이미 20일 밤과 21일 오전 중에 실탄이 개인별로 30~60발씩 분배된 상태였다. 도청 앞 YMCA까지 밀고 들어온 시위대는 공수부대와 거리가 불과 50여 미터까지 좁혀졌다. 시위대가 다가오자 맨 앞줄에 배치된 11공수여단 61, 62대대 병력이 방독면을 착용하면서 최루탄을 투척할 공격 자세를 취했다. 그 뒤로 약 15미터 떨어져 11공수여단 63대대가 분수대 부근에, 다시 그 뒤로 7공수 35대대와 경찰이 맨 후미에서 도청 울타리 벽을 경계하고 있었다. 모든 병력이 도청 사수를 위해 집중 배치된 것이다.

그 시각 안병하 국장은 무엇을 하고 있었을까?

『전두환 회고록』은 "시위진압을 해야 할 전남 경찰국장이 자리를 지키고 있지 않았다. 점심을 먹는다며 경찰국 청사를 떠난 안병하 전남 경찰국장이 연락두절 상태가 된 것이다. 안 국장은 이날 오후 늦게 업무에 복귀했지만 상황은 이미 걷잡을 수 없을 만큼 악화된 후였다.(중략) 경찰국장의 행방이 묘연해지자 부하들은 안 국장이 위급한 상황에 직면해 부하들에게 알리지도 못한 채 피신한 것이라고 생각"했다고 주장한다.[118]

그러나 회고록의 이 주장은 사실과 다르다. 당시 안병하 국장의 진술조서에 따르면 "5.21. 11:40 CAC(전교사) 사령관을 만나기 위해 경찰헬기를 타고 도청을 떠나 12:50경 다시 도청으로 복귀"했다.[119] 이와 같은 사실은 '당시 안 국장이 도지사와 함께 도청 옥상에 경찰헬기에서 내리는 모습을 목격'한 김○○ 전남도경 작전과 직원의 증언에 의해서도 뒷받침되고 있다.[120]

발포 전후 경찰들, 도청 안으로 피신

안 국장이 도청에 도착하자마자 10분 뒤 공수부대가 집단발포를 했다. 상황이 너무 악화돼서 도지사만 경찰헬기를 이용해 광주비행장의 경찰항공대로 보내고 난 뒤 자신은 경찰국에 남아서 작전 현장을 끝까지 지휘했다. 계엄당국이 시급히 특단의 조치를 취하지 않는 한 도청 함락은 시간문제로 보였다. 안 국장은 경찰병력과 시민들의 희생을 줄이기 위해 최선을 다했다. 우선 후미에서 공수부대를 지원하던 경찰 병력들을 가급적 도청 안으로 들어오게 했다. 대부분 지칠 대로 지쳐 있었다. 시내 정보센터에서 상주하던 정보요원을 제외한 나머지는 도청 내부와 울타리 주위에 빙 둘러 배치했고, 일부 사복을 입은 경찰은 도청 밖 수협, 농협 등 주요 건물에 남아서 시위대의 동태를 관찰하도록 지시했다.

시위대의 맨 앞에서는 버스와 트럭이 부르릉 거렸다. 버스 지붕부터 도로까지 발 디딜 틈 없이 가득 들어찬 사람들이 팔을 흔들며 구호를 외쳤다. 일촉즉발의 위기 상황이었다. 시위대가 공수부대에게 5분 뒤인 오후 1시까지 철수하라고 최후통첩을 했다. 그때 어디선가 화염병이 날아와 공수부대 장갑차에 불이 붙었다. 시위대가 밀려 나왔다. 군 장갑차가 후진했다. 뒤에서 미처 피하지 못한 군인 2명이 군 장갑차의 바퀴에 깔려 1명이 그 자리에서 즉사하고, 다른 한 명은 급히 뒤쪽으로 옮겨졌다. 잠시 후 전열을 가다듬은 공수부대를 향해 시위대의 관광버스 2대가 돌진했다. 순간 총성이 울렸고, 운전기사가 총에 맞아 그 자리에서 숨졌다. 시위대열 속에서 장갑차 한 대가 나타나더니 공수부대 중심부를 지나 전남대 의대 방향으로 빠져나갔다. 여기까지가 집단발포 직전 시위대와 공수부대 접전 지점에서 벌어진 상황이다.[121]

오후 1시 정각 도청 옥상에 설치된 스피커에서 애국가가 울려 퍼지면서 공수부대에서 시위대를 향해 일제히 사격이 시작되었다. 이때 공수부대는 '무릎쏴' 자세를 취하고 있었다. 도청 민원봉사실 앞에 도열한 진압경찰 부대 속에서 집단발포 순간을 목격한 곽형렬(21세, 전투경찰)은 당시 자신이 목격한 발포 상황을 상세하게 증언했다.[122] 또한 당시 도청 앞 현장을 지휘하고 있었던 11공수여단 62

대대장이 쓴 체험수기에도 공수부대가 '횡대 무릎쏴' 자세를 취한 채 최초 사격을 했다고 적었다.[123]

이때 계엄군의 '무릎쏴' 사격자세는 5월 21일 오후 1시 도청 앞 집단발포의 성격을 규명하는 데 중요한 열쇠가 되고 있다. 이 사격자세는 예민한 쟁점이 되고 있는 두 가지 문제의 해답을 제시한다. 첫째, 계엄군의 최초 집단발포가 위급상황에서 상부의 발포명령 없이 '자위권 차원'의 정당방위였느냐는 점이다. 횡대로 대열을 지어 일정한 사격자세를 취했다는 것은 지시에 따라 발포가 이뤄지고 있음을 의미한다. 누군가로부터 발포명령이 있었음을 시사한다. 실제로 11공수대원들에게는 이미 전날 밤과 당일 오전에 상당량의 실탄이 분배된 상태였다. 작전에 나선 군인 개개인에게 실탄을 지급한다는 것은 발포를 전제로 한 조치였다. 둘째, 발포 당시 시위대가 무장을 하고 있었다는 일부 주장이 맞는지 여부다. 만약 시위대가 계엄군의 발포 이전에 무장하고 있었다면 군인들이 '횡대'로 대열을 지어 자신의 몸을 노출한 상태로 '무릎쏴' 자세를 취할 수는 없다. 시위대의 발포로부터 자신을 보호하기 위해 자신의 몸을 먼저 숨긴 상태에서 발포하는 게 상식이다. 발포 당시 이런 현장 상황은 곧 시위대가 오후 1시 이전에 나주 등지의 경찰서에서 가져온 총기로 이미 무장하고 있었다는 신군부 측의 주장이 틀리다는 점을 말해준다.

계엄군 발포 시각, 경찰기록도 조작한 듯

군은 1988년 국회 청문회 이전까지만 해도 '1980.5.21. 오후 1시 도청앞 발포는 없었다'고 주장했다. 공식적으로 '계엄군의 집단발포' 사실을 완전히 부인했다. 1980년 작성된 군 작전 관련 문서들에서는 시위대의 발포와 계엄군의 희생에 대한 내용만 있을 뿐, 공수대원의 발포로 시민들이 사망했다는 기록은 찾아볼 수 없다. 당시 도청 앞에 배치돼 있었던 11공수여단과 7공수여단의 전투상보, 이들의 상급부대였던 31사단, 전교사, 2군사령부, 육군본부 상황일지는 물론 심지어 보안사의 상황보고에서조차 '도청 앞 집단발포 상황'에 대한 기록은 모두 지워졌다.

그러나 경찰의 진상보고서는 다르게 기재되어 있다. '5.21. 12시 계엄군 철수' '12:00~14:00 경찰 단독 대치' '14:30 일부 계엄군 재투입 자구 위한 발포' '16:00 경찰, 계엄군 전원 철수'로 기재돼 있다.[124] 즉, 12시부터 오후 2시 30분까지는 계엄군이 철수한 상태이기 때문에 첫 집단발포 시각인 오후 1시에 계엄군이 현장에 없었다는 것이다. 2시 30분 이후에 계엄군이 '재투입돼 자구 위한 발포'를 했다는 것이다. 계엄군에 의한 발포는 있었지만 오후 1시가 아니라 시민군이 무장해서 금남로에 등장했던 2시 이후에야 자구를 위해 발포했다는 이야기다. 경찰 기록 역시 억지로 꿰맞춘 왜곡이다.

반면 군과 경찰 자료의 기록에는 그 시각 시위대의 총격으로 계엄군이 사망 또는 부상당했다거나, 공수부대의 발포가 있기 전에 시위대 쪽에서 총알이 날아왔다는 기록만 눈에 띈다. 그러나 계엄군 사망자 명단을 확인해보면 5월 21일 오후 도청 앞에서 총상에 의한 공수대원 사망자는 단 한 명도 없었다.[125] 이날 집단발포로 도청 주변 금남로에서 몇 명이 사망하고 부상당했는지는 아직도 정확히 밝혀지지 않았다. 다만 당국의 발표와 피해자 신고를 종합해 보면 최소 54명 이상이 현장에서 숨지고, 500여 명이 부상당한 것으로 추정된다.[126]

1985년 5·18 항쟁을 최초로 기록한 책 『죽음을 넘어 시대의 어둠을 넘어』[127]가 발간되면서 큰 파장이 일었다. 이 책은 5월 21일 도청 앞 계엄군 집단발포 상황을 상세하게 묘사해 군 당국이 완벽하게 부인하기는 어려웠다. 발포현장에서 목격했던 사람들이 워낙 많은 데다 책의 내용이 매우 구체적이었다. 결국 1988년 국회 5·18 청문회에서 군은 '집단발포' 사실을 스스로 인정하지 않을 수 없었다. 그러나 군은 진실을 말하지 않았다. 21일 오후 1시에 집단발포가 있었다는 사실은 인정했지만 계엄군이 먼저 발포한 것이 아니라 계엄군과 시민군이 동시에 발포했다는 주장을 펼쳤다. 이 부분 역시 조작이다. 청문회를 앞두고 국방부가 비밀리에 운용했던 '511 연구위원회'가 5·18에 대하여 조작했던 핵심적인 부분이 바로 이 지점이다. 5월 21일 오후 1시 계엄군의 집단발포에 관한 군과 행정기관의 기록은 전두환 정권 당시 모두 없애버리거나 조작해버렸다. 신군부 측은 그때 자료를 완전히 없애버렸기 때문에 지금까지도 여전히 시민군이 먼저 발포했다거나 최소한 쌍방이 동시에 발포했다고 억지 주장을 펼치고 있는 것이다.

치안본부, 전교사에 도청 철수 건의

계엄군의 집단발포로 아수라장이 된 금남로는 피를 흘리며 쓰러지는 사람들로 넘쳐났다. 잠시 옆 골목으로 몸을 감췄던 군중들이 10분쯤 지나자 다시 무리 지어 금남로에 나타났다. 청년 한 명이 도청을 향해 태극기를 흔들며 '전두환 물러가라' '계엄령 해제하라'는 구호를 외쳤다. 그때 요란한 총성이 울렸다. 그 청년의 머리와 가슴, 다리에서 붉은 피가 쏟아졌다. 건물 옥상에서 저격수들이 조준사격을 하고 있었다. 몇 명의 희생자를 낸 뒤 시위대는 흩어졌다. 몇 분 뒤 다시 금남로에 사람들이 나타났다. 총성이 울리고 다시 몇 명인가 쓰러졌다. 충격적인 상황이 반복됐다. 이렇게 조준사격이 지속되는 동안 수십 명이 금남로에서 피를 흘리며 쓰러졌지만 시민들은 물러서지 않았다. 전투경찰 곽형렬은 군 장갑차에서 시위대를 향해 캘리버50이 발사되는 장면도 목격했다. 조비오 신부는 공중에 떠 있던 헬기에서 사격을 했다고 목격한 사실을 증언했다.

분노한 시위대는 무장할 방법을 찾기 시작했다. 시위 군중 일부가 차량을 타고 급히 나주, 화순 방면으로 빠져나가 경찰서나 지서 등지에서 무기고를 부수고 그곳에 있던 총기와 실탄, 수류탄 등을 싣고 광주로 들어왔다. 이때 반입된 무기가 광주시내에 등장한 것은 오후 2시 반에서 3시 사이였다. 유동삼거리와 광주공원에서 무기가 분배됐다. 광주시민들이 서로 총을 달라며 아우성이었다. 계엄군이 끝까지 철수하지 않은 채 시민을 향해 지속적으로 발포하는 상황을 지켜보면서 시민들은 스스로를 지키기 위해 무장하는 것을 두려워하지 않았다.

오후 2시 13분, 안병하 국장은 '군용 UH-1H 헬기를 이용하여 전투부대가 도청에 착륙 예정이므로 각 부대는 현 위치에서 충분한 휴식을 취하면서 대기하라'고 지시했다. 당시 전교사에 있던 계엄군 지휘부는 도청 앞 공수부대를 외곽으로 빼내는 대신 헬기를 이용하여 20사단 병력을 광주시내 방어에 투입하려고 시도했다.[128] 그러나 헬기 착륙이 가능할지를 살펴보기 위해 금남로 상공을 낮게 떠서 정찰하던 중 시위대로부터 총탄이 날아오자 이 계획을 포기했다.

오후 3시 직전, 계엄군의 발포상황을 지켜보던 안병하 도경국장은 경찰의 퇴각 결단을 내렸다. 공수부대 저격수가 도청 옥상과 인근 수협과 농협 등 높은 건물 옥상에 올라가 조준사격을 하면서 시위대의 금남로 진입을 차단하고 있었지만 시민들도 총기로 무장한 채 도청을 향해 조여 오기 시작했다. 시위대가 나주와 화순경찰서 쪽에서 탈취한 무기를 싣고 광주 쪽으로 향하고 있다는 보고가 시시각각 들어왔다. 화순탄광에서 획득한 다이너마이트를 싣고 도청으로 향했다. 도청 사수는 큰 희생을 각오해야 했다. 도청 안에는 경찰들이 1,500명 정도, 도청 주변에는 500명가량이 명령을 대기하고 있었다. 이때 경찰들은 불안에 떨고 있었다. 경찰은 비무장인데 흥분한 시민들은 무장한 채 도청을 향해 압박해 오고 있었다.

도청은 수많은 시위대 인파에 파묻힌 형국이 돼버렸다. 이제 기대했던 20사단 병력의 투입도 어려운 상황이 됐다. 시위대 접근을 저지시킬 유일한 수단은 최루탄이었는데 그것마저 완전히 소진돼버렸다. 총이 아니면 더 이상 버틸 수 있는 방법이 없었다. 시간이 흐를수록 시민 희생자들은 늘어만 갔다. 어제 저녁 경찰이 4명이나 사망했다. 더 이상 희생이 있어서는 안 되겠다는 판단이었다.

안 국장은 현재 도청 내에 있는 전남에서 동원된 경찰서장들과 기동중대장, 그리고 도경 참모들 7~8명을 경찰국장실로 긴급 소집했다. 손달용 치안본부장에게 긴박한 상황을 알리며 경찰이 도청에서 철수할 수 있도록 건의했다. 잠시 후 치안본부장에게서 전화가 왔다. 치안본부장은 현지 계엄분소장과 상의해서 결정하라고 지시했다. "국장실에서 지원서장 및 참모들이 모여 대책회의가 진행 중일 때 당시 손달용 치안본부장의 전화가 와서 부속 주임인 내가 받아 바꾸어 주었는데 그때 경찰병력을 철수하도록 지시를 받았다."(권ㅇㅇ, 당시 안병하 국장 부속주임)

안병하 국장의 아들 안호재는 나중에 아버지가 투병 중일 때 아버지로부터 이 상황에 대해서 들은 적이 있었다며 약간 다른 증언을 한다. 경찰 자료에 보면 치안본부에서 철수 명령을 내려서 철수했다고 나와 있으나, 생전에 안 국장은 "치안본부에 철수 허가를 재촉해도 답변이 없었다"고 말했다. 도저히 더 버틸 수 없는 상황이 되자 자신의 육사 동기인 전남북계엄분소장 윤흥정 전교사령관에게 도움을 요청했다고 한다. 안 국장은 전화로 윤 사령관에게 긴박한 도청 앞 상황을 설명하면서 경찰이 당장 철수하지 않으면 큰 참사가 일어날 것 같다고 말했다. 계엄분소장으로부터 철수하라는 승낙이 떨어졌다.

경찰 철수에 도움을 준 시민들

오후 3시경, 안 국장은 지방에서 시위 진압을 위해 광주에 동원된 9개 경찰서와 지서의 지원부대에게 즉각 먼저 복귀하라고 지시했다. 그 뒤 3시 40분 경 광주서부경찰서장, 4개 기동중대장에게는 계엄군의 철수 상황에 맞춰 공수부대와 함께 철수하라고 지시했다. 철수상황이 얼마나 급박하게 이루어졌는지 당시 현장에 있었던 몇 사람의 증언을 살펴보자.

도청에서 경찰이 철수할 때 맨 먼저 나간 사람은 나주경찰서장 김○○ 총경이었다. 그가 부대를 이끌고 도청 담장을 넘어가는데 시민들이 다리를 잡아당겼다. '시민에게 붙잡혀서 이제 죽는구나!' 하고 생각하던 순간 곧바로 자신의 판단이 잘못된 것임을 깨달았다. "경찰복장으로 나가면 위험하다"며 자기 집으로 데려가서 민간인 옷으로 갈아 입혔다. 김 총경은 무사히 제2집결지인 광주비행장에 도착해서 혹시 탈출하던 중에 희생자가 있느냐고 물어봤다. 거기에 모인 사람들은 따귀 한 대 맞은 사람이 없었다고 이구동성으로 말했다. 사실 그때 김 총경은 굉장히 걱정했다고 한다. 시민들은 무기를 가지고 있었는데 경찰은 맨 몸이었기 때문이다.

영암경찰서 직원 홍○○은 그때 도청 앞과 금남로 일대에서 도청 외곽 경비를 담당했다. 5월 21일 15:00경 안병하 국장이 치안유지가 어려우니 각 경찰서장 책임 하에 소속 경찰서별로 해산하라는 지시에 의해 진압장구와 수송차량을 경찰국 뒤뜰에 그대로 둔 채, 도청 후문 골목을 통해 민간인으로 위장하여 철수했다.

광산경찰서 임○○ 경비과장도 21일 낮 도청 옆 농협도지부 앞에 배치돼 경계근무를 하고 있었는데 주변에서 총소리가 들렸다. 곧바로 광산경찰서장 지시에 따라 급히 그곳에 배치된 경찰들과 함께 도청 안으로 철수했다. 도청에서 대기하다 오후 4시경 경찰국 직원과 주변 부대가 철수하자 개별적으로 해산했다. 화순경찰서 김○○ 경비과장과 직원 심○○은 영암과 나주에서 동원된 경찰들과 함께 편성된 임시 기동중대 소속이었다. 화순 경찰은 도청 정문과 분수대 주변, 나주 경찰은 충장로 입구, 함평 경찰은 노동청 앞에 각각 배치됐다. 5월 21일 철수 지시에 따라 도청에서 각자 사복을 구해 갈아입고 화순까지 약 13킬로미터의 산길을 넘어 걸어서 돌아갔지만 가는 도중에 아무런 사고도 없었다.

이○○ 총경은 담양, 곡성, 함평경찰서 직원으로 임시 편성된 기동중대에서 1개 소대 70여 명을 지휘했다. 그 역시 금남로에 배치됐다가 21일 오후 1시경 최초 총성이 울릴 때 미처 도청으로 들어가지 못한 상태에서 도청 앞 농협도지부에 부대원 일부와 함께 남아 있었다. 오후 4시가 넘어 누군가 무전으로 철수하라는 지시를 전달해 줬다. 그는 계엄군이 퇴각할 때까지도 철수하지 못한 채 농협도지부 방공호에 피신해 있다가 날이 어두워지자 상의를 벗고 러닝셔츠 차림으로 대열을 맞춰서 골목길로 광주 시내를 빠져나갔다. 그들에게 시민들은 아무런 위해를 가하지 않았다.

기동1중대장 김○○ 경감은 15:00경(그는 이때 회의가 16:30경이라고 약간 시간을 다르게 기억함) 경찰국 참모들과 각 지역에서 동원된 경찰서장, 기동 1,2중대장이 참석한 경찰국장 주재 대책회의에 참석했다. 안병하 국장은 기동대를 개별적으로 철수한 다음 무등산 등으로 집결하라고 지시하여 곧 부대원들을 해산시켰다. 기동2중대장 허○○ 경감은 도청 외곽경비 중 5월 21일 오후 계엄군에게 바깥 상황을 맡기고 자신의 부대와 함께 도청 안으로 들어왔다. 경찰국 건물 뒤편 정구장에서 휴식을 취하고 있을 때 안 국장 주재 긴급대책회의에 참석했더니 '화순에서 시위대가 트럭에다 화약을 싣고 와서 도청 정문을 들이 받으려고 하는데, 큰 참사가 우려된다며 도청을 비워주면 폭파시키지 않겠다고 하니 부대원을 데리고 피해 있으면 2~3일 후 방송으로 연락할 것이다. 그때 복귀하라'고 해서 지시에 따라 운동복으로 갈아입고 부대원을 인솔하여 박물관 뒤 중대본부까지 무사히 철수했다.

전남경찰국 상황실 구○○ 전투경찰은 시위대들이 총을 들고 도청에 들어오는 것을 보고 도청 뒷담을 넘어 도망쳤다. 골목길로 뛰어가다 어떤 집에 들어갔다. 주인아주머니가 반지하 같은 연탄 창고로 들어가라고 밀어 넣었다. 그 창고에 들어가 보니 이미 도청 직원으로 보이는 사람 2~3명과 경찰복을 입은 사람 4~5명이 있었다. 모두 무사히 돌아갔다.

기동3중대장 이○○ 경감은 5월 21일 철수 지시를 제때 받지 못해 광주경찰서 직원들이 사복을 갈아입고 철수하는 것을 보고 맨 나중에 철수했다. 광주경찰서 앞에서 총을 든 시위대들이 있었다. 그러나 경찰들을 보고 철수하도록 도움을 주고 일반 시민들은 사복을 주는 등 경찰에 우호적인 입장이었다. "이는 안병하 국장이 총기를 사용하지 않도록 조치했기 때문이었다. 만일 총기를 사용했다면 큰 희생을 치러야만 했을 것이다. 특히 경찰가족들의 피해가 컸을 것이다. 시민들이 경찰을 바라보는 시선은 우호적이었다. 안 국장은 시위진압 시 안전수칙을 잘 지키라고 강조했고, 특히 시위학생들에게 돌멩이를 던지지 말고 도망가는 학생들을 뒤쫓지 말라고 하는 등 다치지 않게 각별한 생각을 가지고 있었다."

광주경찰서 이○○ 정보2과장은 경찰서를 경비하고 있었는데, 21

일 오후 5시경에야 철수했다. 그때 광주경찰서 정문 앞에서 총을 든 시위대들이 포위하고 있었으나 사복으로 갈아입고 빠져나가는 경찰을 도와주었다.

기동1중대 천○○은 도청에서 빠져나올 무렵 2천 명 가까운 경찰이 안에 있었는데, 동시에 탈출하면서도 모두 사복을 갈아입을 수 있었다. "한 사람도 피해를 입지 않았던 것은 당시 경찰과 시민과의 관계를 단적으로 말해주는 것이다."

이○○ 도경 항공대장은 경황이 없던 터라 철수 당시 정상적인 회의가 이루어진 것은 아니라고 했다. 부속실에서 그 자리에 모인 참모와 서장들에게 기동대는 무등산으로 피하고, 동원부대는 경찰서장 책임 하에 원대 복귀하라고 구두로 지시했다. 그는 도청 부근에서 항공정찰을 하고 난 후 국장실에 간 터라 시위대는 도청 앞에만 있고, 도청 뒤에는 없으니 도청 뒤로 철수하면 될 것이라고 알려준 바 있다.

철수 과정에서도 무기 대피 거듭 지시

위 경찰들의 증언에서 확인할 수 있는 사항은 경찰이 군보다 약 30분 전부터 철수를 시작했고, 맨 마지막에는 군이 완전히 철수한 뒤 어둠을 이용하여 러닝셔츠 차림으로 시내를 빠져나가기도 했다는 것을 확인할 수 있다. 안병하 국장은 경찰이 철수하는 과정에서도 총기 사고를 염려하여 지속적으로 무기를 대피시키라고 반복해서 지시했다. 당시 전남경찰국의 '집단사태 발생 및 조치상황' 문서에는 이 긴박했던 순간에 안 국장의 지휘 내용이 그대로 남아 있다.

14:35   무기고 소산 지시
15:32   각서 총기피탈방지 지시
15:46   각 경찰서 총기 소산 지시[129]

오후 4시, 안 국장은 각 경찰서에서 광주로 차출된 부대의 '동원해제'를 지시했다. 이 시각 계엄군에게도 모두 광주시내에서 철수하라는 명령이 내려졌다. 오후 5시 21분, 안병하 국장은 마지막으로 경찰기동대의 철수를 지시했다. 그때 경찰국장실에는 안 국장과 기동 1, 2, 118중대장이 함께 있었다. 비록 급박한 상황이었지만 안병하 국장은 경찰이 순서에 따라 질서를 갖춰 도청을 빠져나갈 수 있도록 지휘했다. 6·25나 대간첩작전 등 수많은 실전을 경험했던 지휘관 특유의 노련함과 풍부한 경험이 있었기 때문에 위기상황에서도 차분하게 여유를 잃지 않았다. 부하직원들도 그런 국장을 지켜보면서 절대적으로 믿고 따랐다. 도청 부근 민가에서 협조를 얻어 사복으로 갈아입고 비무장 상태에서 개별적으로 혹은 무리를 지어 시내를 빠져나갔다. 하지만 무장한 시민군은 2천여 명의 경찰 가운데 단 한명도 해치지 않았다. 철수과정에서 경찰은 뿔뿔이 흩어져서 도청을 빠져나갔지만 시민들의 적극적인 도움으로 모두 무사히 자신의 직장으로 돌아갈 수 있었던 것이다.

철수 과정에서 보여준 안병하 국장의 태도에서 몇 가지 주목할 점이 있다. 첫째, 계엄군의 철수 이전에 먼저 경찰의 철수를 적극 추진했다. 3시경에 치안본부장과 전남북계엄분소장에게 철수를 건의해서 승낙을 받았다. 이 같은 안 국장의 판단과 결단은 경찰의 안전을 생각해서지만 다른 한편으로는 계엄당국의 무모한 강경진압이 불러온 사태에 대한 말없는 항의였다. 지휘관으로서 이런 행동이 앞으로 자신의 신상에 불이익을 가져올 것이라는 점은 충분히 각오하고 있었다. 그는 주저하지 않았다. 이 엄청난 사태가 왜 벌어졌는지를 누구보다 뼈저리게 느끼고 있었고, 책임질 마음가짐도 돼 있었기 때문이다. 더 이상 시민과 경찰의 무고한 인명 피해를 원치 않았다. 둘째, 그는 5·18 기간 중 매 순간마다 지휘관으로서 그런 결단을 내렸다. 강경진압 지시 거부, 사전에 '무기소산' 조치, 상부의 '발포' 압박에 대한 거부 등도 마찬가지였다. 잘못된 명령이라도 무조건 따라야만 한다는 자세가 아니라 경찰 본분에 비춰볼 때 무엇이 옳고 그른지를 따져 실행하는 모습을 보였다는 점이다. 셋째, 그는 경찰이 모두 도청을 무사히 빠져나간 것을 확인했고, 공수부대까지 전부 철수한 것을 확인한 후 자신은 맨 마지막에야 경찰항공대가 있는 광주비행장으로 떠났다. 가장 위험한 마지막 순간을 끝까지 수습하고, 임무를 완수한 뒤 현장을 빠져나간 것이다. 백전

노장의 지휘관으로서 품격이 느껴지는 모습이다.

경찰과 대비되는 계엄군의 험난한 철수과정

경찰과 달리 공수부대의 철수 과정은 험난했다. 5월 21일 오후 4시경, 도청 앞에 집결하여 장갑차를 앞세운 채 1차 집결지인 조선대를 거쳐 최종 목적지 주남마을까지 약 6킬로미터 정도를 빠져 나가는 데 꼬박 1박 2일이나 걸렸다. 물론 군과 시민들의 피해도 컸다. 취사도구 등을 싣고 움직여야 하는 치중대 등 일부 필수 병력만 먼저 트럭으로 이동했다. 대다수는 조선대에서부터 산과 계곡을 넘어 다음날 오전 주남마을에 도착했다. 도로를 따라 이동하는 병력은 길 양측 민가에다 기관총을 난사했다. 혹시 시민군이 매복해서 급습할지 몰랐기 때문이다. 무장한 시민군의 공격도 만만치 않았다. 군 차량 3대가 전복됐다. 이 사고로 공수대원 1명이 숨지고, 6명이 부상을 입었다. 하지만 공수부대의 무차별 기관총 난사로 양복점 종업원, 식료품 가게 주인, 택시기사, 가구공 등 상당수의 무고한 시민들이 사망하거나 중상을 입었다.

5·18과 관련해서 아직도 해결되지 않은 가장 뜨거운 이슈는 '5월 21일 도청 앞 집단발포'이다. 군 당국은 시위대가 발포 이전부터 무장상태에 있었고, 계엄군의 일방적인 발포가 아니라 '쌍방교전'이라는 주장을 펼쳐왔다. 경찰의 무기력한 초기 대응 때문에 시민들이

발포 이전에 무장을 했고, 그 결과 계엄군은 스스로를 보호하기 위한 자위 차원에서 시위대를 향해 발포할 수밖에 없었으며, 당시 계엄군의 집단발포는 '정당방위'라는 논리다. 『전두환 회고록』은 이 부분에 대해서 다음과 같이 주장한다.

> 광주에서 시위대와 계엄군 간의 충돌이 유혈사태로 번지며, 수많은 사상자가 발생하게 된 가장 중요하고 결정적인 원인은 시위대가 무장을 하게 된 데서 찾을 수 있다. 시위대가 돌과 화염병, 쇠파이프, 갈쿠리 등만으로 계엄군을 공격했다면 200명 가까운 사망자가 발생한 참극으로까지 상황이 악화되지는 않았을 것이다…시위대가 총기와 실탄을 손에 쥐는 순간부터 상황은 소요와 진압이라는 단계를 넘어 '교전'의 양상을 띠며 그야말로 국지적 내전이 돼버린 것이다.[130]

이 책은 시위대가 발포에 앞서 무장했다는 사실을 입증하기 위해 세 가지 증거를 대고 있다. 첫째, 5월 19일 오후 3시 30분경 시위대에 의해 MBC를 경비하던 31사단 병력이 M16소총 1정과 실탄 15발을 탈취 당했다는 점, 둘째, 20일 밤 11시에 2천여 명의 시위대가 광주세무서 별관 무기고를 습격해 카빈 17정을 탈취한 점, 셋째, 21일 오전 도청과 전남대 앞에 모인 시위 군중 속에 이미 무기를 휴대한 사람들이 목격되었다는 증언 등이다. 이와 관련 특별히 주목할 점은 전라남도 각 경찰서와 지서에서 대량으로 시위대에게 무기가 피탈되었던 상황이다.

『전두환 회고록』에서 시위대가 발포 이전에 무장했다는 주장을 뒷받침하기 위해 제시한 위 증거들은 지만원 등 5·18 왜곡 폄훼에 앞장서고 있는 자들의 주장을 그대로 차용하고 있다. 전혀 근거가 없거나 의도적으로 왜곡한 상황을 기정사실화시키고 있는 것이다. 소위 '시민군 선제 무장설'은 신군부가 주장하는 '경찰의 무능력' 혹은 '직무유기'에 대한 책임론과 직결돼 있기 때문에 사실관계를 면밀하게 따져볼 필요가 있다.

첫째, 우선 5월 19일 오후 3시 30분경 시위대가 M16 소총 한 정과 실탄 15발을 탈취했다는 점을 살펴보자. 이 부분은 사실이다. 다만 그 장소가 MBC라고 하는데 실제로는 광주CBS다. 이 대목은 광주의 지리를 잘 모른 데서 비롯된 착각으로 보인다. 중요한 점은 이때 탈취당한 소총은 곧바로 회수되었다는 사실이다. 그럼에도 불구하고 회수 사실에 대해서는 언급하지 않고 탈취 당했다는 점만 강조하고 있다. 505보안부대가 당시 보안사령부에 올린 실시간 상황보고인 '광주사태일일속보철'과 31사단 상황일지에서 '즉각 회수되었다'는 사실을 확인할 수 있다.[131] 둘째, 5월 20일 밤 광주세무서 무기고에서 사라진 카빈 17정은 예비군 무기고에 보관된 것으로 평소 오발사고를 우려해 실탄 발사에 필요한 격발장치 '공이'를 빼내서 별도의 장소에 보관하고 있었으므로 사실상 무용지물이었다. 게다가 시위대에게는 실탄도 전혀 없는 상태였다. 그리고 예비군 무기는 경찰이 아니라 군이 관리주체다. 군이 책임소재를 따진다면 경찰이 아니라 31사단의 실수였다. 하지만 이 책은 군의 실책에 대해서는 언급하지 않고 모든 잘못을 경찰의 탓으로 돌리고 있다.[132]

무기피탈 시각 조작, 발포책임 경찰 탓

『전두환 회고록』은 21일 오전 도청 앞 시위대 속에서 "두 세 자루의 칼빈을 들고 있었던 사람 분명히 목격"(김영택 《동아일보》 광주주재 기자, 국회 광주특위 제25차회의 증언, 1989.1.26.), "칼빈 소총을 든 사람들이 서너 명 정도 있었다"(장○○ 11여단 61대대 정보장교, 5·18 사건 진술조서, 1995.4.26.), 3공수여단이 주둔하던 전남대 부근에서 "복면을 한 시위대가 M16소총을 들고 왔다 갔다 하는 것이 보였으며…"(김○○ 3여단 작전참모, 5·18 사건 진술조서, 1995.5.15.) 등 3명의 목격자 증언을 제시한다. 김영택 기자나 11여단 정보장교가 도청 앞 시위대 속에서 목격한 칼빈 소총은 20일 밤 광주세무서 예비군 무기고에서 사라진 것일 가능성이 있다. 물론 '실탄'과 격발장치인 '공이'가 없는 상태였다. 김영택 기자는 이들이 계엄군 측에서 투입한 편의대원이 아닌가 의심했다.[133]

다음으로 3공수여단 주둔지역인 전남대 앞에서 21일 오전 3여단 작전참모의 증언은 현재로서는 확인하기 쉽지 않다. 다만 1988년 국회 5·18 청문회를 앞두고 '511 연구위원회'가 주요 군 증언자들에게 군에 유리한 증언을 하도록 사전 교육을 했다는 점을 감안할 때 작전참모의 증언 역시 신빙성이 의심스럽다.

마지막으로 가장 중요한 점은 5월 21일 오후 1시 이전에 시위대가 전남지역 경찰서나 지서 무기고를 습격하여 무기를 탈취했다는 주장이 맞는지 여부다. 전남 경찰은 시위대의 무기피탈과 관련된 직접 당사자다. 『전두환 회고록』은 "무기고 습격이 5월 21일 오후 1시 이후에 시작됐다고 하는 시민군 측의 주장과 달리 그날 오전부터 이미 무기고 습격이 진행됐다는 기록들이 있다"고 지적한다.[134] 그 증거로 이 책은 정○○ 나주읍 금성파출소장의 '금성파출소 무기고 습격'에 대한 전남합동수사단 진술(1980.7.16.)과 홍○○ 31사단 61훈련단 704관리대대장(1995.6.15. 검찰진술)의 '전남 영암경찰서 신북지서 예비군 무기고 탈취' 등 2명의 증언을 들고 있다.

그러나 금성파출소의 경우 21일 오전 10시와 11시경 2차례 시위대가 파출소 안으로 돌진해서 기물을 파괴한 적은 있었으나, 막상 무기고를 파괴하고 무기와 탄약을 가져간 시각은 오전이 아니라 3번째 습격했던 '오후 2시 30분경'이라고 위 정○○ 금성파출소장의 전남합동수사단 진술에 기재돼 있다. 전남도경이 1980년 6월 작성한 문서에도 금성동파출소 피탈시각은 '5.21. 14:30'으로 확인된다.[135]

영암 신북지서의 경우 704관리대대장은 '5월 21일 10:30경' 신북지서에서 무기를 탈취했다고 하나, 당시 시위대의 일원으로 신북지서에서 직접 무기를 가지고 나온 강덕진(23세, 운전사)은 '오후 2시 이후'라고 1990년도에 증언했다.[136] 강덕진의 증언은 1980년 5월 27일 도청 진압작전이 완료된 다음날 광주지방검찰청이 조사한 '무기피탈현황(80.5.28)' 자료에서 명확하게 확인된다. 광주지검이 직접 파악한 이 자료에 따르면 영암경찰서 신북지서의 경우 최초 피탈시각이 '5.21. 15:20'이고, 피탈된 무기는 'M1 23정, LMG 1정, AR 1정, 칼빈 94정'이며, 시위대 '150명 가량, 버스 4~5대'가 와서 '유리창 기물 일체 파괴'했다고 구체적으로 기재되어 있다.[137] 704관리대대장 홍○○의 증언은 무려 15년 뒤인 1995년에 검찰에서 개인적 기억에 의존하여 진술한 것으로 위 광주지검이 1980년 5월 28일 조사한 자료나 이를 뒷받침하는 강덕진의 1990년 증언에 비해 신빙성이 떨어질 수밖에 없다.

'무기소산은 정당한 업무집행' 확인

안병하 국장은 계엄군 투입에 따라 사태가 확산되자 무기 피탈을 염려하여 미리 여러 차례 무기 소산을 지시했다. 1980년 국보위의 광주사태진상조사단(단장 이광로, 1980.6.5.~6.11.) 보고서에 따르면 안 국장은 5월 19일 계엄군 투입으로 시위가 폭동화할 경우에 대비하여 경찰 무기의 '피탈을 방지하겠다는 소극적인 발상' 하에 치안본부장에게 건의하여 경찰서 및 기동대 무기 약 1,300정을 안전가옥으로 미리 소개시켰다.[138] 진상조사단은 당시 국가보위상임위 내무분과위원장 소장 이광로를 단장으로 11명이 광주 현지에 파견되어 군작전조사반, 경찰작전조사반, 행정기관조사반 등 3개 반으로 나누어 활동했다. 경찰작전조사반은 전남도경 및 나주지역 경찰작전상황, 무기피탈경위, 경찰관 복귀지연 이유 등을 규명하기 위해 현지를 방문하여 직접 확인했다. 진상조사단의 무기피탈경위 조사에 따르면 당시 피탈된 무기는 소총 4,747정, 기관총 49정, 기타 437개로 총기류는 모두 5,233정이다. 그리고 실탄 29만 발, 수류탄 552개, 차량 554대, 무전기 220대 등이다.[139]

시민들의 무장을 촉발한 것은 공수부대의 과잉진압이었다. 그럼에도 불구하고 1988년 국회 5·18 청문회를 계기로 신군부와 군 당국은 5·18 왜곡조직으로 알려진 '511 연구위원회'를 통해 시위대의 무장이 마치 경찰의 허술한 대비가 원인이었던 것처럼 안병하 국장의 책임으로 몰았다. 시위대의 무기피탈 시각도 집단발포를 은폐하기 위해 조작했다. 청문회 이후에도 이와 같은 주장은 지속됐다. 1995~1997년 검찰수사와 재판에서 공수부대 관계자들의 허위 증언을 통해 이와 같이 조작된 주장이 반복됐다. 2000년대 들어서는 지만원 등 5·18 왜곡을 일삼는 자들에 의해 더욱 황당한 수준으로 변조되면서 꾸준히 이어져왔다. 이런 흐름을 이어받아 2017년 발간된『전두환 회고록』역시 이런 모든 문제를 안병하 국장의 탓으로 돌렸다.

그러나 진실은 영원히 감춰지지 않는다. 1997년 사법부는 판결을 통해 신군부가 정권을 장악하기 위해 5·17 내란을 일으켰고, 광주에 공수부대를 투입하여 조기 강경진압 작전을 펼친 결과 시위대의 무장 상황까지 초래했다는 점을 분명히 했다.

사법부 판결에도 불구하고 5·18에 대한 왜곡이 지속되자 2007년 노무현 정부 때 국방부과거사위원회가 5·18 당시 보안사 자료를 바탕으로 신군부의 광주진압작전 전반을 조사해서 상세하게 밝혔다. 이때 발굴한 보안사 보관 자료에서 안병하 도경국장의 무기 소산 조치 내용과 무기피탈 상황이 더 구체적으로 드러났다. 이로써 당시 안병하 도경국장이 사전에 취한 무기소산 조치가 신군부의 부당한 강경진압에 저항한 현지 치안책임자로서의 정당한 업무집행이었음이 분명하게 확인됐다.

무기피탈 주요 현황(주요 경찰관서 무기피탈 현황)

		전남도경 상황일지 (군보존 왜곡자료)	5·18사건 조사 결과보고서(국방부)	5·18관련 사건 수사결과(검찰청)	경찰서 상황일지 (전남경찰사)	전남사태 관계기록 (경찰청 감사관실)
나주	본서	5. 21. 14:00 칼빈 63정 38구경 10정 45구경 13정	5. 21. 14:00 칼빈 63정 38구경 10정 45구경 13정	5. 21. 14:00 칼빈 5백여 정 M1 2백여 정 실탄 46,000발	5. 21. 14:00 칼빈 107정(1,260) 38구경 10정 45구경 17정 엽총 23정 공기총 233정	5. 21. 14:00 경찰무기 41정 청경무기 7정 민유총포 174정
	반남	5. 21. 08:00 칼빈 3정(270)	5. 21. 08:00 칼빈 3정(270)			5. 21. 08:00 무기 3정(27)
	남평	5. 21. 09:00 칼빈 4정(360) 45구경 1정(7)	5. 21. 09:00 탈취시도, 체포	5. 21. 14:00 칼빈 20정 실탄 7~8상자		5. 21. 13:30 무기 5(367)
	영산	5. 21. 14:00 칼빈 6정 45구경 1정	5. 21. 14:00 칼빈 6정 45구경 1정			5. 21. 11:00 칼빈 1정
화순	본서	5. 21. 13:50 칼빈 98정(66,144) M1 106정(10,605) LMG 4정(2,750) AR 4정(1,440) 수류탄 229개	5. 21. 13:50 칼빈 98정(66,144) M1 106정(10,605) LMG 4정(2,750) AR 4정(1,440) 수류탄 229개			5. 21. 13:52 칼빈 98정(66,144) M1 106정(10,605) LMG 4정(2,750) AR 4정(1,440)
	동복	5. 21. 14:00 칼빈 960정 45구경 21정	5. 21. 14:00 칼빈 960정 45구경 21정			
	광업소	5. 21. 13:00 칼빈 64정	5. 21. 13:00 칼빈 64정	5. 21. 15:35 칼빈 1,108정(17,760)	5. 21. 15:35~17:50 무기, TNT 1트럭	5. 21. 14:30(2차) 칼빈 64정 청경칼빈 2정(3,600) ※1차(1050) 피탈실패
	능주	5. 21. 14:00 칼빈 4정	5. 21. 14:00 칼빈 4정		5,22. 시간미상 칼빈 4정 M1, LMG 수량미상	5. 21. 16:00 칼빈 4정
광산	하남		5. 21. 13:00 칼빈 9정	5. 21. 13:00 칼빈 9정		
함평	신광			시간미상 총기 1000여 정, 실탄 2박스	5. 21 오후 총기 1000여 정, 실탄 2박스	5. 22. 22:30 무기피탈내역 없음

※ 음영은 피탈 시점·피탈 사실에 대해 논란이 있는 부분　　　출처: 『전남경찰의 역할』, 41쪽, 2017

6. 광주시민들께 감사하다(5월 22일~25일)

공수부대 철수와 더불어 전남도청을 빠져나온 안병하 국장
은 전남도경 항공대가 위치한 광주비행장에서 도지사와 함께 머물
렀다. 전남 도정 수뇌부들이 이곳으로 옮겨온 것이다. 우리 역사에
서 지방행정의 중심지인 도청을 이처럼 통째로 비운 것은 흔치 않
은 일이다. 1894년 동학농민혁명 기간 중 전주의 전라감영이 동학
농민군 수중에 들어갔고, 1950년 6·25 전쟁 때 북한군이 잠시 전
남도청을 점령한 적이 있었다. 그 이후로 처음 있는 일이었다.

5월 21일 오후부터 계엄군은 광주시 외곽으로 철수와 동시에 '봉
쇄작전'으로 작전개념을 전환했다. 광주를 외부로부터 완전히 고립
시키기 위한 봉쇄작전은 27일 새벽 계엄군이 도청을 다시 점령할 때
까지 지속됐다. 이 기간 중 안병하 국장과 광주지역 경찰들은 무슨
일을 하고 있었을까? 신군부의 '전남도경국장 직무유기 피의사건'에
는 5월 21일 이후 안병하 국장의 행적이 다음과 같이 기재돼 있다.

5.21. 사태가 악화되자 계엄분소장의 사전 승인을 득하고 도청에서
철수하였으나 이후 병력을 재정비 시위진압을 위한 진입을 결행하
여야 하나 5.18. 무기를 소개시킨 사실과 철수 시 병력에 대한 집결
지를 명시하여 지시하지 않음으로써 사태 수습을 위한 경찰의 재정
비가 불가능하였음.[140]

그렇다면 안병하 국장은 철수 시 집결지를 명시하여 지시하지 않았을까? 「안병하 비망록」은 그렇지 않다는 것을 보여주고 있다.

> 5.21. 15:40분에는 국장실에서 전 지휘관에게 구두작명(口頭作命)으로 '1집결지' 무등산 입구, '2집결지' 비행장으로 철수할 것을 하달(사전 계엄분소장 승인) 철수함.

철수 후 집결지 무등산과 광주비행장

어느 쪽이 진실인지는 각자가 판단할 일이지만 안 국장은 문서가 아닌 구두로 1, 2집결지를 명시해서 "작전명령을 내렸다"고 자신의 비망록에다 적었다. 전시나 위급 시에는 문서를 작성할 여유가 없기 때문에 지휘관이 현장에서 말로 작전명령을 내리는 경우는 흔하다. 그렇다면 실제로 집결지를 정해서 명령을 내렸는지를 확인하는 방법은 명령을 수령한 자들의 증언이다. 철수를 앞두고 도경국장실에서 열린 긴급회의 참석자들 중 상당수가 "다음 집결지를 무등산과 비행장으로 들었다"고 말한다. 실제로 도경의 참모들은 다음날 대부분 광주비행장으로 찾아와서 업무에 복귀했다.

위 문서에는 "(5.21.이후) 사태 수습을 위한 경찰의 재정비가 불가능"했다고 적었다. 21일 지휘부의 결정에 따라 경찰이 개별적으로 해산한 이후 27일까지 경찰의 공개적인 활동 모습은 눈에 띄지 않왔다. 21일 이전과 달리 시민들이 총기로 무장한 상태에서 경찰의 대응은 두 가지 가운데 하나를 선택해야 할 수밖에 없었다. 계엄군과 함께 무장한 채 시민군 진압을 위해 전투를 벌이던지, 아니면 비무장 상태로 신중하게 치안질서유지에 나서던지 둘 중의 하나다. 안병하 국장은 '비무장 치안질서유지'를 선택했다. 신군부 입장에서는 경찰이 '무장하지 않은 것' 자체를 '재정비가 불가능한 것'으로 보았다. 그러나 '비무장' 노선은 안 국장이 책임질 각오를 하고 의식적으로 선택하여 지시한 사항이다. 비무장 때문에 재정비가 불가능한 것은 아니었다. 비무장 상태에서도 경찰은 스스로 재정비했고, 다소 시간이 걸렸지만 대부분 업무에 복귀했다. 따라서 신군부가 '직무유기'로 단죄한 것은 '안병하의 비무장 결심'이었지 '업무 태만'은 아니었다.[141] 안병하 국장은 계엄사령부의 '부당한 지시'를 거부하기 위한 방법으로 '무기소산'을 지시했지, 경찰 본연의 업무를 태만히 하거나 직무를 유기하려고 그런 조치를 취한 것이 아니었다.

비행장 임시본부에서 비상근무 지속

그렇다면 안 국장과 그의 지시를 받아 임무를 수행하던 경찰은 5월 21일 이후 무슨 일을 했던가?[142] 전남경찰국은 광주비행장에 있는 도경 항공대에다 즉각 임시본부(CP)를 설치하여 22일부터 비상근무를 시작했다. 안 국장은 24시간 군용 간이침대에서 숙식하며 상황처리를 했고, 불편한 생활에도 피곤해한다거나 정위치 근무를 회피하지 않았다.[143] 도지사를 비롯 도경 간부들은 26일까지 이곳에 함께 있었다. 경찰은 안병하 국장의 지휘 아래 군의 광주시내 재진입에 대비하여 검문소 운영 및 정보, 보안활동 등 상황대비에 중점을 둔 치안활동을 펼쳤다. 안 국장은 광주경찰서와 서부경찰서는 시민군이 장악하고 있었기 때문에 전교사가 위치한 상무파출소로 지휘부(CP)를 옮겨 비상근무체제를 유지토록 지시했다. 이 기간 중에도 광주지역 정보형사들은 시내 상황을 파악하여 안병하 국장에게 보고하는 임무를 지속했다. 예를 들면 사복을 입은 정보경찰들은 비상연락체계를 유지하면서 교대로 광주경찰서나 서부경찰서를 출입하여 상황을 파악했고, 야간에는 시민군과 충돌을 피하기 위해 일부만 그곳에 남아 있었다. 안 국장은 광주를 벗어난 전남 지역 경찰서 소속 경찰들 역시 광주에서 해산 후 5월 24일부터 26일까지 복귀하는 대로 각 경찰서나 지서별로 자체경비를 강화하고 정보활동 등 기초적인 치안활동을 전개하도록 지시했다.

5월 21일 오후 6시경 안 국장은 광주경찰서장에게 경찰서 주변 적당한 장소에 경찰 병력을 집결시켜 대공 및 정보요원은 무장한 시민군들의 동향파악과 주동자에 대한 채증 활동을 지속하라고 지시했다.[144] 전남지방경찰청의 당시 기록에 남아 있던 이 기간 중 경찰의 주요 활동은 다음과 같다.[145]

5.22. 14:00 (시민군이) 시내 요소의 고층 건물에 병력을 배치함과 동시에 기관총을 설치, 계엄군과 대처할 준비를 완료하고 불가능시 도청을 폭파하는 등 최후의 수단을 강구한다는 시내동향을 수시 입수 전교사(CAC) 정보처에 통보.

5.22. 18:00 광산 지역에서 무기탄약 탈취 폭도가 트럭으로 예비군 무기고 습격, 상무동 쪽으로 이동한다는 첩보.

5.23. 충정작전 대비 작전거점 현황파악, 계엄사에 27명 지원(서부서 8, 광주서 19)

10:00 광주경찰서 전 직원 상무동파출소 집결지시.

5.25. 경찰관 복귀인원 증가하여 경찰서 청사로 복귀, 정상 근무(광주경찰서).

15:00 도청 광장, 희생자 장례식을 거행하겠다는 명목으로 약 10만 명의 인파 운집.

16:00 도청현황, 폭도들이 계속 점거하고 시가는 폭도들의 차량만 운행.

5.26. 전 직원 출근 근무, 도청 내 폭도 반납무기 인수 지시(국장 지시사항).

14:00 광주시민 도청 앞 금남로에 집결 시작.

15:00 도청 앞, 시민 운집 인원 2~3만 정도.

경찰 통신요원, 도청 드나들어

경찰 통신요원 18명의 기술자들은 시민군 본부인 도청에까지 직접 드나들면서 통신망을 복구하는 등 적극적인 역할을 수행했다. 경찰 통신기술자들의 도청 출입은 시민군 지휘부의 용인 아래 가능했다. 통신요원들은 시민군으로부터 출입증을 받아 '대간첩작전'에 필요한 통신망을 회복한다는 명분으로 도청 출입을 허락받았다. 당시 시민군의 경찰에 대한 신뢰가 어느 정도였는지를 짐작할 수 있는 대목이다. 계엄군이 시민들을 마치 적군처럼 대한 반면 경찰은 시민을 보호하려 한다는 인식이 있었다. 이와 같이 극단적인 대치 상황인데도 불구하고 시민들이 경찰에게 우호적인 태도를 갖게 된 배경에는 안 국장의 '시민 안전 우선'이라는 지휘방침이 있었다.

5월 22일에는 경찰항공대에 경비전화 회선을 개설하고 치안본부와 비상통신망을 구성했고, 23일에는 일반전화 회선을 증설하여 광주시내 첩보활동 망으로 사용했다. 그 밖에도 도청에서 경찰이 철수할 때 남겨두었던 무전기로 시민군이 교신하는 내용을 각 중계소를 통해 감청하여 경찰국 상황실과 계엄분소에 제보하는 정보활동도 수행했다.

계엄군은 시민과 대립관계였고 광주시내 지리를 잘 몰랐기 때문에 5월 27일 새벽 최종 진압작전을 앞두고 경찰의 정보와 보안기능에 의존할 수밖에 없었다. 위 경찰기록 가운데 23일 자에 기재된 '계엄사에 27명 지원'했다는 부분은 눈여겨 볼 지점이다. 전두환 보안사령관은 5월 19일 자로 보안사 간부를 광주에 파견하도록 지시했다. 3명의 보안사 고위급 간부가 광주에 내려왔다.[146] 그 가운데 합동수사본부 치안본부 조정관이던 광주일고 출신 홍성률 대령의 행적에 전남경찰 관련 사항이 나온다. 국방부과거사위원회가 2007년 작성한 「5 · 18 조사결과보고서」[147]에 실려 있는 내용은 다음과 같다.

홍성률 대령은 '10. 26'사건이 발생하자 당시 전두환 보안사령관이 노태우 9사단장에게 소식을 알리는 서신을 전달한 인물이었다.[148] 그는 5.19. 15:00경 권정달 보안사 정보처장으로부터 광주로 가서 정보수집 등의 임무를 부여받고 5.20경에 광주에 도착했다. 홍성률 대령은 광주시내로 잠입, 정보수집 및 특수활동을 벌였다. 그가 남긴 보고에 따르면, 그는 광주시 사동의 친척 집에 비밀아지트를 설치하고 전남도경찰국 정보과 소속 경찰과 505보안부대의 정보과 요원 지원을 받으며 광주시내에서 활동 중이던 정보조를 통합 지휘했다…그는 광주시내로 잠입해 5.21. 09:00경부터 '지하정보' 활동을 전개했다고 한다. 이곳에서 그는 505보안부대 정보과 소속 상사 박○○과[149] 전남도경 정보과 정보 2계장 경감 김○○의 지원을 받으며 활동했다. 그는 경찰의 정보기능을 통합해 3개조의 정보조를 지휘했다. 이후 5.24. 광주 시내를 빠져나가 송정리 비행장에서 대기하다 5.27. '상무충정작전'이 끝난 뒤 전남도경을 지휘 감독한 뒤 6

월 초순경 상경했다. 그 뒤 그는 6.10.경 전두환 보안사령관과 정도영 보안처장 앞에서 '5.18'에 대한 종합보고서를 설명했다.[150]

정보수집 및 계엄군 진입 안내도 맡아

26일 밤 전남도청 진압작전을 할 때도 광주시내 지리와 지형지물을 잘 알고 있는 정보과 소속 경찰들이 계엄군을 안내했다. 광주경찰서 정보2계장 한○○은 "일부 직원들은 계엄사에 동원되어 비무장으로 목숨을 걸고 계엄군을 안내하였다"고 증언했다. 광주경찰서 정보과 장○○은 23일 상무대로 집결하여 헬기를 타고 무등산자락으로 이동, (주남마을에) 주둔해 있던 공수부대원들과 생활하다 27일 새벽 사복 비무장 상태로 광주시민회관까지 선두에서 길을 안내했다.[151] 20사단의 작전일지에도 '중대단위로 안내 경찰 2명씩 운용, 목표에 이르는 통로를 안내토록 할 것', '목표확보 후 책임 지역 내 행정기능 복구에 최대한 노력(파출소, 동회 기능 복구, 경찰, 예비군, 반장 소집)'이라고 기록돼 있다.[152]

위 경찰 활동 일지 가운데 안병하 국장이 지시한 '5.26. 도청 내 폭도 반납무기 인수'도 주목할 부분이다. 도청 지하 무기고를 지키던 시민군 가운데 호남신학대 학생이자 전도사인 문용동은 동료들과 함께 전남북계엄분소를 찾아가서 전교사 부사령관 김기석 소장을 만나 수류탄과 TNT 등의 뇌관제거를 부탁했다. 워낙 폭발 위험이 크기 때문에 시민의 안전을 고려하여 그런 선택을 한 것이다. 김 부사령관은 문용동의 협조 아래 전교사 소속 폭약 전문가를 비밀리에 도청 지하무기고에 투입시켰다. 군의 폭약 전문가는 그곳에 보관된 시민군의 수류탄, TNT, 다이너마이트 등의 신관과 뇌관을 24일 밤부터 25일 오전까지 은밀하게 모두 제거했다. 김기석 부사령관은 도청 지하무기고에 보관된 폭약과 실탄, 총기류 등이 너무 위험하니 기왕이면 시민군과 군 모두 믿을 수 있는 경찰이 안전하게 관리할 수 있도록 하자고 문용동에게 제안했다. 문용동과 함께 무기고를 지키던 시민군 경계병들도 그렇게 하는 것이 좋겠다고 동의했다. 이 사실을 김기석 소장이 안병하 국장에게 전달했고, 안 국장은 경찰관에게 '26일 도청 내 폭도 반납무기 인수 지시'를 한 것으로 추정된다. 그러나 26일 경찰의 도청 지하무기고 투입 계획은 무산됐다. 하루 전인 25일 아침 도청 안에서 장계범 등에 의해 '독침사건'이 발생하면서 시민군의 경계가 강화되었기 때문이다. 당시 독침사건을 일으킨 장계범은 보안부대에서 도청에 침투시킨 프락치로 나중에 밝혀졌다.[153]

위 상황을 종합할 때 22일부터 26일까지 광주 봉쇄기간 동안 경찰은 보안사 고위간부의 지휘 아래 광주시내 시민군의 동향에 대한 정보를 조를 짜서 비밀리에 수집했다. 경찰이 수집한 정보는 505보안부대에서 취합한 다음 보안사 상황실에 직접 보고했다. 중요한 사항은 홍성률 대령이 전두환 사령관에게 전화로 직접 보고했을 가능성도 있다. 보안사는 이렇게 수집한 광주현장 정보를 바탕으로 계엄사령부에 '지휘조언'을 함으로써 사실상 5 · 27 최종 진압작전을 수행하는 데 결정적인 영향력을 행사했다. 또한 경찰은 광주지역 지리를 잘 알고 있었기 때문에 최종 진압작전에 투입된 공수부대와 20사단 병력을 어둠 속에서 목표지점으로 안내하는 향도 역할도 수행했다. 그리고 시민군 지도부의 경찰에 대한 신뢰가 확인되자 아예 도청 지하무기고를 직접 통제하려는 시도까지 했다. 하지만 보안부대에서 도청에 위장 침투시킨 프락치의 어설픈 연기로 말미암아 도청 지하무기고 접수는 수포로 돌아갔다.

당시 경찰의 활동과 역할에 대해서는 다양한 평가가 있을 수 있다. 하지만 분명한 사실은 경찰이 보안사나 계엄사, 전교사의 통제 아래 경찰에게 부여된 최소한의 임무만을 수행했다는 점이다. "경찰이 무장하여 도청을 재탈환하라"는 25일 이희성 계엄사령관의 강력한 압박을 안병하 국장이 거부했기 때문에 27일 새벽 전남도청 진압작전에서 경찰이 광주시민을 직접 사살하지는 않았다. 만약 안병하 국장이 이때 계엄사령관의 지시에 따랐다면 경찰은 영원히 '광주시민의 적'이 됐을 것이다.

경찰관 자위권 발동 지침 시달

5월 22일 오전 10시 20분. 박충훈 신임 국무총리 서리가 비행기를 타고 광주에 왔다. 취임하자마자 곧바로 광주를 방문한 것이다. 천주교 광주대교구 윤공희 주교 등 광주지역 인사들은 총리의 방문을 손꼽아 기다리고 있었다. 총리에게 공수부대가 광주에서 자행한 만행이 어느 정도였는지 사망자와 부상자들이 있는 병원으로 데리고 가서 그 실상을 보여줘야 한다는 등 의견이 분분했다. 그러나 총리는 전교사에만 들러 "극소수 폭도와 불순분자들의 터무니없는 유언비어에 현혹되거나 부화뇌동하지 말라"는 호소문만 남기고 돌아갔다. 안병하 국장은 장형태 도지사와 함께 전교사 전남북계엄분소에 가서 총리를 맞았다. 총리와의 간담회 자리에서 장형태 도지사는 총리에게 "폭도라는 표현을 언론에서 사용하는데 이를 자제시켜 달라" "민심수습이 급선무"라고 건의했다.[154] 총리는 이날 신임 내각을 중심으로 광주사태 대책위원회를 구성했고, 저녁 9시 30분 TV를 통해 '광주는 군 병력도 경찰도 없는 치안부재 상태'라며 정부의 입장을 밝혔다.

이날 정오 무렵 전두환 보안사령관은 신라호텔에서 중앙 언론기관장들과 간담회를 가진 자리에서 '군이 광주 외곽을 포위하고 고립화'시키고 있는데, '폭도들이 가가호호를 방문하여 합세를 강요하고 통반장을 협박'하고, '광주 시내 철물상회를 주요 약탈대상'으로 삼고 있으며, '공수단 복장 괴한이 10대 트럭에 분승하여 무등산으로' 들어갔다. '무장폭도가 광주교도소를 공격 중'이며 '김대중 깡패조직 4개파가 현지 데모에 합세'한 상태이고, '군은 결심한 이상 물러설 수 없다'면서 '24일을 기해 시가전을 각오하고 대탈환 작전을 펴겠다'며 유혈진압을 강력하게 시사했다.

안병하 국장은 정부와 신군부 관계자들의 이런 강경 입장이 매우 곤혹스러웠다. 자신이 광주 시내 시위진압 현장에서 보고 느낀 상황과 달라도 너무 달랐기 때문이다. 안 국장을 향한 신군부 인사들의 시선도 눈에 띄게 싸늘했으며, 상부로부터 지시는 더욱 강력해졌다. 22일 치안본부에서 전남경찰국에 '경찰관 자위권 발동 지침시달'이 문서로 하달됐다.[155]

> 일부 폭도들이 도내 계속 경찰관서의 습격을 시도하고 있으므로 5.22. 09:25 계엄사령관 지시에 의하여 하달.
> 1. 총기 및 무기를 탈취하거나 민수용 폭약 등을 탈취 시는 경찰의 자위권을 발동.
> 2. 자위권 발동 시에는 첫째 강력하게 위협적으로 제지하고, 둘째 공포를 발사하고, 셋째 무릎 밑을 향하여 사격.

안병하 국장은 계엄사령관의 지시에 의해 치안본부가 내려 보낸 '경찰관 자위권 발동지침'을 보면서 난감한 생각이 들었다. 자신의 '원칙적인 시위관리 방침'에 대하여 상부에서 강하게 질책하는 것처럼 느껴졌다. 광주시내 경찰관서의 무기는 19일부터 21일 사이에 이미 전부 소산시켜버린 상태였다. 광주를 제외한 전남지역 경찰서들에 보관된 경찰이나 예비군 무기들도 21일까지는 대부분 소산시켰다. 나주나 화순 등 광주 인근 지역에 위치한 경찰서나 지서 등지에서 미처 소산시키지 못한 무기들이 21일 오후 급작스럽게 밀어닥친 시위대에 의해 약 5천여 정의 총기를 탈취 당했다. 대부분의 전남지역 경찰은 이때 총기가 없는 상태였기에 자위권 발동이 아무리 강력해도 큰 의미는 없었다. 하지만 안 국장은 혹여 발생할지도 모르는 경찰과 시위대 사이의 불상사를 방지하기 위해 치안본부의 자위권 발동지침을 전남경찰국에서는 보다 자세하게 규정하여 각 경찰서나 예하부대에 시달하도록 지시했다. 당시 전남경찰국이 내려보낸 '자위권 발동 지시' 내용은 다음과 같다.[156]

1. 자위권의 정의 : 국가의 안전과 국민의 생명 및 재산을 보호함에 있어 급박 부당한 위해를 제거하기 위하여 부득이 실력을 행사하여 방위하는 관시.

2. 자위권 발동대상 : 폭발물·화염병·흉기를 소지하고 건물이나 무기를 탈취, 점거, 파괴, 방화하고자 하는 자.

3. 자위권 발동지시

가. 군부대, 경찰관서, 공공기관 및 국가 보관 폭약 등을 보호함에 있어 폭도 등이 무기 또는 위력물을 사용해 옴으로써 무기를 사용치 않으면 진압방법이 없을 경우.

나. 국민 또는 출동 병력의 신체에 생명을 보호함에 있어 그 상

황이 급박할 경우.

4. 자위권 발동방법

　가. 경고를 발하고 3회 이상의 정지를 명할 것.

　나. 가능한 위협발사를 하여 해산시킬 것.

　다. 상황이 급박하면 생명에 지장이 없는 신체부위를 사격할 것.

　라. 선량한 주민에게 피해가 없도록 유의할 것.

5. 자위권을 발동하였을 경우에는 당해 계엄사무소를 통하여 그 상황을 보고할 것.

6. 정당한 이유 없이 직무를 태만하거나 기피하는 자는 계엄 군정에 회부 엄중 문책할 것임.

　자위권 발동이 공식 하달되면서 계엄군의 경우 마치 발포명령이 내려진 것처럼 행동했다. 군의 발포가 거의 제한 없이 이루어지면서 민간인 피해자가 속출했다. 5월 21일 밤 광주 효천역에서 그런 일이 벌어졌다. 군에 의한 외곽봉쇄 사실을 전혀 모른 채 나주에 집결했던 시위대가 버스를 타고 광주로 들어가려다 효천역 부근에서 20사단 경계 병력에 의해 집중 사격을 당해 많은 사상자를 냈다. 21일 밤부터 23일 사이에 광주교도소 옆을 지나 담양, 곡성으로 가려고 호남고속도로와 국도로 접근하던 민간인들도 여러 명이 희생을 당했다. 계엄 당국은 이들이 '교도소를 습격한 불순분자들'이라고 누명을 씌웠다. 23일 주남마을 학살, 24일 송암동 민간인 집단사살

등도 계엄군이 자위권을 발포명령으로 여긴 결과였다. 그러나 경찰은 군과 다르게 이런 잘못을 저지르지 않았다. 안병하 국장의 '원칙적인 시위관리' 지휘방침에 따라 자위권 행사에 대하여 엄격하고도 상세한 지시를 내렸기 때문이다.

시민들 경찰서 보호에 앞장서

5월 24일 안병하 국장은 사복차림으로 시민군이 장악하고 있던 광주시내로 참모들과 함께 갔다. 시민들의 격앙된 분위기도 다소 가라앉았다. 시민 수습대책위원회를 중심으로 무기회수가 진행됐고, 계엄분소에서 시민대표들과 계엄당국 간에 수습을 위한 협상이 진행 중이었기 때문에 양측의 긴장도 다소 누그러진 상태였다. 안 국장은 자신의 육필 비망록에서 '전남도민에게 감사'라는 별도의 항목에다 "5.24일 송정리 비행장에서 지휘 중 광주경찰서에 잠입한 바 광주경찰서 외곽에는 시민군 20~30명이 경찰서를 보호하기 위하여 경비를 하고 있었음"이라고 적었다.

안 국장으로서는 놀라운 일이었다. 경찰서를 시민군들이 경비까지 서면서 보호하고 있다는 점은 이해하기 쉽지 않았다. 아무리 경찰이 잘한다 해도 경찰은 계엄군 편에 서 있었다. 시민군과 계엄군은 적대관계였다. 시민들은 경찰 역시 계엄군과 동일한 존재로 여길 것이라는 자신의 생각이 틀렸다는 사실을 확인했다. 정작 더 놀란 것은 그 다음부터였다. 경찰서 입구에는 대여섯 명이 완장을 차고 손에는 몽둥이를 든 채 서 있었다. '아차, 잘못 왔구나'하고 후회했으나 되돌아가기에는 이미 늦어 버렸다. 긴장한 채로 정문에서 총을 든 시민군에게 다가갔다. 누구냐고 물었다. '경찰국장'이라고 자신의 신분을 밝혔다. 출입을 제지당하거나 그들에게 억류될 수도 있는 상황이었다. 그러나 아무런 제재 없이 들어갈 수 있도록 길을 터줬다. 2층에 올라가 그곳에서 이미 근무를 하고 있던 광주경찰서장을 만났다. 서장은 "불순분자들이 경찰서를 파괴할까봐 시민 학생들이 자발적으로 경비를 서고 있다"고 말했다.[157] 당시 광주경찰서 현관 유리창과 담벼락에는 "본 경찰서는 우리의 재산, 기물파괴는 세금의 과중, 스스로 보호합시다. — 시민일동"이라는 신문지 절반 크기의 벽보가 붙어 있었다. 이 벽보는 27일 계엄군이 광주를 다시 빼앗을 때까지 그대로 나붙어 있었다.[158]

안병하 국장은 용기를 내서 도청 본관 건물 뒤편에 있던 자신의 집무실에까지 들어갔다. 이곳에 들어갈 때도 특별한 제재를 받지 않았다. 경찰국장실은 그대로였다. 사흘 전 경황없이 도청에서 탈출할 때 놓아두었던 "명패, 모자, 정복, 서류 등이 그대로 보존"돼 있었다. 어느 경찰관은 심지어 미처 지급하지 못했던 5월 치 급여를 은행에서 찾아와 자신의 책상 서랍 속에 넣어두었는데 현금이 그대로 남아 있었다는 보고도 받았다. 상무관 뒤쪽에 있는 경찰국장 관사에도 가보았다. 아내가 서울로 올라가면서 정돈해 둔 상태 그대

로 실내가 유지되고 있었다.[159]

이런 모습을 보면서 안병하 국장은 눈물이 핑 돌았다. 계엄군을 도와서 시위 진압을 했기 때문에 경찰이 밉게 보였을 법도 한데 광주시민들은 그렇지 않은 것 같았다. 그토록 경찰을 믿어주는 시민들이 고맙기 그지없었다. 신군부와 상부의 부당한 지시를 거부하며 공직자로서 양심에 거리낌 없이 본분을 다하려 했던 자신의 진정성을 광주시민들이 알아주고 있었다. 안 국장은 자신의 휘하에 있는 참모들과 일선 경찰관들, 전투경찰들에게도 한없이 고마운 생각이 들었다. 그들 역시 닥쳐올 고난을 충분히 예상하면서도 꿋꿋하게 뜻을 함께하고 있었다. 이 순간 안 국장은 경찰의 본분을 잃지 않고 정도를 걸으려 했던 자신의 판단과 행동이 잘못되지 않았다는 자긍심을 가장 강하게 느꼈다.

시민들, 경찰에게 치안질서 맡기다

믿음과 신뢰는 기적 같은 일을 이뤄내기도 한다. 마침내 시민들의 수습대책위원회 측에서 '경찰이 나와서 질서를 잡도록 해야 한다'는 뜻을 공개적으로 표명했다. 학생수습위원회는 24일 오후 경찰 책임자와 연락, 경찰이 치안에 직접 나선다는 약속을 받았으나 궐기대회의 열기 때문에 경찰의 시내 진출은 실현되지 못하고 있었다. 24일 오후 8시, 수습대책위는 다음과 같이 결의하고 이 내용을 중심으로 계엄사와 협의하기로 했다.

1. 5 · 18 사태의 근본적인 이념을 의거라고 정해야 한다.
2. 치안을 유지하기 위해 예비군과 경찰이 나와 질서를 잡도록 조치해야 한다.
3. 사상자 전원에 대해 보상해야 한다.[160]

26일 오전 계엄분소에서 시민대표 김성용 신부가 수습을 위한 5개 항의 요구조건을 제안할 때 '경찰에게 치안을 담당시켜라. 무기가 회수되어 군에 반납되면 그렇게 하고 싶다'고 조건을 제시한다. 계엄군 측에서도 경찰이 치안을 담당하는 것은 환영했다.[161] 25일 밤 김종배, 정상용, 윤상원 등 소위 강경파들로 새롭게 구성된 도청 항쟁지도부 역시 26일 오후 2시 도청 내무국장실에서 광주시장과 도청 국장들과 모여 8개항을 요구하는데 이때도 요구사항에 '치안 문제는 경찰이 책임지라'는 항목이 들어가 있다.

시민들 사이에 경찰에 대한 우호적인 분위기가 형성돼 있었기 때문에 경찰은 21일 해산 이후 26일까지 순차적으로 업무에 복귀하는 데 무리가 없었다. 라디오나 비상연락망 전화로 복귀명령을 내렸다. 26일 오전 10시 현재까지 광주경찰서 63.5%, 서부경찰서 77.6%, 기동대원 22%, 동원된 15개 경찰서 96.2% 등의 복귀율을 보였다. 업무에 복귀한 경찰은 자체경비와 무기회수에 주력했다.

이 기간 중 시민군과 마주친 적도 있었지만 별다른 위해를 입지 않았다. 광산경찰서 수사과 임○○ 형사는 23일 복귀하여 사무실에서 근무하던 중 시위대가 들어왔지만 서로 얼굴을 아는 사람들이었는데다가, 이들이 기물을 부순다거나 피해를 입히지 않았다. 이○○ 기동 3중대장은 해산 이후 매일 시내에 나갔는데, 하루는 도청 앞 상무관 자신의 부대가 사용하던 막사를 둘러보았다. 그가 자신이 사용했던 방에 들어갔을 때 시민군과 마주쳤다. 시민군이 '누구냐'고 묻자 '기동중대장'이라고 신분을 밝히고 자신의 숙소라고 대답했다. 그러자 그 사람은 계면쩍어 하면서 자리를 피해주어 자신의 소지품 몇 가지를 챙겨서 나왔다. 또한 그는 소년계장을 했기 때문에 넝마주이나 불량배들을 많이 알고 있었는데, 그들이 총을 들고 다니면서 자신과 마주쳐도 모른 체 하면서 지나갔다는 것이다. 나주 경찰서 보안과 직원 김○○은 시위대를 차단하고 무기를 회수하기 위해 나주대교 다리에서 근무했지만 시위대와 마주쳤을 때도 아무 어려움이 없었다.[162] 광주경찰서 수사과 안○○은 매일 도청 앞에 나와서 시위대와 함께 헌혈하는 것을 도왔다. 시민들 사이에서 그를 알아보는 사람도 있었지만 그에게는 어떤 위해도 없었다. 안병하 국장이 더 놀랐던 것은 광주시민들의 질서의식이었다. 그는 자신의 육필 비망록에 이렇게 적었다.

경찰 철수 후 경찰이 없는 상태에서 은행, 금은방 등 강력사건을 염

려하였으나 강력사건이 거의 발생치 않았으며 시민군에 의해서 치
안 유지.

안정된 치안상태 유지에 놀라

전남지방경찰청이 조사한 바에 따르면 시민군 점령기간 광주시
내 치안상황은 '전반적으로 안정된 치안상태'를 유지했다. 계엄군에
의해 충격적인 유혈사태가 발생한 인구 73만 명의 대도시에 대량의
무기가 유출됨에 따라 총기관련 사건 사고가 발생할 개연성이 컸
다. 하지만 그런 사건은 거의 없었다. 《동아일보》는 5월 26일 자 '광
주 일가 3명 총격피살'[163]이라는 제목의 기사에서 "무기류의 다량 유
출에도 불구하고 예상보다는 강력사건이 많지 않았으나 간간히 발
생하고 있다"고 썼다. 이 무렵 시위대가 아닌 젊은 방위병이 개인적
인 감정 때문에 계모, 이복동생, 친아버지를 사살한 사건이었다.[164]
한국은행 광주지점장은 "최근 사태로 제일은행 상업은행 등 16개
점포의 건물 일부가 파손돼 재산피해를 입었으나 금융기관은 안전
했다"고 말했다. "중심가 상인들은 몇몇 점포의 진열장 유리만 깨졌
을 뿐 피해품은 거의 없다"며 삼양백화점의 한 관계자는 광주시내
"백화점들이 5·18 사태로 약탈당하거나 피해 본 것은 없다"고 말
했다.[165]
경찰 기록에 따르면 유일하게 서부경찰서 상황일지에 구체적인

피해 내용이 기재되지 않은 강도사건만 두 차례 기록이 있을 뿐이다. "5월 23일 20:30 동명, 방림, 양림 등지에서 가정집에 무장 강도들이 침입, 현금과 귀중품을 여러 집에서 탈취하고 있음. 5.24. 15:30 폭도들이 공수부대 복장으로 위장 강도."[166] 당시 군사법정에서 판결문으로 실제 확인된 강력사건은 다음과 같다.

5.23. 01:00경 유동 소재 피해자 집에 침입하여 칼빈총으로 공포 1발을 발사한 후 현금 12만 원 강취. 동일 01:30경 신안동 소재 피해자 집에 침입 칼빈총으로 위협하여 현금 상당 강취(금액 판독 불가). 동일 02:30경 임동 소재 김창길 집에 침입하여 칼빈총 16발을 발사했으나 피해자 반항으로 미수(피고인 4명). 동일 10:00경 양1동 소재 복개식당에 침입하여 주인 등 2명의 여자를 수류탄으로 위협하여 소주 1홉을 무전취식하여 공갈. 5.26. 22:00경 주월동 테니스장 앞길에서 피해자를 칼빈소총으로 위협, 금 11만4천 원 강취하고, 주월동 세탁소 골목길에서 또 다른 피해자로부터 시가 32만 원 상당의 오토바이를 강취.[167]

한마디로 경찰 대신 시민군이 유지한 치안은 보통 때보다 훨씬 나은 수준이었다. 하지만 당시 계엄사는 "치안의 공백을 틈타 무장강도와 절도가 판을 쳐 연일 살인, 폭력, 약탈행위가 난무했음에도 범죄수사는커녕 피해상황과 채증마저 불가능했다"고 기록했다.[168]

당시 정보과 형사들은 공중전화나 23개 장소에 설치한 정보센터를 이용하여 시위대의 상황을 실시간으로 파악하고 있었다. 이동상황, 주요참가자, 구호내용, 특이사항 등을 수시로 보고했다. 광주 경찰서 정보과에는 외근 형사가 15명, 정보2과에 15명 정도가 있었다. 이들은 21일 이후에도 광주 시내에 남아서 지속적으로 시위대 움직임을 파악하여 보고했다. 이들은 당시 광주에 북한군이 침투했다는 주장은 '순 엉터리 억지 주장'이라고 입을 모은다.

계엄사 하명 따라 '최소 업무수행'

한○○ 광주경찰서 정보2계장은 정보와 대공 업무를 오래 했는데, 5·18 당시 북한군 관련 이야기는 들어본 적이 없으며, 당시 경찰보다 정보력이 강했던 보안사나 중앙정보부가 그런 사실을 인지했다면 경찰에게 지시하여 어떤 조치를 취하게 했을 것이라고 말한다. 중앙정보부에서 간첩 색출을 위해 공작비, 활동비, 수사비 등이 모두 지급됐는데 간첩 검거 공작(A급 공작)의 실적을 내기 위해 때로는 억지로 간첩을 만들기도 했다. 만약 그때 북한군이 왔다는 첩보가 있었다면 완전 A급 공작인데 그것을 그냥 넘어갈 대공 형사가 어디 있겠냐면서 허위 주장이라고 일축한다.

당시 시민들이 앞장서서 간첩으로 의심되는 사람들을 붙잡아 경찰서로 데려왔다. 22일 오후 6시경 시위대 차가 나주경찰서 앞에 정차하면서 '간첩을 잡았으니 인계 받으라'고 해서 40대 후반 여성 한 명을 정보3계장인 나○○에게 데려온 적이 있었다. 조사를 해보니 김일성 운운하며 횡설수설했지만 대공 혐의점을 발견하지 못해서 석방했다.(염○○ 나주경찰서 보안과) 그런가 하면 정보를 수집하던 경찰이 간첩으로 붙잡히기도 했다. 24일 오후 3시 40분, 농성동에서 그런 일이 벌어졌다. 농성동 주민들이 서부경찰서 소속 경장 강○○을 간첩이라고 오인하여 붙잡아 집까지 가서 신분증을 확인 후 풀어준 일이 있었다.(광주서부경찰서 상황일지) 1985년에 국가안전기획부가 작성한 「광주사태 상황일지 및 피해현황」에도 시민군의 활동이 시간대별로 상세하게 기재돼 있지만 북한군 관련 내용은 찾아볼 수 없다.

이와 같이 22일부터 27일 사이에 경찰의 활동은 주로 보안사에서 파견된 홍성률 대령의 지휘 아래 광주시내 23개 정보센터를 거점으로 시민군과 시민들의 여론 동향에 대한 첩보수집 및 보고를 하거나, 27일 새벽 계엄군의 도청 재진입작전을 위해 길 안내하는 역할을 한 것으로 요약된다. 안병하 국장은 합동수사본부에 압송되어 조사 받을 때 그 기간에 자신이 경찰을 지휘했던 사항을 다음과 같이 진술했다. "사복으로 경찰서에 출근하여 (경찰)국에서 하명하는 폭도들의 동향, 주동자에 대한 채증, 계엄사에서 지시되는 각종 업무 등을 최소한으로 수행했다."[169]

"경찰이 무장을 하고 도청을 접수하시오"

5월 25일 오후 5시 30분경 안병하 국장은 이재웅 도경 항공대장이 운전하는 헬기를 타고 전교사에 최규하 대통령이 왔을 때 장형태 도지사와 함께 자리에 참석했다. 대통령의 광주방문은 전두환 보안사령관이 요청해서 이뤄졌다. 도청 진압작전을 앞두고 계엄사가 최선을 다했다는 명분을 쌓기 위해서였다. 대통령을 수행한 사람들은 계엄사령관 이희성, 내무부장관, 보사부장관, 건설부장관 등이었고, 광주에서는 전교사령관 소준열 소장과 부사령관 김기석 소장, 전투발전부장 김순현 준장 등이 함께 자리를 했다. 소준열 전교사령관이 상황보고를 한 뒤 최 대통령이 도지사에게 어떻게 생각하느냐고 물었다. "(사태 기간이) 10일 가까워지니까 생필품이 궁색해지고 치안 공백 상태가 더 이상 지속되어서는 안 되겠으니 조속히 수복되어야겠지만 이 이상은 희생이 없어야 되겠습니다"라고 답변했다. '공수부대의 과격한 진압이 사태 악화의 원인'이라는 말은 꺼낼 분위기가 아니었다. 그러자 이희성 계엄사령관이 화를 내며 "그럼 계엄군이 들어가란 말이냐, 들어가지 말란 말이냐"고 윽박질렀다. "도지사로서 그 이상의 말을 제가 어떻게 합니까? 군이 들어가고 안하고는 군 작전상의 문제 아닌가요?"라고 대꾸했다. 대통령이 "이 장군, 이 장군"하면서 만류했다. 계엄사령관은 대통령 맞은편에 앉아 있던 소준열 전교사령관을 향해 "소 장군, 도지사가 들어

가라 거든 들어가"라고 소리쳤다. 그야말로 대통령은 안중에도 없는 무례한 태도였다.[170] 이희성 계엄사령관은 대통령 면전에서 안병하 국장에게도 면박을 주었다. 안병하 국장이 훗날 아들 안호재에게 들려준 당시 상황은 "최규하 대통령이 연단에 섰는데 밑에 앉아 있던 하급 장군들이 다리를 꼬고 담배들을 피우고 있었다. 그 모습을 보고 군부의 쿠데타라는 것을 느꼈다"고 한다. 다음은 당시 대통령과의 간담회가 끝난 직후 도지사와 안병하 국장을 전교사에서 광주비행장으로 헬기로 이동시킬 때 이재웅 도경 항공대장이 들었던 이야기를 재구성한 증언이다.

> (이희성 계엄사령관) 경찰이 무장을 하고 도청을 접수하시오.
> (안병하 국장) 경찰은 시민군의 형제, 가족도 있을 테고 이웃도 있는데 경찰이 어떻게 시민들에게 무기를 사용하면서 진압할 수 있겠습니까. 그렇게 하기는 어려울 것 같습니다.
> (이희성 계엄사령관) 아니, 저런 사람이 전남 치안을 맡고 있는 경찰국장이요?[171]

이희성 계엄사령관은 육사 8기로 안병하 국장과 동기인 데다 가족 간에도 서로 친분이 있는 사이였다. 안 국장이 경기도경찰국장 시절 함께 찍은 사진도 있다. 그는 안병하와 달리 5·16 군사쿠데타에 동참했다. 1979년 10·26 사건으로 중앙정보부장직이 공석이 되자 현역 육군 중장으로 중앙정보부장 서리에 임명됐고, 뒤이은 12·12 군사반란 직후 전두환 신군부에 의해 육군참모총장으로 추대됐던 인물이다.

안병하 국장은 이때 대통령 앞에서 계엄사령관 이희성의 강한 지시, 즉 경찰이 총을 들고 앞장서서 전남도청을 진압하라는 압박을 조용하지만 단호하게 거부했다. 만약 이때 경찰이 시민을 향해 총을 겨누고 발포했다면 광주의 역사는 '피의 학살극'으로 기록됐을 것이다. 경찰에게는 '학살자'라는 오명이 영원히 따라다니게 되었을 것이다. 안 국장은 신군부의 부당한 명령을 거부함으로써 광주시민의 목숨을 살렸고, 경찰의 명예를 지켰다.

7. 보안사, 고문과 직위해제(5월 26일~6월 13일)

5월 26일 운명의 날이 밝았다. 이 날은 열흘간에 걸친 치열했던 항쟁의 마지막 날이었다. 신군부 수뇌부가 27일 새벽 0시 이후 '상무충정작전', 즉 유혈소탕작전 감행을 결정한 상태였다. 계엄군 진입이 임박했다는 분위기가 광주를 무겁게 짓누르고 있었다.

26일 오후 1시 안병하 국장은 광주비행장 도경항공대 임시 막사에서 치안본부 요원 2명에 의해 서울로 압송됐다. 진압작전 개시 11시간 전이었다. 안 국장의 경질은 이미 어느 정도 예견됐었다. 5월 22일 전남북계엄분소장이자 전교사령관이던 윤흥정 중장이 갑자기 소준열 소장으로 교체 되면서 안 국장의 거취도 시간문제로 보였다. 윤 사령관 역시 공수부대의 유혈 강경 진압에 내심 반발하여 공수부대 지휘관들에게 자제하라고 여러 차례 촉구했었다. 공수부대 현지 지휘관들은 윤 사령관에 대한 불만이 컸다. 신군부 지휘부는 그를 '체신부장관 영입' 명분으로 전남북계엄분소장 자리에서 빼내버리고 시키는 대로 자신들의 말을 잘 들을 사람을 내려 보낸 것이다.

안병하 국장 역시 미리 무기소산을 지시함으로써 사실상 신군부가 경찰에게 암묵적으로 요구했던 발포지시를 거부한 것이나 다름없었다. 계엄사가 여러 차례 노골적인 '강경진압'을 요구하는 데도 시위진압의 원칙에 따라 '시민이 적이 아닌데 어떻게 발포를 할 수 있느냐'면서 경찰의 '시민 보호 임무'를 견지했다. 그러자 배후에서 실질적으로 강경진압을 주도하던 보안사의 감시가 노골화됐다.

윤흥정 전교사령관은 안병하 국장과 육사 8기 동기였다. 둘의 공통점은 어떤 경우에도 정치적 성향을 드러내지 않았다는 점이다. 육사 8기 동기생들 가운데 상당수가 5·16 쿠데타에 참여하여 정치적으로 출세가도를 달렸지만 윤흥정은 묵묵히 군인의 길만 걸었던 지휘관이다. 안병하 역시 경찰의 본분에만 충실했던 인물이다. 정권욕이 강했던 신군부는 '하나회'라는 사조직을 만들어 군의 주요 보직을 장악하면서 세력을 키워왔었고, 급기야 그들이 5·17 비상계엄 확대를 계기로 민주화를 요구하는 광주시민들을 향해 유혈진압을 주도했던 것이다.

합수부, '직무유기 혐의 연행'

26일 오전 도경찰국 경리계장이 안병하 국장을 옆에서 수행했다. 점심식사 때 평소와 달리 밥을 한 그릇 더 가지고 오라고 지시하면서 안 국장은 그에게 말했다. "이게 마지막 식사가 될 것 같다. 내가 서울로 떠나가는 것을 직원들에게 이야기하지 말라. 잘못하면 불상사가 일어날 수 있다." 그래서였는지 안 국장이 서울로 압송되었을 때 이 사실을 알고 있는 경찰관은 거의 없었다. 마치 임진왜란 때 이순신 장군이 적군의 화살에 맞아 전사할 때 "내 죽음을 알리지 말라"는 마지막 당부와 같이 비장한 느낌이 묻어나오는 말이다.

26일 오후 1시, 치안본부 경찰 쎄스나 항공기가 광주공항에 도착했다. 신임 도경국장 송동섭 경무관이 내렸다.[172] 안병하 국장은 곧바로 그 쎄스나를 타고 치안본부 1부장과 공보주임 등 두 명의 호송을 받으며 치안본부로 향했다. 이때 안병하 국장의 비서였던 권문오 부속주임이 함께 따라갔다. 당시 광주비행장 경찰항공대 CP에는 직원 50여 명이 있었으나 안 국장의 연행 사실을 거의 몰랐다. 때문에 서로 이임 인사도 나누지 못한 채 떠났다. 서울에 도착한 안 국장은 김종환 내무부장관과 손달용 치안본부장에게 인사를 마친 후 치안본부 별관 정보과장실에 잠깐 들렀다. 권문오 부속주임은 정보2계장실에 남아서 약 2시간 정도 광주상황에 대한 이야기를 하고 있었는데 안 국장이 나타나지 않았다. 그 사이에 보안사 요원이 동빙고 분실에 위치한 합동수사본부로 강제 연행해갔던 것이다.[173] 당시 그의 나이 52세였고, 치안감 승진을 목전에 두고 있었다.

5월 28일 자 신문에는 '안 전 전남도경국장 직무유기혐의 연행'이라는 기사가 실렸다. 계엄사령부가 27일 안병하 경무관을 연행 조사 중인데, 21일 광주시 밖으로 물러나오면서 경찰병력을 제대로 지휘하지 못한 것 때문이라고 보도했다.[174] 미 국무성에도 안 국장의 연행 사실이 보고되었다. '5월 27일 16:00 현재 상황보고'라는 3급 비밀전문은 주한미대사가 서울에서 미국무부장관에게 보낸 긴급 정보사항들을 담고 있다. 여기에 '상황이 통제 불능에 빠질 때까지 방치했다는 이유로 전라남도 경찰국장이 조사를 받고 있다는 보

도도 있었음'이라고 기재되어 있다.[175]

국보위, 총경급 간부 9명 징계 지시

합동수사본부는 8일간의 조사를 마치고 6월 2일 안 국장에게 사표 수리를 조건으로 치안본부로 이송했다. 그 후 6월 13일까지 다시 치안본부에서 대기했다. 이 기간 동안 치안본부는 안 국장에게 직접 사표제출을 요구하기 곤란하자 권문오 부속주임을 시켜 사표를 제출토록 강요했다. 안 국장의 3남이자 부친 명예회복을 위해 발 벗고 나선 안호재는 당시 상황을 이렇게 말한다.

"치안본부는 아버지가 보안사에 끌려간 사실을 알고도 우리 가족에게 숨겼어요. 그때 치안본부 간부들은 안병하 국장을 멀리했습니다. 공직자로서 경찰의 본분을 다한 안병하 국장을 외면했어요. 신군부는 광주에서 계엄군이 저지른 모든 잘못을 경찰에다 떠넘겼는데, 그것을 막아주어야 할 치안본부마저 안병하 국장을 희생양으로 삼았던 것이죠."

안병하 국장(직위해제, 사직)을 비롯 이준규 목포경찰서장(파면), 안수택 도경 작전과장 등 전남도경 소속 총경급 간부 11명(의원면직)[176]이 한 달 뒤인 1980년 7월 16일 경찰복을 벗었다.[177] 강제해직된 것이다. 일반직원 64명도 감봉(16), 견책(5), 계고(31), 전배(12) 등의 징계를 받았다. 모두 75명이 처벌됐다.[178]

이준규 목포경찰서장(53세)은 목포 현지 시위상황을 관리하는 과정에서 외곽저지선 보호 및 자위권행사 소홀 등 혐의로 계엄사에서 구속, 파면시켰다.[179] 전두환 보안사령관이 1980년 5월 30일 자로 친필 서명한 '직무유기경찰관보고'라는 보안사 내부 문건에는 이준규 목포서장에 대해서 다음과 같이 직무유기사항이 적혀 있다.

총경 이준규(53세, 80.1.28 보직)

○ 상기명은 80.5.21. 11:00 폭도들의 목포시 진입을 막기 위한 지역대책회의에서 외곽 저지선을 보호키로 합의했으나 석현검문소에 사복 경찰관 3명만을 배치하고 폭도 통과사항만 보고 후 도피토록 지시한 바 있으며,

○ 동일 19:00 폭도들의 상태가 심각해지자 본서 요원 60명을 대동 경찰경비정 편으로 목포에서 4킬로미터 이격된 고하도로 피신하였다가 5.23. 10:00경에야 복귀하였고,

○ 5.27. 13:20경 전남 신임 도경국장 경무관 송동섭이 부임 초도순시 차 목포서를 방문 목포서장에게 학생소요사태 악화 시 자위권행사 여부를 문의하자 답변치 못하여 힐책받은 바 있으며,

○ 80.5.28. 06:00경 31사단 93연대장이 목포역 청사에 폭도들이 부착한 프랑카드를 철거토록 지시한바 있으나 사후 보복을 우려 군부대에서 철거토록 기피하는 등 직무유기.

○ 조치 건의: 계엄사에서 구속 조사.[180]

이준규 목포서장, '잘못 없다' 의연하게 버텨

안병하 국장은 8년간 투병 생활 중 1980년도에 딱 한번 광주에 갔다. 이준규 목포서장이 광주 합동수사단에서 수사를 받을 때였다. 이때 안 국장은 이준규 서장에게 "무조건 사표를 쓰고 목숨을 부지하라"고 설득했다. 그러나 이준규 서장은 "아무 잘못이 없어 사표를 쓰지 못하겠다"고 했다. 목포시민들은 이 서장 석방을 위해 탄원서를 제출했다. 이준규 서장은 계엄포고령 위반으로 구속돼 3개월간 고문을 당하고 군사재판에 넘겨져 선고유예로 풀려났지만 끝내 고문 후유증으로 84년도에 세상을 떠났다.[181]

1980년 6월 19일 국가보위비상대책위원회(상임위원장 전두환)는 치안본부에 '광주사태와 관련된 문책대상 경찰관 조치' 방침을 하달했다. "전남도경국장 안병하 등 주요 직위자는 합동수사본부에서 직접 수사하고, "직무유기 및 사태 진압 회피 경찰관 68명은 경찰 자체 처리하라"는 내용이었다.[182] 이에 앞서 6월 5일부터 11일까지 7일간 국보위는 광주사태 조사단(단장 이광로 소장) 13명을 광주에 내려 보냈었다.[183]

조사단은 전남지역 모든 경찰에 대한 '무기해제 명령은 잘못된 것'이었다고 지적했다. 구체적으로는 첫째, 비상계엄 전국확대 조치 이전인 5월 15일에 안병하 경찰국장 지시에 따라 경찰의 최 일선 조직인 지서나 파출소에 보관 중인 모든 무기를 시와 군의 경찰서로 옮겨서 집중관리한 점, 둘째, 5월 21일 도청에서 퇴각하면서 경찰의 모든 무기를 매몰 또는 은닉하도록 지시한 점, 셋째, 그 결과 5월 21일부터 27일 오전 도청을 다시 군이 장악할 때까지 전남 경찰이 완전 비무장 상태였다는 점 등을 제시했다.[184] 초기에 시위진압 실패 원인을 공수부대의 강경진압이 아닌 경찰 책임으로 돌렸다. 5월 21일 시위대가 무기를 가져오기 위해 광주에서 시외로 빠져나갈 때 전남도경과 예하 경찰관서의 차단지시 등 조치사항이 제대로 이행되었는지도 집중 조사했다. 경찰서와 예비군 무기고의 총기를 빼앗긴 경위 등에 초점을 맞춰 경찰의 작전 실패를 강조했던 것이다.

업무 집행 절차상 하자 발견 못해

반면 국보위 조사단은 군의 진압 작전 실패, 군끼리 오인사격으로 인한 피해 등 군의 잘못에 대해서는 책임을 추궁하지 않았다. 특히 군 작전통제와 관련 "5.21. 08:10 20사단 지휘부차량 14대 피탈, 5.24. 09:50 31사단 병력에 대한 기갑학교 병력의 오인사격으로 군인 3명 사망, 같은 날 오후 14:00 11공수여단 이동시 보병학교 병력과 오인사격으로 군인 8명 사망" 등 군인끼리 지휘체계가 서로 달라서 벌어진 이와 같은 치명적인 사고에 대해서는 지휘 책임을 물어 누구도 처벌하지 않았다.[185] 오히려 소극적인 작전수행, 외곽도로 봉쇄조치 미흡, 작전통제 미흡 등 전남북계엄분소의 문제점만 크게 지적했다.

당시 시위 진압할 때 경찰이 무장하지 않거나 무기를 소산시킨 것은 치안본부의 방침에 따른 것이었다. 안병하 국장은 이런 조치를 취할 때 독단적으로 하지 않았다. 하나하나를 치안본부와 전남북계엄분소에 보고하고 승인을 받아서 진행했다. 업무 집행에 따른 절차상의 하자가 전혀 없었다. 그러자 합동수사본부는 안병하 개인 비리에 초점을 맞춰 조사했다. 먼저 '부정축재'한 사실이 있는지를 샅샅이 조사했다. 그와 관련된 사실을 발견하지 못했다. '직무상 비리'가 있었는지도 조사했다. 역시 아무것도 나오지 않았다. 마지막으로 '직무유기' 여부를 조사했다. 이와 관련된 혐의도 딱히 발견할 수 없었다. 전남합수단이 작성한 「전남도경국장 직무유기 피의 사건」(1980)에는 '전남도경국장 안병하(52세)의 직무유기 여부를 조사했으나 동 피의 사실을 발견할 수 없어 치안본부에 이첩, 지휘책임을 물어 면직시킨 사건'이라고 기재돼 있다.[186]

앞에서도 이미 언급했지만 당시 안병하 국장은 '5.21. 11:40 CAC(전교사) 사령관을 만나기 위해 경찰헬기를 타고 도청을 떠나 12:50경 다시 도청으로 복귀'했다.[187] 그 시각 헬기에서 안병하 국장이 내리는 모습을 목격한 사람도 있었다.[188] 당시 합동수사본부는 1주일간이나 잠을 재우지 않는 방식으로 고문을 하면서 온갖 조사를 다 했지만 안병하 국장의 행적에서 어느 부분 하나 꼬투리를 잡을 수 없었다. 그런 배경 때문에 합동수사본부는 안 국장을 구속 혹은

파면시킬 수 없었고, 치안본부을 압박하여 스스로 사표를 내도록 강요했던 것이다.[189]

그런데 『전두환 회고록』은 "소요가 걷잡을 수 없이 악화되고 있는데 시위진압을 지휘해야 할 전남경찰국장이 자리를 지키고 있지 않았다. 점심을 먹는다며 경찰국 청사를 떠난 안병하 전남경찰국장이 연락두절 상태가 됐다"고 거짓 주장을 하고 있는 것이다.[190]

안병하 국장은 자신을 믿고 따라준 부하들을 끝까지 지켰다. 안 국장의 아들 안호재에 따르면 "아버님은 혹독한 고문을 받으면서도 '부하들에게 책임을 묻지 않겠다'는 조건으로 사표를 제출했다"는 것이다.

경찰 부상자 144명 파악, 피해보상 소홀

2005년 경찰이 파악한 바에 따르면 5·18 당시 공식적으로 피해를 입은 경찰관은 순직 4명, 공상 9명에 불과했다. 그러나 1980년 5월 27일 계엄사가 파악한 경찰 피해 인원은 사망 4, 중상 21, 경상 40 등 총 65명이다.[191] 군 기무사 기록에는 경찰 부상자가 144명에 이른 것으로 알려졌다.[192] 사망한 4명의 경우 순직으로 인정받기 위해 동료 경찰들이 나서서 유족 명의로 치안본부에 진정을 했으나 반려됐다.[193] 치안본부는 "경찰관 신분으로 의무적으로 해야 할 일을 하다가 사망했기 때문에 순직 처리가 안 된다"고 반려 사유를 밝혔다. 납득하기 어려운 조치였다. 하지만 우여곡절 끝에 마침내 순직이 인정되어 현재는 서울 동작동 국립현충원에 당시 그들의 상사였던 안병하 치안감과 함께 안장돼 있다.

당시 공무 중 부상으로 인정받지 못한 140여 명의 경찰 부상자들의 경우 치료조차 제대로 받았는지 의문이다. 공무를 수행하다 다쳤지만 누구도 관심을 갖지 않았다. 경찰 당국도 여기에 관해서 제대로 파악한 적이 없었다. 5월 27일 아침 '공무원들은 출근하라'는 방송을 듣고 서둘러 나선 출근길에 누군가 쏜 총탄이 우측하복부를 관통하여 평생 틀어진 다리로 균형 잡히지 않은 채 고통 속에서 살아가고 있는 경찰도 있지만 이들에 대한 치료나 보상 역시 제대로 이루어지지 않았다.[194]

2부

대한민국 '경찰영웅'이 되다

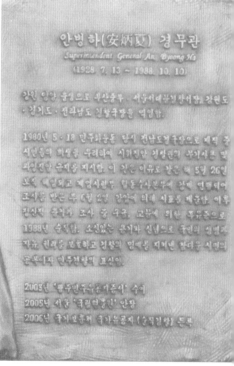

안병하(安炳夏) 경무관
Superintendent General An, Byong Ha
(1928. 7. 13 ~ 1988. 10. 10)

강원 양양 출신으로 부산후부 · 서울서대문경찰서장 및 강원도
· 경기도 · 전라남도 경찰국장을 역임함.

1980년 5 · 18 민주화운동 당시 전남도경국장으로 폭력 죽
은 시민들의 희생을 우려하여 시위진압 경찰관의 무기사용 발
포명령을 끝까지 거부하였음. 이 같은 이유로 받은 해 5월 26일
로 대기대고 해임사령. 무장수사본부에 끌려 연행되어
조사를 받은 두 (후) 육군 강압에 의해 시달을 해고한 이후
건강이 악화되 조사 중 무고, 고문에 의한 후유증으로
1988년 숙음. 소신있는 용기와 신념으로 국민의 인권과
자유 권리를 보호하고 경찰의 민주화를 지켜낸 참다운 시대의
공복이자 민주경찰의 표상임.

2003년 '민주화운동기념사업' 수여
2005년 서울 '국립현충원' 안장
2006년 국가인권위 국가유공자 (순직경찰) 등부

1. 투병생활

안병하는 치안본부에서 집으로 돌아온 바로 그날부터 고문 후유증으로 투병 생활을 시작했다. 가슴이 결리고 아파 몸을 제대로 가누지 못했다. 평소 병원 한번 가지 않았을 만큼 건강하던 모습은 사라지고 살이 쑥 빠진 채 초췌한 모습이었다. 안 국장은 합동수사본부에서 겪은 일을 가족들에게 전혀 이야기하지 않았다. 합수부에서 나온 남편에 대해 미망인 전임순 여사는 이렇게 기억한다.

"국장님께서는 '죽고 싶다'는 말씀만 되풀이하셨어요. '죽고 싶다'고…제가 그 소리를 들을 때마다 얼마나 억울하셨으면 이렇게 할 말을 잃었겠나 싶어 가슴이 미어지는 듯했어요."

그녀가 이 질문에 말문을 여는 데는 한참의 시간을 기다려야 했다. 깊이 저장된 기억의 창고에서 자신의 일생에서 가장 고통스러

윘던 순간을 꺼내야 한다는 게 무척 힘겨워 보였다. 이 말을 하는 동안 그녀의 표정은 마치 주술에 걸린 사람처럼 느껴졌다. 자신과는 전혀 상관없는 다른 사람에 대한 이야기를 하는 듯했다. 일부러 그런 식으로 자신이 겪어야 했던 고통을 외면하려는 게 아닌가 싶었다. 너무나 크게 변해버린 남편의 모습에 당혹스러웠고, 분노했다. 시간이 지나자 고통스러워졌고, 마침내 고통은 절망으로 변해 있었다. 지금은 오랜 절망에 익숙해져 버린 탓인지 언뜻 보면 무덤덤하기조차 하다.

아들 안호재는 당시 20세 청년이었다. "지금 생각하면 생전에 아버지께서 그 당시 '고문당했다'는 말을 하지 않았던 이유는 수치심과 협박 때문이 아니었을까 짐작됩니다. 육사 8기 동기생인 이희성 계엄사령관과 3기나 아래 기수인 전두환 등에게 수모를 당했다는 점이 참기 힘들만큼 치욕스러웠을 것입니다. 또 다른 이유는 신군부가 아버지를 믿고 따랐던 전남도경 소속 경찰 참모들의 신상문제를 가지고 협박했을 것이라고 짐작됩니다."

"죽고 싶다"는 말만 주술처럼 반복

합동수사본부는 거칠었다. 안병하 국장은 합수부에서 풀려 난지 오랜 시간이 지난 뒤에야 겨우 "전깃불을 이마에 비추며 잠을 재우지 않는 방법으로 고문을 당했다"고 말했다. 약 8일간 강도 높은 조사를 받았다. 육체적 고통도 고통이지만 그가 정말 참기 힘들었던 것은 '치욕'이었을 것이다. 신군부를 주도한 자들은 육군사관학교 후배들이었다. 그들에게 당한 수모는 차마 입에 담을 수 없었다. 너무 깊은 정신적 상처를 남겼기 때문이다. 트라우마는 건강했던 그의 육신을 피폐하게 만들어버렸다. 그때 겪은 자괴감은 그의 내면에 너무나도 깊은 트라우마를 남겼던 것이다.

트라우마, 즉 '외상후스트레스장애(PTSD)' 연구 분야에서 세계 최고의 권위자로 알려진 미국의 베셀 반 데어 콜크 박사에 따르면 트라우마는 갑작스런 사고나 극심한 고문을 겪은 사람들이 체험하는 증상으로 "말로 표현할 수 없는 공포"가 "말문을 막히게 한다."[195] 사람들은 극단적인 상황에 놓이게 되면 공포에 사로잡혀 울부짖거나 아예 굳어 버리는 정지 상태가 된다. 사람을 이해력의 한계로 몰고 가서 언어 표현을 차단해버리는 것이 트라우마의 본질이다. 콜크 박사는 트라우마를 겪는 사람의 뇌 영상을 촬영해 보면 뇌 속에서 격렬한 변화와 반응이 발견된다고 한다. 가장 큰 반응은 인간의 말하기를 담당하는 좌뇌 전두옆 피질 중 '브로카' 영역이 밝은 점으로 나타나면서 활성이 크게 감소한다. 뇌졸중 환자들과 비슷한 증상이다. 뇌혈관이 막혀 이 '브로카' 부위에 혈액 공급이 차단되면서 결국 말을 할 수 없게 된다. 즉 트라우마는 뇌졸중과 같이 인간의 뇌 속에서 브로카 영역이 기능하지 못하게 만들어 생각과 기분을 논리적인 말로 표현할 수 없게 만들며 우뇌를 비정상적으로 활성화시킨다. 오른쪽에 있는 우뇌는 인간의 직관, 감정, 시각, 공간, 감각을 담당한다. 또한 트라우마는 과도하게 흥분 상태에 빠지게 한다. 이런 감정적인 흥분 상태는 트라우마를 겪으면서 경험한 이미지들이 악몽처럼 되살아나서 우뇌를 자극하기 때문이다. 이미지를 인지하는 기능은 인간의 뇌에서 뒤쪽에 있는 '시각 피질 영역'(전문용어로는 '브로드만 영역 19'라고 부른다. 뇌에 외부에서 이미지가 처음 들어오는 순간 그 이미지를 인지하는 영역이다)이 담당한다. 정상인의 경우 가공되지 않은 이미지를 이곳에서 신속하게 뇌의 다른 부분으로 보내서 방금 눈으로 본 내용이 무슨 의미인지 해석한다. 그러나 트라우마를 가지고 있는 사람은 비슷한 감각을 접하면 과거가 재현되어 그때 일이 생생하게 되살아난다. 눈에 비치는 이미지가 기억의 창고에 저장돼 있던 과거 트라우마 상황의 이미지를 자극하기 때문이다.

심각한 문제는 그 다음부터다. 트라우마가 만들어낸 과거의 이미지가 우뇌의 감각을 자극하면서 우리 몸에서는 '아드레날린'이 증가한다. 아드레날린은 위험에 직면했을 때 맞서 싸우거나 도망가도록 도와주는 스트레스 호르몬의 하나다. 아드레날린 호르몬의 증가는 심장 박동수와 혈압을 급격하게 높인다. 트라우마가 심할 경우 급격하게 증가한 스트레스 호르몬은 신체의 장기 가운데 취약한 부분을 과도하게 자극함으로써 손상시킨다. 트라우마 증상이 단순히 정신적 고통에만 머물지 않고 합병증으로 전이되는 것은 바로 이런 이유 때문이다.

안병하 국장은 합수부에서 조사를 받는 동안 '전기 불빛에 노출된 채 잠을 재우지 않는 고문'을 겪었다. 잠을 못 자면 뇌의 뒷부분에 위치한 '시각피질 영역'을 지속적으로 자극함으로써 과도한 아드레날린 증가로 이어지게 된다. 신경화학적, 생리학적 혼란 상태가 반복되면서 안병하 국장은 말을 잃었고, 단지 '죽고 싶다'는 한마디만 주술처럼 반복적으로 되뇌었다.

트라우마가 일으킨 합병증

안병하 국장은 치안본부에서 6월 13일에야 집으로 돌아왔다. 그날 오후 2시경 곧바로 병원부터 찾았다. 서울 동작구 신대방동 ○○침구한방의원에서 3개월간 침뜸 치료를 받았지만 차도가 없이 몸 상태가 더욱 나빠졌다. 집에서는 워낙 말이 없어서 '우울증'으로만 알았다. 그러나 그해 9월 서울 종로구 교북동 ○○의원에서 진찰 결과 만성담낭염(당뇨, 고혈압, 신장병)으로 합병증세가 나타났다. 그곳에서 1981년, 1983~1986년 사이에도 수시로 통원치료를 받았다.

1980년 12월 안 국장은 아내와 함께 친척의 도움으로 독일과 미국 여행을 떠났다. 1960년대 광부로 독일에 갔던 처남이 그곳에서 병원 사무직원으로 근무했다. 처남의 도움으로 독일 병원에서 검진 결과 신체 여러 기관이 상당히 좋지 않다는 진단서를 받았다. 독일에서 겨울 1달 체류한 뒤 미국 LA로 건너가 3개월을 더 머물렀다.

그의 동생 2명과 누님이 미국에서 살고 있었다. 4개월간 독일과 미국을 여행하면서 친척들의 위로 등으로 1981년 4월 초 귀국할 무렵 우울증 증세가 상당 정도 호전됐다. 하지만 한국에 돌아오자 그의 병세는 다시 도졌다.

5공화국 전두환 정권이 그에게는 트라우마의 악몽을 수시로 떠올리게 하는 환경이었을 것이다. 보통 정상적인 사람은 어떤 일과 관련된 신체 감각이나 감정, 이미지, 냄새, 소리가 재현되지 않는다. 그러나 트라우마를 겪은 사람은 뇌 속에 그 일에 관한 기억이 선명하게 시각 이미지로 저장돼 있기 때문에 조금만 자극이 있어도 그 일을 전부 떠올리면서 뇌 속에서 다시 '경험'한다. 일종의 환각에 시달리는 것이다.

투병을 하는 동안 그는 외부 사람들을 거의 만나지 않았다. 일부러 그를 찾아오는 사람도 드물었다. 자신이 알고 지내던 사람들은 대부분 공직자였다. 서슬 퍼런 전두환 정권의 감시 아래서 그를 만난다는 것 자체가 위험할 뿐 아니라 용기가 필요했다. 그런 중에도 간혹 그를 찾아오는 사람들은 전남에서 경찰국장 시절 함께 피해를 입은 참모들이었다. 강제 해직된 안수택 전 전남도경 작전과장은 안 국장이 병원에 다닐 때 만나 몇 차례 식사를 했다. 밥을 먹으면서도 두 사람 사이에는 거의 말이 없었다. 안수택이 "무슨 일로 병원에 다니냐"고 물으면 그는 짤막하게 "전두환 병 때문"이라고만 대답했다. 그런 이야기를 할수록 가슴 아픈 기억만 떠올리는 것 같아서 더 이상 묻지 않았다고 한다.

그 무렵 고향 강원도 양양에 자주 내려갔다. 고향에 가면 어린 시절 친구들과 어울렸다. 건강 상태 때문에 혼자 갈 수 없어서 주로 셋째 아들 안호재가 동행했다. 친구들과 만나 남대천에서 낚시나 투망질해서 잡은 물고기로 매운탕을 끓여 먹곤 했다. 그럴 때면 모처럼 평온한 시간을 보낼 수 있었다. 고향은 극심한 트라우마에 시달리던 그에게 안식을 제공했다. 하지만 오래 머물 수는 없었다. 병원에서 정기적으로 혈액 투석을 했기 때문에 기껏해야 하루나 이틀 정도 머물다가 서울로 돌아오곤 했다.

정승화 전 계엄사령관과의 만남

1983년 여름, 정승화 전 계엄사령관이 불쑥 강원도 양양으로 찾아왔다. 그날 아내 전임순도 안병하 국장과 함께 양양에 갔다. 정승화 역시 부인과 손자를 데리고 왔다. 둘은 서울 광신상고 동문으로 안병하 국장이 정승화의 1년 후배였다. 고등학교 동문이다 보니 오랜 동안 양쪽 부부가 잘 알고 지내는 사이였다. 둘 다 전두환에게 직접 당했던 사람들이었다. 정승화는 12·12 때 체포돼 6개월간 감옥에 있다 풀려났고, 안병하는 5·18 때 고초를 겪었다. 이날 그의 아내는 점심을 준비해서 손님을 대접했다. 식사 도중 두 사람이 나누는 대화를 귀 기울여 들었다. 혹시 남편이 정승화 씨에게는 합동수사본부에서 겪었던 상황에 대해 이야기를 하지 않을까 내심 기대했지만 남편은 일언반구도 하지 않았다. 다만 정승화 씨가 허탈하게 웃으며 했던 말이 기억에 남는다고 한다.

"정승화 사령관께서 '허허' 웃으시더니 '나는 다 차려준 밥상을 받아먹지도 못하고 말았다'고 말했어요."

당시 전두환 보안사령관을 자기 휘하에 두고 있었는데도 불구하고 전두환이 선수를 치는 바람에 그에게 당했다는 의미다. 정승화는 1979년 당시 육군참모총장 겸 계엄사령관이었다. 그해 12·12 군사반란이 일어나자 전두환의 지시에 따라 허삼수 보안사 인사처장에 의해 불법 연행되었다. 박정희 대통령이 중앙정보부장 김재규에게 시해됐을 때 정승화가 곁에 있었는데 김재규와 공모혐의가 의심된다면서 수사를 해야겠다는 명분을 내세워 전두환이 정승화를 전격 체포했던 것이다. 정승화는 전두환에 의해 이등병으로 강등되었고, 군사법정에서 내란방조미수죄로 징역 7년형을 선고 받았다. 그러나 이 사건의 실제 내막은 달랐다. 10·26 직후 전두환의 안하무인격인 행보를 통제하기 위해 정승화 참모총장이 그를 동해안경비사령관으로 보내려고 했다. 이를 눈치 챈 전두환이 미리 선수를 친 것이다.

전두환은 1979년 12월 12일 밤 노태우 등 소위 '하나회'를 중심으로 한 신군부 핵심 장성들과 함께 불법적으로 군대를 동원하여 정식 지휘계통을 마비시키고 국방부와 육군본부를 점령했다. 전두환은 정승화 사령관을 제거함으로써 이날 밤 사실상 군 지휘권을 장악했다. 그 후 군을 이용하여 5·17 비상계엄을 전국으로 확대함으로써 정치권력 장악을 시도했던 것이다. 정승화는 구속된 지 6개월 만인 1980년 6월 10일 형집행정지로 감옥에서 석방됐다.[196]

안부 묻는 사찰기관 전화에 시달려

시간이 갈수록 안병하 국장의 건강은 나빠졌다. 잠시 과거사를 잊을 만하면 사찰기관에서 "요즘 잘 계시느냐"고 간간이 안부를 묻는 협박성 전화가 심심찮게 걸려왔다. 그럴 때마다 안 국장의 신체는 민감하게 반응했다. 그의 트라우마는 뇌의 뒷부분 시각피질을 자극하여 과거 이미지가 우뇌의 감정 영역을 과도하게 활성화시켰다. 신경이 극도로 예민해지면서 모든 신체 장기가 불편해졌다.

1984년 3월 12일부터 31일 사이에는 고혈압, 담낭염 및 만성신부전증 등 합병증으로 국립경찰병원에 입원했다. 그의 병세는 좀체 회복될 기미를 보이지 않고 시간이 흐를수록 깊어만 갔다. 1985년 5월 다시 미국 친척들의 도움으로 그곳에 가서 입원치료를 했으나 진전이 없자 그해 9월 1일 귀국한다. 귀국 후에도 1986년 11월 29일부터 12월 9일 사이에 국립의료원에서 만성신부전증, 당뇨성 신병증, 당뇨성 안질환, 고혈압으로 치료를 받았고, 그해 12월 9일부터 22일 사이에는 고려대 의과대 부속 구로병원으로 옮겨 만성신부전, 골이양증, 당뇨성 질환 등으로 혈액투석을 했다. 1987년 4월 서울 영동에 있는 내과의원에서 통원치료와 입원치료를 반복하며 혈액투석을 하다 1988년 10월 10일 새벽 2시경 급성심호흡 마비 증상으로 사망했다.

8년 동안 병원 생활만 하다 운명한 것이다. 2005년 경찰청 과거사진상규명위가 조사할 때 안병하의 사인에 대하여 전문분야 의사들은 각기 다음과 같은 소견을 제시했다.

"고문에 따라 후유증과 상기 병증 등이 밀접한 연관 관계를 가질 수 있다."(전남대병원 신장내과 김○○ 교수).

"만성신부전증의 가장 많은 원인은 당뇨병과 고혈압인데…제2형 당뇨병을 유발하는 환경인자로 외상, 수술, 임신 감염 등 물리적인 스트레스와 정신적 스트레스가 있으며…긴장이나 불안 등에 의해서 쉽게 혈압이 증가…건강하게 지내던 망인이 한 번도 경험하지 못한 심한 육체적, 정신적 스트레스로 인하여 고혈압과 당뇨의 발병을 유발하였을 개연성은 충분하다."(광주보훈병원 순환기내과 김○○ 진료1부장)

안병하가 괴로워했던 것은 병으로 인한 고통뿐만이 아니다. 광주를 떠올릴 때마다 피해를 입은 부하 경찰들에 대한 생각이 그를 더욱 괴롭게 했다. 가족들에 따르면 그는 생전에 여러 차례 경찰 피해자들에 대한 안타까움을 토로했다. 5·18 때 안병하 자신이 희생을 감수하면서까지 그토록 지키려했던 '경찰의 본분'은 '시민의 보호'였다. 사회의 안녕과 질서를 유지하는 것이 경찰의 본분이라 여겼다.

참모들 역시 자신의 뜻에 군말 없이 따라주었다. 신군부 집단의 무자비한 유혈진압 앞에서 전남경찰은 광주시민과 마찬가지로 계엄당국의 피해자였다. 경찰국장의 뜻에 따라 시민의 편에 섰다. 그 결과 5공 정권으로부터 '직무유기'로 낙인 찍혔고, 사망과 부상, 구속과 고문, 강제해직, 징계를 당했다. 만약 그때 안병하 국장이 신군부 입장에 동조하여 '상부의 명령'에 순응했다면 겪지 않았을 법한 어려움과 수모를 그들과 함께 감내할 수밖에 없었다.

"경찰관 후배들을 잘 챙겨 달라"

안병하는 자신과 함께 행동하다 강제해직 등의 피해를 입은 경찰관들에게 더할 수 없이 미안했다. 생애의 마지막 순간 작성한 그의 육필 비망록에는 이런 고마움과 미안함이 절절하게 묻어있다. 비망록의 맨 끝 부분에 해직당한 경찰 참모들의 이름을 한 명씩 또박또박 적었다. 국회 5·18 청문회에 증인으로 나서기 직전 작성한 비망록인 것으로 보아 청문회 석상에서 국민들 앞에 이런 소회를 털어놓을 생각이었던 것으로 보인다. 실제로 그의 이름은 청문회의 증인 명단에 올라 있었다. 하지만 그의 마지막 꿈은 이뤄지지 않았다. 만신창이가 된 몸과 경찰로서의 명예를 한 순간에 잃은 그는 5·18 당시 순직한 4명의 후배 경찰관마저 찾아갈 여력이 없었다. 아내와 자식들에게 "경찰관 후배들을 잘 챙겨 달라"는 부탁만 남겼다. 그는 청문회 직전인 1988년 10월 10일 갑자기 사망했다. 그보다 한 달 앞선 그해 9월 2일 자식의 투병생활을 고통스럽게 지켜보아야 했던 그의 어머니가 먼저 세상을 하직했다. 당시 《경우신보》에는 '광주의 봄은 돌아왔건만'이라는 제목으로 '고 안병하 경무관 영전에'라는 부제가 달린 추모사가 실렸다. 글을 쓴 사람은 《경우신보》 기자 이정남이었다.

제가 당신을 처음 뵙게 된 것은 70년 7월 20일 서대문경찰서장으로 부임했을 때…당신은 청렴결백과 대간첩 소탕의 일인자라는 소문이 한창…무슨 일이든 적극적이고 섬세하게 추진…군에서 경험을 토대로 정보·작전 분야에서 많은 활약을 하셨고, 대간첩작전 등 우리 경찰사에 많은 공을 세우셨습니다."

전남도민에게 감사

안병하는 광주시민에게도 고마워했다. 5·18 기간 중 계엄군과 극한 대치상황에서도 경찰을 끝까지 보호해준 것은 광주시민들이 었기 때문이다. 자신의 비망록에 '전남도민에게 감사'라는 제목으로 별도의 항목을 만들어 왜 감사한지를 구체적으로 밝혔다. "5.21일 도청 철수 전 도청 밖에 있던 기동대, 광주 중대가 시민군에게 포위된 바, 경찰임을 확인하고 충돌 없이 철수"할 수 있게 시민들이 협조해준 점, "5.21일 도청 안에 있던 경찰병력이 철수하는 과정에서 데모군중이 경찰임을 확인하고 아무 불상사가 없었으며, 오히려 사복을 가져와 입혀주는 등 보호해줌으로써 무사히 철수"할 수 있었다는 점, "5.24일 송정리 비행장에서 지휘 중 광주경찰서에 잠입한 바 광주경찰서 외곽에는 시민군 20~30명이 경찰서를 보호하기 위하여 경비"를 하고 있었으며, "경찰국장실 등 그대로 보존. 명패, 모자, 정복, 서류 등 거의 보존. 관사 그대로 유지"돼 있는 것도 지적했다. 또한 "일부 지·파출소가 파괴된 것 이외는 대체로 보존"된 점, "경찰 철수 후 경찰이 없는 상태에서 은행, 금은방 등 강력사건을 염려하였으나 강력사건이 거의 발생치 않았으며 시민군에 의해서 치안 유지"도 치안 책임자로서 광주시민에게 감사할 사항으로 꼽았다.

병세와 더불어 가세도 기울었다. 20여 년간 경찰로 봉직했지만 재산이라곤 서울 방배동에 집 한 채가 전부였다. 청렴한 그의 성격 때문에 다른 재산은 전혀 없었다. 치료비 때문에 오래지 않아 그 집마저 팔아 치워야 했다. 의사는 4천만 원만 있으면 신장이식 수술이 가능해 정상인으로 생활할 수 있다고 말했지만 그 돈을 마련할 길이 없었다. 그때까지 직접 돈을 벌어본 적이 없었던 아내 전임순 여사가 생활전선에 나섰다. 세를 얻어 식당을 차리고 직접 주방을 맡아 일했다. 경험 없이 시작한 장사는 오히려 큰 빚만 남겼다. 그의 사망 후 가족들은 단칸 셋방으로 옮겨야 했다.

2. 사망, 그리고 청문회

1987년 6월 시민항쟁이 성공했고, 전두환이 권좌에서 물러 났다. 12·12 군사반란의 주역 가운데 하나였던 노태우가 전두환의 지원 아래 1988년에 후임 대통령이 됐다. 노태우는 대통령 취임과 동시에 5·18을 '폭동'이 아니라 '민주화운동'이라고 명명했다. 그해 4월 26일 국회의원 총선거에서 '여소야대' 구도가 만들어졌다. 총 의석 299석에서 여당인 민정당이 125석으로 과반수에 미치지 못했 다. 평민당 등 야당이 정국을 주도하면서 5·18 진상규명을 위한 국 정감사와 국회 청문회를 추진했다. 5·18 진상규명이 최대 현안으 로 떠올랐다.

병상에 있던 안병하 국장은 평민당(평화민주당, 대표 김대중, 1987.10. 창당)으로부터 입당 제의를 받았다. 평민당에 입당해서 5·18의 억울했던 과정을 밝혀보자는 제의였다. 평민당은 이때 5·18 관련 상징성이 큰 인사들을 영입했다. 정웅(당시 31사단장)을 비롯, 정상용(당시 도청 최후 항쟁지도부 외무부위원장) 등도 이때 영 입돼 국회에서 5·18 청문회를 주도적으로 이끌었다. 안병하 국장 에게 입당제의가 들어오자 아내 전임순 여사는 억울함을 풀 수 있 는 기회가 아니겠느냐며 남편에게 수락하는 게 좋겠다는 생각을 피 력했다. 하지만 안 국장은 그런 제의를 거절했다. 두 가지 이유 때 문이었다. 하나는 경찰로서 본분을 다한 것인데 억울함을 풀기 위해 정치인으로 변신하는 것은 온당치 않다는 생각이었다. 둘째는 고문 후유증으로 인한 병의 상태가 너무 악화됐던 것도 또 다른 이유였다. 자신에게 주어진 운명의 시간이 그리 길지 않았다.

청문회 증언 준비, 육필 비망록 정리

청문회를 앞두고 있는 상황에서 최초로 안병하에 주목한 것은 당시 《광주일보》에 근무하던 나의갑 기자였다. 나 기자는 5 · 18 당시 전남도경 출입 기자였다. 그 인연으로 자신이 알고 지내던 경찰들에게 안병하 국장의 연락처를 수소문했다. 마침내 전화번호를 찾아 수차례 연락을 시도했지만 통화가 어려웠다. 겨우 연락이 닿았을 때 안 국장은 반가워했다. 병원에 입원한 상태라 전화를 받을 수 없었다. 당장 병원으로 찾아가 인터뷰를 했다. 병상에서 주사바늘을 팔목에 꽂은 채 누워 있는 수척한 모습은 언론에 노출된 그의 마지막 이미지였다. 그때 안병하 국장은 청문회에서 쟁점이 될 만한 이야기는 일절 하지 않았다. 다만 "공수부대가 투입되지 않았다면 광주의 비극은 결코 일어나지 않았을 것"이라고만 말했다.[197]

안병하 경찰국장이 당시 직접 목격하고 당했던 일들은 5 · 18 진상에서 반드시 규명돼야 할 핵심적인 사항들이었다. '초기 시위 시작단계에서 경찰이 진압할 수 없는 상황이었기 때문에 공수부대를 투입했는지? 계엄군의 초기 과잉진압 실상은 어느 정도였는지? 경찰은 왜 무장과 발포를 거부했는지? 군경이 광주시내에서 철수한 뒤 재점령할 때까지 광주시내 치안상황은 어떤 수준이었는지?' 등등. 이와 같은 쟁점 하나하나가 모두 안병하 국장의 증언 내용에 따라 평가가 뒤집힐 수 있는 예민한 주제들이었다. 그만큼 그가 견뎌야 할 심리적 부담은 크고 버거웠다. 그의 말 한마디 한마디가 일으킬 파장은 당시 정치 상황에서 폭발력을 내재하고 있었다.

1987년 6월항쟁의 성공과 민주화의 진전에도 불구하고 아직은 전두환 체제의 어두운 그림자가 사회 곳곳을 지배하고 있었다. 노태우 정부가 5·18을 '폭동'이 아니라 '민주화운동'이라고 선언했지만 가해자 집단인 신군부의 위세는 여전했다. 진상규명이 시작되면 필연적으로 가해자 집단의 실체가 드러나게 될 텐데 그 사람들이 육군참모총장 직을 비롯하여 정치권에서는 여당인 민정당 핵심 당직을 차지하고 있었다. 그들의 운명이 걸려 있는 사안들인데 방해 공작이 얼마나 극심할 지는 누구도 짐작조차 할 수 없었다.

안병하 국장이 투병생활 중 수시로 '죽고 싶다'는 말을 쏟아냈던 것은 트라우마로 인한 정신적 육체적 고통을 넘어선 문제였다. 자신이 직접 겪고, 목격했던 '광주의 비밀'은 엄청났다. 누구에게도 함부로 발설할 수 없었고, 온전히 자신만이 감당해야 할 몫이었다.

진실을 밝히려는 자, 진실을 덮으려는 자

평민당 입당 제의를 거절했지만 그는 이때 8년간 병마와 싸우면서도 침묵했던 자신이 겪은 5·18의 진실을 밝혀야 할 때가 도래했다고 판단했다. 삶을 지탱해온 운명의 시각이 종점을 향해 재깍재깍 달려가고 있었다. 그 시각이 다 끝나기 전에 진실을 밝힐 수 있을 만큼 건강상태가 허락될지는 미지수였다.

5·18은 6·25 전쟁 이후 가장 큰 사건으로 평가되고 있다. 군의 작전 측면에서도 가장 규모가 컸고, 시민항쟁 관점에서도 대규모 무장투쟁 양상을 보였다. 한국사회가 군사독재에서 민주화로 나아가는 과정에서 5·18은 중요한 변곡점이었다. 그러나 5·18은 단지 1980년 5월 광주에서 발생한 시민적 항쟁 자체로 완성되지는 않았다. 그 이후 지난했던 진상규명 과정이 성공적으로 진행되지 않았다면 지금까지도 '폭동'으로 남아 있을지 모른다. 한국사회가 민주화되는 과정에서 가장 큰 동력원은 5·18 진상규명이었다. 그런 관점에서 볼 때 1988년은 5·18 진상규명에서 기념비적인 해였다. 6월항쟁 때 용암처럼 분출됐던 혁명적인 변화 요구의 밑바탕에는 5·18 진상규명이라는 시대적 과제가 자리 잡고 있었던 것이다.

1988년 6월 27일, '여소야대' 국회는 마침내 '5·18 광주민주화운동 진상조사특별위원회'(5·18 진상조사특위) 구성을 의결했다. 사회적 긴장이 최고조에 달했다. 진실을 밝히려는 자들과 덮으려는 자들의 거대한 결전이 펼쳐질 수밖에 없었다. 육군본부와 국방부 측에서도 이런 상황이 닥칠 것에 대비하여 1988년 1월부터 일찌감치 준비를 시작했다. 당시 군의 입장은 곤혹스러울 수밖에 없었다. 5·18은 민주화운동이라는 사실을 군 통수권자인 노태우 대통령이 시인해 버렸다. 5·18을 '폭동'이라고 할 때는 계엄군의 진압행위가 정당성을 가졌다. 하지만 '폭동'이 아니라 '민주화운동'이라면 진압작전에 대한 기존의 평가가 근본적으로 바뀌어야 할 상황이었다.

여기에 대비하기 위해 당시 박희도 육군참모총장은 참모차장을 위원장으로 그해 1월 말 '육군위원회'(육군대책위원회)를 비밀리에 편성했다. 육군위원회는 '계엄군의 적법성과 객관성을 보장'할 수 있도록 5·18 당시 군의 작전자료를 수집하여 '재정리'하겠다는 것이었다. 이미 시행된 진압작전을 재정리한다는 것은 어떤 의미일까? 처음부터 잘못된 군의 작전을 '적법성과 객관성을 보장할 수 있게 재정리'한다는 것은 '군 작전자료의 체계적인 왜곡'을 의미했다.

육군위원회는 치밀하게 5·18 관련 군 작전자료 가운데 쟁점이 될 것으로 보이는 예민한 부분들을 낱낱이 뜯어 고쳤다. 그리고 원본 문서는 소각 파기시켜버렸다. 현재 남아 있는 대부분의 5·18 관련 군 작전자료는 이때 육군위원회가 재정리한 것들이다. 또한 육군위원회는 5·18 당시 상무충정작전[198]에 참가한 군인들의 체험담을 통하여 '재정리된 작전자료'를 증언으로 보완토록 했다. 이런 과정을 거쳐 1980년 5월 광주 진압작전의 실체적 진실은 사라져버렸고, 군 작전의 '적법성과 객관성을 보장할 수 있게 재정리'한 군 자료만 남았다.

육군위원회가 재정리한 군 자료들은 1988년 5월 11일 정부와 여당의 당정협의회를 통해 국회 청문회용으로 다듬어진 다음 국회에서 선보였다. 5·18 문제에 대한 창구역할은 국방부가 맡았다. 국방부는 5월 11일 당정협의회가 끝나자 곧바로 그 날짜를 따서 '511연구위원회'(이하 511 위원회)를 만들었다. 육군위원회와 마찬가지로 역시 비밀리에 만든 5·18 대책 조직이었다. 국방부가 설치한 511 위원회는 육군위원회에서 가공한 5·18 작전자료와 거기에 맞춰 작전참가자들의 수기를 국회 답변용으로 정교하게 가다듬는 일을 했다. 이때 보안사도 '511분석반'이라는 조직을 만들어 1980년 당시 합동수사본부가 했던 일들을 다시 정리했다. 정무적 감각으로 논리를 세우고 부족한 부분을 보완했다. '김대중 내란음모와 5·18의 연결 부분'뿐만 아니라 당시 공작차원에서 조작했던 '간첩 사건' 등이었다. 이렇게 군과 국방부, 민정당의 모든 역량을 모아서 5·18에 대한 '국회답변 자료'가 만들어졌던 것이다. 그 자료는 결국 5·18 당시 계엄군의 진압작전은 '적법한 범위'에서 진행됐고, 사회질서를 회복하기 위한 '객관성을 갖춘 것'이었다는 논리에 바탕을 두고 만들어진 것들이다. 이렇게 만들어진 정부의 5·18 작전자료는 5·18 왜곡의 역사교과서라고 할 수 있을 만큼 방대하다.

이렇듯 군과 국방부의 체계적인 5·18 청문회 대비에 비하여 야당의 준비는 턱없이 부족했다. 야당은 군에 비해 부족한 전문 인력과 군사기밀을 이유로 '군 자료 비공개'라는 벽에 부닥쳤다. 야당으로서는 피해자인 광주시민과 계엄군의 강경진압에 비판적이었던 31사단장 및 전교사 소속 일부 군인들, 그리고 상부의 발포 압력을 거부한 경찰국장의 증언으로 맞설 수밖에 없는 상황이었다. 안병하 국장의 국회증언은 전체 청문회 판을 뒤흔들만한 잠재적인 파괴력을 갖고 있었다. '직무유기' 때문에 처벌한 것이 아니라 실제로는 경찰의 발포지시 거부에 대해서 취해진 신군부의 보복 조치라는 점이 드러나게 될 상황이었다. 그렇게 되면 신군부의 공수부대 투입 및 강경진압의 정당성이 원천적으로 설 자리를 잃을 터였다.

경찰의 5·18 권리장전, 안병하 비망록

안병하 국장은 홀로 병상에 누워서 앞으로 다가올 큰 변화를 감지하면서 조용히 자신의 생각을 정리하기 시작했다. 그가 이 시기에 남긴 육필 비망록은 바로 이런 역사적인 국면에서 경찰 안병하의 생각을 오롯이 보여주고 있다. 아쉽게도 이 비망록은 미완성이다. 운명의 시간이 가까워지면서 기력이 다해가는 상황이었다. 자신에게 남은 마지막 한 조각의 힘을 다 짜내서 비망록을 정리했다. 쇠잔해지는 기억을 되살리는 것도 어려웠지만 그것을 볼펜으로 정리한다는 것은 더욱 어려웠다. 비망록의 첫 부분과 달리 뒤로 갈수록 글씨가 흔들린다. 비록 미완성이지만 그의 비망록은 죽음을 앞둔 순간 혼신의 힘을 다해 써내려간 역사적인 증언이다.

이 비망록은 개인의 생각을 적은, 미처 완성되지 못한 미완의 기록임에도 불구하고, 감히 '경찰의 5·18 권리장전'이라고 부를 만하다. 권리장전(Bill of Rights)은 1689년 영국에서 명예혁명의 결과로 이루어진 인권선언이다. 의회가 정한 법에 의하지 않고는 누구도 체포, 구금되지 않는다는 것을 비롯하여 시민의 자유권을 명문화함으로써 절대군주의 권리를 제한하고 주권이 국왕으로부터 의회로 옮겨지는 첫걸음이 되었다. 영국의 권리장전은 미국의 독립선언, 프랑스의 인권선언에도 영향을 끼쳤으며 오늘날 민주화된 나라들의 헌법에 인권을 보장하는 조항들로 구체화되었다.

그의 비망록은 군사독재의 한계가 어디까지이고, 국민과 경찰의 권리가 무엇인지를 선명하게 드러내고 있다. 비망록은 민주화를 요구하는 학생들의 평화시위를 정당한 권리라고 여긴다. 경찰의 역할은 시위대가 질서와 평화를 유지할 수 있도록 보호, 통제하는 데 있다고 보았다. 그런데 군이 무제한 폭력을 사용하여 정당한 의사표현마저 억제하자 시위가 폭력화되고 경찰의 통제범위를 넘어선 것이라는 점을 분명히 밝히고 있다. 군은 경찰에게 무력을 사용해서라도 시위를 제압하라고 강요했지만 그는 강력사건도 아닌데 무기를 사용해서는 안 된다고 생각했다. 경찰은 부상을 입은 연행자들에 대한 치료 등 시민의 안전 보장에 최선을 다했다. 경찰의 무장이 불러올 우발적인 발포나 시위대에게 무기를 빼앗겨 극단적인 사태가 발생하지 않도록 무기를 군부대로 미리 대피시켰다. 군의 발포에 희생자가 발생하자 시민들은 스스로 무장하여 대항했으며, 군경이 퇴각한 뒤 시민들이 나서서 질서를 회복했다. 경찰의 치안 부재에도 불구하고 강력사건 발생률은 평소보다 훨씬 낮았고, 시민들은 높은 질서의식을 보였다. 시민은 적이 아니고 경찰의 보호를 받아야 할 사람들이다. 본분을 지켰던 경찰에 대하여 시민들은 위해를 가하지 않았고, 오히려 경찰을 보호했다. 철수할 때 시민들은 경찰을 도왔고, 경찰의 치안기능이 중지된 기간에는 스스로 질서를 유지했으며, 심지어 경찰서를 지켜주기도 했다.

비망록에 담긴 안병하 경찰국장의 생각과 행동은 경찰의 참모습이 어떠해야 하는가를 꾸밈없이 보여준다. 우리나라 현대사에서 가장 힘들고 버거운 상황에서 경찰 지휘관이 보여준 의로운 생각을 절제된 언어로 담았다. 비망록은 개인적 사유의 한계를 넘어서 경찰의 보편적 권리와 의무를 구체적으로 표현했다. 1980년 5월 안병하 국장과 전남경찰관들은 부당한 공권력에 저항했다. 경찰이 부당한 국가권력에 저항권을 행사한 것이라고 할 수 있다. 바로 이런 이유 때문에 그의 비망록은 '경찰의 권리장전'에 담겨야 할 기본정신을 담고 있는 것이다.

청문회 포문 연, 정웅 의원

1988년 7월, 국회는 광주특위를 구성하여 5·18 청문회를 11월부터 열기로 여야가 합의했다. 여당인 민정당은 안병하를 여당 측 증인으로 신청했다. 당시 각 당에서는 89명(민정당 35, 평민당 28, 민주당 18, 공화당 8명)의 증인 명단을 국회에 제출했다.[199] 민정당 측 증인으로는 주영복 국방부장관, 이희성 계엄사령관 등 계엄군 상층부 인사를 비롯, 정웅(31사단장) 등 31사단 관계자들, 신우식(7공수여단장) 최세창(3공수여단장) 등 진압군 관계자들, 그리고 안병하 도경국장이 포함됐다. 공화당에서는 이학봉(보안사 대공처장) 등 보안사 참모들과 더불어 특이하게도 서정화 당시 중앙정보부차장을 증인으로 신청했다.

광주 동구에서 국회의원에 당선된 정웅 전 31사단장이 7월 5일 임시국회가 개원하자마자 대정부질의를 통해 포문을 열었다.[200] "나는 1980년 5월 20일 무혈진압을 주장하다 공수부대 작전지휘권을 박탈당했고, 21일 발포명령은 정호용 특전사령관이 결정했다"며 직격탄을 날렸다. 답변에 나선 오자복 국방부장관은 "계엄군은 자위권 차원에서 발포가 있었을 뿐 지휘관으로부터 발포명령은 없었으며, 진압작전의 책임은 5월 18일부터 21일까지는 정웅 장군, 22일부터 27일 사이엔 소준열 전교사령관 책임"이었다고 답변했다. 전두환, 정호용 등 신군부 핵심인사들의 진압책임을 물어서는 안 된다는 게 국방부의 공식 입장이었다.

평민당이 정웅 의원을 '5·18 저격수'로 내세우자, 군과 정부 여당 측에서는 '정웅 죽이기'에 총력전을 펼쳤다. 당시 보안사가 작성한 「전 31사단장 정웅 관계자료」[201]에 포함된 「광주사태시 정웅 31사단장 동정」, 「정웅 신상명세서」 등은 5·18 당시 진압작전 과정에서의 역할 뿐 아니라 그의 사생활까지 낱낱이 들춰내 폭로하는 악의적인 내용들로 가득 차 있다. '511 위원회'는 정웅의 발언을 반대로 뒤집기 위해 당시 31사단 작전보좌관 임○○을 회유하여 청문회에 증인으로 내세웠고, '정웅 사단장의 5·18 당시 행적'에 대하여 사실과 다른 허위 증언을 하도록 유도했다.[202]

여당 측에서 안병하 경찰국장을 증언자로 신청한 것은 5·18 당시 경찰의 소극적인 대응이 사태를 키웠다는 점을 추궁하기 위한 목적이었다. 당시 나의갑《광주일보》기자와 병상 인터뷰 때 안병하 국장 역시 여당에서 자신을 증인으로 채택한 배경이 그런 이유 때문일 것이라고 짐작했다. 신군부는 경찰이 안 국장의 지시에 따라 처음부터 무장하지 않은 상태에서 소극적으로 시위진압에 나선 것이 초기 상황을 악화시킨 원인이라고 본 것이다. 511 위원회가 준비한 안 국장에 대한 국회답변 자료는 5·18 직후 국보위 조사단(단장 이광로)과 합동수사본부의 연장선에 있었다. 안 국장의 직무유기와 경찰의 소극적인 대응이 원인이라는 시각에서 군 개입의 불가피성과 경찰이 무장해제를 해버렸기 때문에 군이 불가피하게 자위권 차원에서 발포할 수밖에 없었다는 점을 강조하기 위해서였다.

만약 청문회 증언대에 섰다면…

청문회가 시작되기 직전 안병하 국장은 사망했다. 직접 사인은 지병의 악화가 원인이지만 그 배경에는 청문회에 대한 중압감이 크게 작용했던 것으로 보인다. 만약 그가 1988년 청문회에 증인으로 출석했다면 어떤 일이 벌어졌을까? 확언하기는 어렵지만 그의 생각대로 증언을 했다고 할지라도 청문회에서 경찰의 불명예가 벗겨졌을 가능성은 거의 없었을 것으로 추측된다. 군과 여당 측 증인들은 그의 증언에 대한 신빙성을 훼손하기 위해 총력전을 펼쳤을 것이다. 예를 들면 여당 측 증인은 1980년 5월 21일 경찰이 시위대에게 최초로 무기를 피탈당한 시각이 집단발포 전인 '21일 오전 8시경' 나주 반남 지서에서였고, 경찰의 무장해제 조치에 따른 경비 소홀이었다고 '조작된 증거'를 제시했을 것이다.[203] 또 육군위원회와 511 위원회는 31사단 작전문서를 '5월 18일 오후 경찰이 군 투입을 요청'했기 때문에 공수부대가 투입됐다'고 미리 조작해둔 상태였다. 만약 안병하 국장이 청문회 석상에서 그 주장을 부인하고 사실대로 증언하면 이미 조작된 31사단의 문서를 들이대면서 다른 증거를 대보라고 추궁했을 것이다. 정웅 31사단장의 증언을 뒤집기 위해 여당 측 증인으로 나선 당시 31사단작전보좌관은 청문회에서 안병하 국장의 실제 조치사항과 완전히 반대 상황을 증언했기 때문이다.

> 당시 31사단 가용병력은 약 1,100여명으로서 소요진압 1차 책임은
> 경찰력이고, 불가 시는 도지사 또는 경찰의 요청이 있을 때 군 병력
> 이 투입되는데, 당시는 전남도경국장 안병하의 요청으로 전교사령
> 관이 사단장에게 지시하여 공수부대의 병력이 투입되었으며…"[204]

정웅 31사단장의 사례를 보더라도 안병하 국장이 사실대로 증언
했다면 이런 상황이 벌어졌을 것이라는 점은 미루어 짐작할 수 있
다. 정웅 사단장은 자신에게 주어진 공수부대 작전지휘권이 5월 20
일에 사실상 이미 박탈돼버렸기 때문에 5월 21일 집단발포는 자신
과 무관하다고 발언하자 여당 측은 미리 회유한 31사단 작전보좌
관을 증인으로 내세워 조작된 증언으로 맞섰다. 만약 안병하 국장
이 증언할 때도 이와 비슷한 상황이 벌어지면 1980년 당시 경찰의
원본 문서를 찾아서 반박해야 하는데 노태우 정부 아래서 경찰이
안 국장의 증언을 뒷받침해줄 그런 핵심자료를 찾기도 어려울뿐더
러 설령 있다고 해도 정부가 스스로 자신의 목줄을 죌 그런 자료를
공개할 가능성은 없었다. 청문회가 열린 '1988년'은 5·18의 진실을
제대로 밝힐 수 있는 여건이 아직 성숙되지 않았던 시기였다.

3. 광주민주화운동 유공자로 인정되기까지

고인이 된 안병하 국장의 명예회복은 매우 더디고, 힘든 우여곡절을 거친 뒤에야 가능했다. 5·18은 노태우 정부에서 민주화운동으로 명명되었으며, 청문회가 열려 진상의 일부가 알려지기도 했지만 명예회복과는 아직 거리가 멀었다. 전두환과 노태우로 이어지는 신군부 정권 아래서 전남경찰은 철저하게 버려진 존재였다. 시민의 편에 서서, 시민의 안전을 지키기 위해 주어진 상황에서 경찰의 본분을 지켜 최선을 다하고자 노력했지만 '직무유기'로 몰렸고, 고문 후유증으로 고통 받다 끝내 사망했던 경찰국장 안병하의 운명처럼 전남경찰 역시 그런 상황에 처한 채 더 오랜 시간을 견뎌야 했다.

경찰은 양면성을 가진 존재다. 국가권력의 강제력을 행사하는 기관이자, 동시에 시민의 안전을 위한 치안유지 기능을 가지고 있다. 5·18 당시 전남경찰은 국가로부터만 외면당한 것이 아니다. 시민들로부터는 사랑도 받았지만 외면당한 사례도 적지 않았다. 5월 20일 밤 사망했던 4명의 경찰관 시신은 27일까지 전남대병원과 상무관에 방석복을 입은 채로 한쪽에 방치돼 있었다.[205] 시민 희생자들의 관이 태극기로 덮혀 있던 것과 대비된다. 이런 모습은 당시 경찰이 공수부대를 도와 진압작전을 수행했다는 부정적인 측면이 강했기 때문이다. 사태가 종료된 후가 더 문제였다.

전두환 정권은 집권 초기부터 5·18 관련자들을 분열시키기 위해 경찰을 앞세웠다. 대표적인 사례가 망월동에 묻힌 희생자 시신을 다시 파내서 개별적으로 이장시키라는 지시였다. 5·18 유가족이나 부상자, 구속자의 반발은 거셌다. 해마다 5월이면 망월 묘역에서 유족과 억울함을 호소하는 시민들이 함께 뭉쳤다. 강제이장을 거부하는 유가족과 경찰 사이의 갈등은 컸다. 이때 경찰은 시민들로부터 '살인마 전두환 정권의 앞잡이'라는 비난에 시달릴 수밖에 없었다. 이런 갈등이 전두환 정권 7년간 지속되었다. 5·18 당시 형성됐던 경찰에 대한 광주시민의 우호적인 감정은 이런 과정을 거치면서 소진돼 버렸다. 그 대신 '폭력경찰'이라는 부정적인 이미지만 강하게 자리 잡게 되었던 것이다. 노태우 정권 아래서도 전남경찰의 행태는 크게 달라지지 않았다. 5·18과 정치권력의 갈등이 지속되는 한 경찰이 처한 위치는 어려울 수밖에 없었다.

안병하는 억울하게 누명을 쓴 개인이기 전에 전남 경찰의 책임자였다. 때문에 그의 명예회복은 전남 경찰의 명예와 떼려야 뗄 수 없는 관계였다. 전남 경찰이 시민들의 비난을 받는 상황이 지속되는 한 그의 명예회복도 어려웠다. 그렇다고 전두환 노태우 등 신군부 정권이 명예를 회복해줄 리도 만무했다. 결국 시민들이 안병하 국장의 억울한 사연을 제대로 알아주고 명예회복에 나섰을 때나 가능한 일이었다. 군부정권 아래서 경찰은 5·18을 억압하는 데 주력했다. 안병하를 거론하는 것조차 금기사항이었다. 그래서 그의 명예회복은 힘들고 어려울 수밖에 없었던 것이다.

명예회복을 향한 긴 여정

안병하의 명예회복은 살아 있는 가족의 몫이었다. 미망인 전임순이 남편의 명예회복에 나서게 된다. 남편 투병생활에 돈을 쏟아붓다보니 큰 빚만 남았고 결국 단칸 셋방살이로 내몰리게 됐다. 물질적인 고통보다 더 참기 힘든 것은 5·18의 진실을 정확하게 알지 못한 자식들에게 남편이 '무능한 존재'로 비쳐진다는 점이었다. 전두환 정권은 안병하를 근무지 이탈과 진압작전에 실패한 '무능한 지휘관'으로 치부했다. 광주학살극의 책임이 안 국장에게 있다는 식으로 그를 희생양으로 삼았다. '광주의 진실'로부터 차단된 서울지역의 '냉담한 분위기'도 견디기 힘들었다. 고인의 억울함을 풀고 명예를 회복하기 위해 탄원서를 쓰기 시작했다. 여기저기 하소연을 했지만 달라지지 않았다. 유족들이 안 국장의 명예회복을 위해 치안본부, 보훈처 등 사방 온갖 군데를 돌아다녔지만 누구하나 귀 기울여주지 않았다. 세상의 무관심에 상처받고 그 억울함이 한이 되었다.

"1989년 종합청사에 민원을 제기했다. 치안본부로 넘겼다. 치안본부에 찾아가니 보훈처로 가라고 했다. 보훈처는 공무원연금공단으로 보냈다. 연금공단은 다시 치안본부으로 돌려보냈다."

울분의 세월을 홀로 삭여야 했다. 남편이 살아있을 때 간혹 연락하던 사람들도 발길이 뚝 끊겼다. 국회 5·18 청문회는 1988년 11

월 시작됐지만 이듬해 1월 26일과 27일 사이에 제4차 증인 청취를 마지막으로 중단됐다. 청문회가 중단된 상황에서 정부는 1989년 3월 대통령의 '광주문제 조기 치유' 방침에 따라 '광주민주화운동 피해보상법안'을 국회에 제출했다. 야당은 청문회를 지속해야 한다며 법안 자체는 거들떠보지도 않았다. 그 상태에서 1년이 흘렀다. 1989년 12월 31일, 전두환의 국회 증언 청취를 마지막으로 청문회는 더 이상 열리지 못한 채 유야무야돼버렸다.

정치상황도 어려워졌다. 1990년 1월 22일 '3당합당' 선언으로 민정당(노태우), 민주당(김영삼), 공화당(김종필) 등이 민주자유당(이하 민자당)으로 몸집을 불렸다. 4.26 총선으로 만들어졌던 '여소야대'가 '여대야소'로 바뀌어버렸다. 언론에서는 3당합당이 정치적 야합이고 국민을 배신하는 행위라고 비난했지만 김대중 대표가 이끄는 평민당만 홀로 야당으로 남았다. 이때부터 5·18은 여당 마음대로 처리할 수 있게 됐다. 1990년 7월 14일 민자당은 야당과 광주시민의 반대에도 불구하고 광주보상법안을 기습통과 시켜버렸다. 평민당은 변칙으로 통과된 광주보상법은 무효라며 헌법소원을 내는 등 강력하게 반발했으나 정부 독단으로 그해 8월 6일 '광주민주화운동관련자 보상 등에 관한 법률'을 제정했고, 이에 근거하여 5·18 피해자 보상을 강행했다. 야당은 정부가 진상규명은 덮어둔 채 돈으로 5·18을 덮어버리려는 속셈이라고 강하게 비난했다.

이런 상황에 항의하는 치열한 저항의 움직임이 대학가에서부터 시작됐다. 이듬해 1991년 5월 전남대생 박승희가 '5·18 진상규명'을 외치며 분신자살했다. 이때부터 강경대, 김영균, 천세용, 박창수, 김기설, 윤용하, 이정순, 김철수, 정상순, 김귀정, 이진희, 석광수 등 13명의 젊은 대학생과 노동자들이 5·18 진상규명을 요구하며 분신자살을 이어갔다. 사상 초유의 분신사태가 벌어졌다. 하지만 노태우 정부는 경찰과 정보기관을 앞세워 더욱 통제를 강화함으로써 '신공안정국'으로 정권을 유지했다.

광주사람들에 의한 5·18 관련자 인정

1993년 문민정부를 표방한 김영삼 정부가 출범하자 5·18 문제는 다시 큰 변곡점을 맞게 된다. 김영삼 대통령은 '문민정부가 광주민주화운동의 연장선에서 탄생'했다고 선언했다. 1988년 청문회에 이어 두 번째로 마련된 진상규명의 기회였다. 광주시민들은 '5·18 해결을 위한 5대원칙'을 천명했다. 5·18 피해자들에 대한 2차 보상이 시작됐다. 1994년 5월부터 광주학살 책임자에 대한 고소, 고발운동이 범국민운동 차원에서 전개되면서 5·18 공동대책위는 전두환, 노태우 등 신군부 관계자 10명을 '내란목적 살인죄 및 살인미수죄'로 검찰에 고소했다. 1년 동안의 수사 결과, 검찰은 1995년 7월 13일 '공소권 없음'으로 그들을 모두 불기소처분 해버렸다. 그러자 국민들이 나서서 '5·18 학살책임자처벌 특별법'을 제정하자며 '검찰의 기소촉구'를 위한 서명운동을 시작했다. 헌법소원이 제기됐고, 노태우 비자금 4천 억 원이 폭로됐다.

1995년 11월, 김영삼 대통령은 5·18 특별법 제정을 지시했다. 검찰은 여기에 발맞춰 발 빠르게 특별수사본부를 발족하여 12·12와 5·18 사건의 재수사에 착수했다. 이와 동시에 전두환과 노태우를 대통령 재임 중 비리사건으로 전격 구속 기소했다. 1997년 4월 17일 대법원은 신군부 우두머리 전두환(반란 및 내란수괴, 무기징역)과 노태우(반란 및 내란중요임무종사, 징역17년)를 재임기간 중 수천억 대의 뇌물을 수수한 범죄자로 확정했다. 그밖에도 내란중요임무종사 및 내란목적살인죄로는 황영시(8년), 정호용(7년), 이희성(7년), 주영복(7년) 등 4명이 처벌됐다. 보안사 참모 허화평, 허삼수, 이학봉 등 3명에게는 반란 및 내란중요임무종사 혐의로 각각 징역 8년씩이 선고됐다. 12·12 당시 행동대 역할을 했던 최세창(5년), 박종규(3년6월), 신윤희(3년6월)는 반란중요임무종사로, 차규헌(3년6월), 유학성(재판중 사망)등 모두 15명이 반란 및 내란모의참여자로 실형을 받았다.

남편을 여의고 통한과 실의에 차 있던 미망인 전임순 여사에게 5·18 당시 남편과 함께 근무하다 해직당한 부하 경찰관들 몇 명이 찾아왔다. 1990년 8월 광주피해보상법에 따라 정부가 보상을 실시하자 이 가운데 4명이 소청을 냈다. 이때 이들이 나서서 안병하 국장도 명예가 회복돼야 한다며 함께 소청을 상신했으나 기각돼버렸다. 노태우 정권은 5·18을 민주화운동으로 명명했음에도 불구하고 전남경찰의 '직무유기' 혐의는 변함이 없다는 입장이었다. 군사정권 아래서 남편의 명예가 회복될 수 있을 것이라고 크게 기대하지는 않았지만 막상 정부의 입장을 확인하고 보니 절망감과 분노심이 컸다. 전임순은 모든 희망이 사라지는 느낌을 받았다. 묵직한 돌덩이가 가슴을 짓누르는 듯한 고통이 엄습했다. 혈압이 비정상적으로 높아지고 얼굴이 퉁퉁 부어올랐다. 두문불출한 채 삶을 포기할 지경에 이르렀다. 이 세상 어디에도 자신이 설 자리가 없는 듯했다.

1993년 김영삼 정부 들어서 다시 5·18 피해자 신고 접수가 시작되었을 때에도 광주에서 함께 근무했던 사람들이 안병하 국장을 명예회복 시켜야 한다며 찾아왔다. 안 국장의 명예는 한 개인의 문제가 아니라 전남 경찰 나아가 대한민국 경찰 전체의 명예이고, 광주시민의 긍지가 걸린 문제라고 이야기했다. 만약 정부가 명예회복을 시켜주지 않으면 '광주시민'이 앞장서서 그분의 명예를 회복시켜야 한다는 생각이었다. 노태우 정권 때 개인적인 차원에서 소청을 낸 것과는 달랐다. 그때는 억울하게 해직된 공무원의 신분을 회복해달라는 청원이었다. 이번에는 '5·18 피해자'로 인정돼야 한다는 입장이었다. 전임순 여사는 그때 "광주 분들의 말씀을 듣고 용기를 얻어 '해직공무원'으로서가 아니라 '5·18 피해자'로 당당하게 인정받아야 떳떳하겠다"는 생각을 갖게 됐다.

1993년 7월 8일, 고 안병하 도경국장을 '광주민주화운동관련자

보상심의위원회'에 5·18 피해자로 신고했다. 그러자 광주지역 언론이 관심을 갖기 시작했다.[206] 그러나 광주시에 설치된 5·18 관련자 심의위원회는 1심에서 고 안병하 국장을 관련자에서 제외시켜 버렸다. 위원회는 기각 사유를 뚜렷하게 밝히지 않았다. 5·18 수배자로 미국에 망명했다 귀국한 윤한봉도 그때 관련자 심사에서 기각됐다. 이들은 5·18 피해보상법에 명시된 '관련자 범위'에 포함되지 않는다는 것이 기각 사유였다. 광주지역 여론이 거세게 반발하며 들끓었다. 결국 우여곡절을 겪은 끝에 5개월 후 1993년 12월 17일 열린 재심에서 안 국장을 비롯 '실정법상의 한계' 때문에 제외된 인사들 상당수가 '5·18 관련자'로 인정됐다. '광주에서 광주 사람들에 의해' 비로소 5·18 관련자로 인정받은 것이다.

광주에서 찾은 '아버지 안병하에 관한 진실'

13년 만에 명예회복의 첫 단추를 끼운 셈이다. 전임순 여사는 한많은 세월을 고통 속에서 살다 돌아가신 남편의 시신을 당장 광주 희생자들이 묻힌 망월묘역에 안장하고 싶었다. 당시 고 안병하 국장의 유해는 경기도 장호원 소재 공원묘지에 묻혀 있었다. 명예가 회복되면 국립묘지에 안장될 것으로 기대했지만 쉽지 않았다.

남편이 5·18 관련 피해자로 인정받은 데 대한 그녀의 기쁨은 컸다. 당장 서울 생활을 청산하고 셋째 아들 안호재 부부와 함께 광주로 내려갔다. 1993년 12월 초였다. 광주 동구 광산동 구 시청 사거리 식당들이 밀집된 골목에다 '도궁회관'이라는 자그마한 식당까지 차렸다. 광주에 뿌리를 내리고 살겠다는 생각이었다. 남편의 5·18 당시 행적을 늦게나마 이해해준 광주 시민들이 너무나 고마웠다. 어머니와 함께 아들 안호재는 아내와 여섯 살배기 딸 모두 광주로 이사를 했다. 안정된 직장을 버리고 광주에서 살겠다고 결심한 것이다.

안호재는 광주에서 아버지의 옛 직장 동료 경찰들을 한 사람씩 만났다. 그들을 통해 5·18 당시 아버지의 행적을 자세히 알게 되었다. 아버지가 그토록 훌륭한 경찰이었다는 사실을 비로소 깨달았다. 그 때까지만 해도 어렴풋이 알았던 아버지에 대해서 그동안 자신이 얼마나 잘못 생각하고 있었는지 스스로가 부끄러웠다. 광주에 가서야 비로소 '5·18 당시 광주에서 아버지의 진실'을 알게 됐다. 하지만 가족들의 광주 생활은 그리 오래 지속되지 못했다. 식당이 잘 운영되지 않았다. 안타까웠지만 어쩔 수 없이 광주생활을 청산하고 다시 서울로 올라가야 했다.

1994년 2월 15일 '광주민주화운동 상이자 장해 등급판정 등 심의위원회'는 안병하 국장이 죽음에 이르게 된 경위가 5·18 당시 고문으로 인한 부상에 영향을 받았을 것이라며 '간접사인'을 인정했다. 그해 5월 2일, '보상금심의위원회'는 안병하 국장의 피해보상금을 832만 원으로 결정했다. 1980년 5월 27일부터 6월 2일까지 합동수사본부에 억류돼 있던 8일간 연행구금 일수에 대해서만 하루 4만 원씩 적용해서 32만 원, 여기에다 생활지원금 및 위로금 800만 원을 합친 금액이었다. 합동수사본부의 고문, 그로 인한 8년간의 투병과 사망은 피해보상의 대상이 아니라는 판단이었다. 공직자로서 공무상 희생은 인정하지 않았고, 단순 피해자로만 인정한 셈이었다.

유족은 곧바로 1994년 9월 8일 피해보상금 산정이 원천적으로 잘못됐다며 '기타지원금 지급 중 사망보상금 추가 지급 이행'에 대한 행정심판을 청구했다. 1997년 5월 29일, 3년 6개월에 걸친 법정소송 끝에 대법원(97, 누3330)은 '광주민주화운동과 관련하여 사망에 이르렀다 할 것이어서 생계지원이 필요하다고 인정되는 자라 할 것이므로 피고는 기타지원금을 지급할 의무가 있다'고 판시했다. 보상금 지급 결정액은 이자 포함 1억2백만 원이었다.

법원의 판결은 합동수사본부의 고문이 사망의 원인이었다는 점을 인정한 것이었다. 승소는 했지만 유족으로서는 매우 씁쓸했다. 왜 보상금심의위원회는 명백한 사실을 두고 유족에게 이토록 인색했는지를 생각하면 가슴 속에서 울컥 치솟는 억울하고 분한 느낌을 지울 수가 없었다. 5·18은 이미 민주화운동으로 역사적인 평가가 내려진 상황이었다. 그럼에도 불구하고 행정기관의 태도는 변한 것이 없었다. 고 안병하 국장은 광주시민을 보호하고 경찰의 본분을 지키고자 자신은 물론 가족마저 희생시켰다. 국가가 앞장서서 예우는 못할망정 이렇듯 궁색하게 재판까지 거쳐서야 겨우 사망자로 인정하는 것을 이해할 수 없었다. 유족은 이때 받은 보상금 대부분을 투병 때문에 쌓였던 빚을 갚는 데 썼다.

그로부터 5년이 지난 뒤 2003년 1월 21일 고 안병하 국장은 국가보훈처에 광주민주유공자로 등록되었다. 그해 4월 15일 노무현 대통령 이름이 새겨진 '광주민주유공자 증서'가 유족에게 우편으로 배달됐다. 2002년 1월 26일 제정된 '5·18 민주화유공자 예우에 관한 법률' 제4조 제3항에 규정된 적용대상자[207]로 공식 인정된 것이다. 이 법의 취지는 "민주화운동 과정에서 사망, 부상 또는 구속 등으로 인해 신체적, 정신적, 경제적 희생을 당하신 분들과 그 유가족들에게 그분들의 민주화에 대한 공헌과 희생에 상응하는 보상과 예우를 하는 것은 민주국가인 대한민국의 당연한 의무"라는 인식에 바탕을 두고 있다.[208] 이 법에 따라 보상심의위원회는 2002년 10월 8일 '재심의 결정서'에서 '민주화운동 관련자'로 인정했다.

경찰청, 안병하 명예회복 나서

하지만 고 안병하 국장의 명예회복은 아직 완전하지 않았다. 광주민주유공자로 인정은 받았지만 경찰공무원으로서 명예가 회복된 것은 아니었다. 경찰공무원으로서 명예회복은 '순직군경'으로 인정을 받아 국가유공자로 돼야 한다. '국가유공자 등 예우 및 지원에 관한 법률(법률 제9079호)'은 국가를 위하여 희생하거나 공헌한 국가유공자와 그 유족에게 합당한 예우를 하고, '국가유공자에 준하는 군경 등을 지원함'으로써 이들의 생활안정과 복지향상을 도모하고 국민의 애국정신을 기르는 데에 이바지함을 목적(법 제1조)으로 한다. 이에 따라 '그 희생과 공헌의 정도에 상응하여 국가유공자와 그 유족의 영예로운 생활이 유지 보장되도록 실질적인 보상이 이루어져야 한다'는 것이 기본이념(법 제2조)이다. 이 법 제4조 5항은 '적용대상 국가유공자'에 대하여 "순직군경으로 직무수행 중 상이를 입고 전역하거나 퇴직한 후 등록신청 이전에 그 상이로 인하여 사망했다고 의학적으로 인정된 자"라고 분명하게 규정하고 있다. 안 국장의 경우 아직 여기까지는 이르지 못했던 것이다. 국가보훈처 '보훈심사위원회'의 순직 인정이라는 또 하나의 관문을 통과해야 했다. 그동안 민주화운동유공자로 인정받기까지 얼마나 힘들었는지를 경험한 유족은 이 문제 역시 쉽지 않을 것이라는 생각이 들어 쉽게 나설 수 없었다.

2005년 초 어느 날 유족에게 '뜬금없이' 경찰청에서 전화가 왔다. 경찰 창설 60주년을 맞아 '경찰을 빛낸 인물'로 안병하 국장이 선정됐다는 것이었다. 그때까지 경찰청 차원에서 안병하 국장 문제에 관심을 표명한 적은 한 번도 없었다. 때문에 유족은 경찰청의 소식에 처음에는 의아하게 생각했다. 하지만 어렵게만 느껴졌던 고인의 명예회복 문제를 경찰청이 직접 나선다면 해결할 수 있으리라는 기대를 갖게 되었다.

경찰청이 안병하 국장 문제에 관심을 갖게 된 것은 평범한 경찰관 한 명의 개인적 관심과 적극적인 행동이 가져온 결과였다. 당시 경기도 구리경찰서 형사과장 조종일 경사는 그때까지 안병하 국장 유족과는 전혀 모르는 사이였다. 언론을 통해 5·18 때 전남도경국장이 신군부에게 직무유기라는 누명을 쓰고 불명예스럽게 퇴직한 뒤 고문후유증으로 사망했는데 순직처리가 안 돼 유족이 연금도 못받고 고생한다는 사실을 알게 됐다. 너무 안타깝다고 생각했다. 사실 관계는 정확히 잘 몰랐지만 경찰에 그런 훌륭한 분이 있다면 묻혀서는 안 되겠다는 생각에서 용기를 냈다. 경찰청 내부 전자통신망 '청장과의 대화'에 안병하 국장 사건에 대한 진상규명을 다음과 같은 취지로 건의했다. "5·18 당시 신군부에 맞서던 군 지휘관 장태완 소장(수경사령관, 국회의원 역임), 정웅 소장(31사단장, 국회의원 역임) 등은 모두 명예회복이 된 데 반해 안병하 전 전남국장은 명예회복이 되지 않은 상태다. 경찰청에서는 안 전 국장에 대한 명예회복과 후배 경찰관은 물론, 온 국민이 존경하도록 하는 방안이 되었으면 좋겠다"는 내용이었다.[209]

허준영 당시 경찰청장이 즉각 반응을 보였다. 조종일 경사에게 경찰청장이 직접 전화를 했다. 경찰청이 과거사진상규명 차원에서 이 문제를 조사하라고 지시했다. 때마침 2005년은 국립경찰 창설 60주년이 되는 해였다. 게다가 '경찰청 과거사진상규명위원회'가 활동기간 3년을 정해놓고 2004년 11월 18일에 출범한 상황이었다. 지난 60년 동안 경찰이 저지른 부당한 공권력 행사를 규명하고 반성하여 미래로 나아가기 위한 몸부림이었다. 관권선거 개입, 민간인 불법사찰, 용공조작, 고문가혹 행위 등 역사적 의혹이 컸던 사건들의 진상을 규명하는 일이 시작되었다.[210] 경찰뿐 아니라 검찰, 국정원, 국방부 등 국가권력기관의 과거사 청산은 노무현 대통령의 강한 의지로 추진됐기 때문에 더욱 관심이 클 수밖에 없었다.[211] '경찰청 과거사진상규명위원회'는 2005년 6월 13일 안병하 전 전남국장 건을 '민원 조사대상 사건'으로 채택했다. 곧바로 경찰청 보안과와 전남지방경찰청에 태스크포스 팀이 만들어졌다.[212]

마침내 보훈처 순직 인정, 국립현충원 안장

경찰청 과거사진상규명위는 1980년 당시 시위진압에 참가했던 경찰관 29명과 정수만 등 5·18 관련자 21명, 그리고 의사 5명, 유가족 및 지인 등의 증언을 광범위하게 수집 정리했다. 이들을 통해 5·18 민주화운동의 발단과 전개 과정, 5·18 전후 경찰경력의 동원, 진압과 철수 상황, 경찰의 무기휴대 금지 및 소산 상황, 시위진압 경찰관 및 5·18 관련자들의 안병하 전 국장에 대한 여론, 사망에 이르게 된 의학적 소견 등 순직관련 자료를 집중 조사했다. '안병하 전 전남국장 5·18 관련 순직 진상조사 보고서'는 다음과 같은 결론을 내렸다.

- 계엄군에 의한 유혈 과잉진압과 발포에 대비되는 안 전 국장의 온건진압 지침은 유혈 사태의 확산을 방지하고 국민의 자유와 권리를 회복, 신장시킨 활동에 해당될 뿐 아니라,
- 더 나아가 '민주화운동' 범주에 해당된다고 할 것이고, 의원면직 처분은 강제해직에 해당하며,
- 직무와 관련하여 불법 구금 및 혹독한 심문의 후유증으로 투병 중 사망한 사실이 명백하므로 국가유공자(순직경찰관)로 등록되어야 할 것임.[213]

이 진상조사보고서의 권고에 따라 경찰청은 곧바로 안병하 국장의 국가유공자 등록을 신청했다. 1년 뒤인 2006년 8월 23일 국가보훈처는 엄밀한 심사를 거쳐 고 안병하 국장을 순직경찰로 인정하여 등록했다. 그 사이에 2005년 9월 6일 공원묘지에 묻혀 있던 고인의 유해를 국립현충원 경찰묘역에다 안장했다. 감격적인 순간이었다. 국가유공자로 바뀌면서 순직에 해당하는 연금이 지급되기 시작했다.

그러나 기쁨은 잠시 동안에 불과했다. 유족에게는 또 다른 어려움이 닥쳤다. 국가유공자가 되면서 5·18 민주화운동 관련자 보상법에 따라 지급된 생계지원금을 반환하라는 청구서가 날아들었다. 보훈처는 경찰이나 군은 국가배상법 제2조 1항의 이중배상금지 조항에 따른 조치라고 주장했다. 유족은 생계지원 및 위로금으로 받은 1억여 원을 투병생활 중 쌓인 빚 갚는 데 써버린 지 오래였다. 게

다가 생계지원금으로 받은 보상금을 반환하라는 국가의 조치가 납득할 수 없었다. 다시 국가를 상대로 소송을 제기했다. 2009년 8월 20일, 1심 서울행정법원은 "5·18 보상법은 국가가 관련자의 명예를 회복시키며 생활이 안정되도록 돕는 배상의 성격이 있는 데 반해, 국가유공자법은 유공자에게 합당한 예우를 하기 위한 것"이라며 "이미 국가유공자로 보훈급여를 받는 사람이 5·18 보상법으로 이중 지원을 받는 것을 막는 규정은 있지만, 반대의 경우에 대한 규정은 없다"며 유족의 손을 들어줬다. 그러나 이명박 정부 아래서 진행된 2심과 3심 재판부는 이중보상이라는 입장을 견지하여 결국 유족이 패소했다.

유족 측은 반환할 돈도 없을 뿐 아니라 여전히 이 판결이 잘못됐다고 믿고 있다. 그 이유는 첫째, 1980년 6월 해직부터 2005년 여름 연금지급이 개시될 때까지 25년간 받지 못했던 고인의 보상금이 지급되지 않았다. 고인의 경우 순직으로 인정됐기 때문에 해직된 뒤 투병 기간 8년에 해당하는 급여가 지급됐어야 한다. 하지만 이 기간 중 급여에 대한 언급은 없다. 또 1988년 사망 이후 2005년까지 17년간의 연금도 지급되지 않았다. 만약 2003년 지급된 보상금 반환을 요구하려면 이런 부분에 대한 국가의 보상이 먼저 이뤄져야 할 것 아니냐는 입장이다. 1997년 대법원은 '생계지원이 필요하다고 인정'했기 때문에 국가의 보상금 지급 의무를 판시했다. 이명박 정부 하에서 대법원은 그때와 다른 잣대를 들이댄 것이다. 둘째, 왜 보상금 반환을 수령자인 미망인에 한정하지 않고 자식들에게까지 청구하는가도 납득이 어려웠다. 물론 보상금 수령자 명단에 가족의 이름이 함께 적혀 있었다는 점을 근거로 내세우고 있다. 하지만 사실상 이 보상금은 미망인의 생계지원금인데다 고인의 투병생활에서 비롯된 빚을 갚는 데 모두 소진되었다. 이 문제는 현재까지도 해결되지 않은 채 남아 있다.

한편 2009년 11월 25일 경찰인재개발원에 '안병하홀'이 들어섰다. 인천 부평에 있던 경찰종합학교가 충남 아산으로 이전 개원하면서 450석 규모의 강당에 안병하 정신을 기리기 위해 당시 박종환 경찰종합학교장(현 한국자유총연맹 총재)의 제안으로 만든 것이다.[214]

4. 대한민국 '경찰영웅 제1호'

2006년 국가는 고 안병하 국장을 공무를 수행하면서 아무런 잘못이 없었고, 합동수사본부의 고문에 의해 사망했다고 판정하여 순직으로 인정했다. '공직자의 양심적 저항권을 인정'했다고 볼 수 있다. 미흡하나마 순직이 인정됨으로써 경찰로서의 명예가 회복됐다. 유족의 지루하고도 치열한 노력의 결과였다. 하지만 국가 기관을 상대로 명예회복을 이뤄낸다는 것이 결코 쉽지 않았다. 이 과정에서 유족들은 국가의 민낯을 보게 됐다.

아직도 1980년 5·18 직후 신군부에 의해 안병하와 함께 직장에서 쫓겨난 전남경찰관들 중 누구도 명예회복이 이뤄지지 않은 상태다. 안병하 국장의 명예회복에 힘입어 고 이준규 목포경찰서장만 유족들이 나서서 재심 등 명예회복을 위한 과정이 진행되고 있을 뿐이다.[215] 그때 강제해직된 다른 경찰관들은 명예회복에 대하여 아직 아무런 변화가 없다. 경찰국장의 지시를 따랐다는 이유로 직장에서 쫓겨났던 전남경찰관들은 자신의 피해를 감수하면서도 광주시민과 공직자의 명예를 지켰다. 그런데도 불구하고 국가는 40년 동안 그들을 외면하고 있는 것이다.[216]

반면 1980년 신군부에 붙어 자신의 안위만 챙기고 영달을 누렸던 당시 경찰 수뇌부는 누구 하나 처벌 받지 않았고, 잘못을 반성하지 않았다. 오히려 그때는 어쩔 수 없는 상황이었다고 변명으로 얼버

무리고 있다.

안병하의 진실에 대한 2권의 『경찰보고서』

늦게나마 경찰청은 안병하의 1980년 5·18 민주화운동 당시 행적에 주목했다. 2005년과 2017년 두 차례에 걸쳐 자세하게 진상규명을 위한 조사를 벌였다. 그 결과 『안병하 전 전남국장, 5·18 관련 순직 진상조사 보고』(경찰청 과거사진상규명조사위원회 편, 전남지방경찰청 엮음, 2005.9.), 『경찰관 증언과 자료를 중심으로 한 5·18 민주화운동 과정 전남경찰의 역할』(전남지방경찰청 5·18 민주화운동 관련 경찰 사료수집 및 활동조사 TF, 2017.10.) 등 2권의 보고서를 펴냈다. 이 두 권의 보고서에는 1980년 5·18 당시 안병하 도경국장의 행적은 물론 그를 가장 가까이에서 지켜본 경찰 관계자들과 피해 당사자인 광주시민들의 생생한 목소리가 담겨 있다. 여기에 증언한 수십 명의 당시 전남지역 경찰관들은 물론 5·18 관련 피해자들까지 어느 한 사람도 예외 없이 안병하에 대하여 찬사를 아끼지 않는다. 이 두 권의 보고서는 우리나라 경찰의 역사를 새롭게 쓸 수 있는 중요한 기초사료다.

아쉬운 점은 이 보고서에서도 지적하듯 5·18 당시 경찰 자료의 부실 문제다. '경찰역사편찬 업무규칙'에 따르면 경찰기관은 경찰사 편찬 자료가 될 주요사항을 빠짐없이 충실히 치안일지에 기록하고,

관련 자료를 문서집중관리소에 영구히 보존하도록 되어 있다.[217] 그러나 5·18 당시 전남경찰국은 물론 각 경찰서의 치안일지나 상황일지 내용은 매우 부실하고, 심지어 상당부분이 조작돼 있다. 당시 경찰관계자들의 증언에 따르면 "5·18이 끝나고 국보위 조사를 받는 등 복잡한 일이 벌어졌기 때문에 경찰에 불리하거나 민감한 사안들은 빼 버린 것", 혹은 "보안사 등에서 예민하게 지켜보아 무기 피탈과정 등 일부가 삭제되거나 (실제와 다른 사실들이) 추가"됐다는 것이다.[218] 이와 같은 원본 공문서의 변조나 폐기는 불법이다. 경찰뿐 아니라 군 문서에서도 이와 같은 사례는 자주 발견된다. 5·18 왜곡을 주도했던 보안사령부, 혹은 511위원회와의 연관성이 규명되어야 할 부분이다.

경찰은 국민의 생명과 재산을 보호하는 역할을 부여받고 있다.[219] 특정 정치권력과는 독립적이고 중립적으로 그 역할을 수행해야 한다.[220] 그럼에도 불구하고 정부의 통제 하에서 사회질서를 유지해야 하는 경찰 조직의 속성 상 정권으로부터 중립성을 유지하기 쉽지 않다. 따라서 「안병하 비망록」은 부당한 국가권력이 국민의 이익을 해치면서까지 자신들의 사적 이익을 추구하기 위해 경찰을 이용하려 할 때 책임 있는 경찰지휘관이라면 어떤 자세를 취해야 하는지를 잘 보여주고 있다.

명예회복이 늦어진 이유

5·18이 역사적인 평가를 거쳐 '민주화운동'으로 자리매김 되었음에도 불구하고 경찰 안병하는 한동안 역사의 뒷전에 묻혀 있었다. 우리 사회가 그동안 안병하에 대하여 주목하지 않았던 것은 다음과 같은 이유 때문이 아닐까?

첫째, 신군부 잔존세력의 지속적인 5·18 왜곡 속에서 안병하는 '직무유기를 한 경찰지휘관'으로 폄훼되어 왔다.

둘째, 5·18 이후 치열하고 지난한 민주화과정에서 경찰은 과거 군부독재시절과 별다른 차이 없이 정권 수호의 파수꾼 노릇을 했고, 경찰의 본분에서 벗어난 행태에 대하여 국민들의 불신이 널리 퍼져 있었다. 경찰 수뇌부는 정권의 눈치를 보며 5·18을 거론하는 것 자체를 금기시하고 안병하 국장과 그의 가족들을 외면했다. 6월 항쟁을 불러왔던 박종철 고문치사사건, 정치사찰 등 해서는 안 될 인권침해 사건들을 당연하게 여겼다. 정권의 이해에 따라 경찰력 집행이 자의적으로 이뤄지는 흐름이 지속됐던 것이다.

셋째, 광주시민들 역시 극소수를 제외하고는 안병하 국장의 역할에 크게 주목하지 않았다. 전두환, 노태우 정권 당시 5·18 분열공작에 경찰이 앞장섰고, 이 과정에서 5·18 기간 중 형성됐던 광주시민의 경찰에 대한 신뢰가 무너져버렸다.

그러나 2017년 '촛불혁명'의 성공으로 정치상황이 바뀌었다. 박근

혜 대통령이 국정농단 사건으로 탄핵당하고 문재인 대통령이 선출됐다. 민주정부가 성립되면서 5·18 당시 안병하 국장과 4명의 순직 경찰관에 대한 행적이 다시 조명되기 시작했다. 그 노력은 경찰에 의해서가 아니라 유족과 안병하를 추모하는 시민단체 'SNS시민동맹'으로부터 시작됐다.[221] 이후 경찰 혁신을 위해 노력하는 무궁화클럽(공동대표 김장석), '안병하를 사랑하는 사람들'(차명숙), '안병하 기념사업회'(대표 이용빈) 등이 함께했다.

2017년 문재인 대통령은 5·18 기념식에 참석하여 '5·18은 불의한 국가권력이 국민의 생명과 인권을 유린한 우리 현대사의 비극'으로, '이에 맞선 시민들의 항쟁이 민주주의의 이정표'를 세웠다고 말했다. '5·18 민주화운동과 촛불혁명의 정신을 받들어 이 땅의 민주주의를 온전히 복원할 것'임을 천명했다. '안병하 국장'에 대한 언론의 재조명도 활발해졌다. 5·18 당시 시민의 안전을 위해 국가권력의 부당한 명령을 거부한 '위민정신'의 상징으로 떠올랐다.

문재인 대통령, "안병하 치안감은 위민정신의 표상"

문재인 대통령은 '인권 친화적인 경찰을 구현하라'고 주문했다. 하지만 경찰은 선배들이 이뤄낸 '민주경찰'의 성과를 드러내거나 경찰조직의 명예회복에 선뜻 나서지 못했다. 떳떳하지 못했던 과거를 들춰내고, 그 동안의 잘못을 시인하는 용기가 필요했다. 독재정권에 충성하는 사람들이 승진과 출세를 거듭했던 시절 안병하 같은 인물은 우리 경찰의 역사에서 흔치 않았다. 2017년 6월 15일 청와대로 국가유공자와 보훈가족 260여 명을 초청했을 때 안병하 국장 미망인 전임순 여사도 포함돼 있었다.

2017년 8월 22일 경찰청은 안병하 국장을 '올해의 경찰영웅'으로 선정했다. 이때 처음 만든 '올해의 경찰영웅' 제도로 말미암아 경찰청은 그 후 대상자를 매년 1~2명씩 선정하고 있다. 안병하 국장이 '경찰영웅 1호'로 선정된 것이다. 그해 11월 22일 전남경찰청에 경찰영웅을 기리기 위하여 안병하 추모 흉상이 세워졌다. 이날 추모흉상 제막식에 참석한 민주화운동기념사업회 이사장 지선 스님은 "숭고한 희생정신과 참고 견뎠던 혼은 이 민족과 세계에 빛과 용기와 희망이 될 것"이라고 강조했다. 이 자리에는 국회의원 박지원, 표창원, 이개호 등과 5 · 18 재단 및 5 · 18 관련 3단체장, 그리고 안병하 국장이 그토록 아꼈던 후배 경찰들이 참석해서 함께 추모했다.

뒤이어 11월 27일에는 사후 29년 만에 1계급 특진에 따라 치안감에 추서됐고 임명장이 수여됐다.[222] 이에 앞서 10월에는 정부가 경찰공무원 임용령을 개정하여 경찰관이 재직 중 사망했을 때뿐 아니라 퇴직 후 숨진 경우에도 공적이 인정되면 특진 일자를 퇴직일 전날로 소급할 수 있게 됐다. 따라서 경무관에서 치안감으로 특별 진급된 날짜는 '1980년 6월 1일 자'다. 2018년 3월 10일 오후, 국립현충원에서 고 안병하 치안감의 추서식이 열렸다. 이날 문재인 대통령은 자신의 페이스북에 다음과 같은 글을 올렸다.

고 안병하 경무관의 치안감 추서식이 오늘 국립현충원에서 열렸습니다. 안병하 치안감은 5·18 민주항쟁 당시 전남 경찰국장으로 신군부의 발포명령을 거부하였습니다. 시민의 목숨을 지키고 경찰의 명예를 지켰습니다. 그러나 이를 이유로 전두환 계엄사령부에서 모진 고문을 받았고, 1988년 그 후유증으로 사망했습니다. 그뒤 오랫동안 명예회복을 못했던 안 치안감은 2003년 참여정부에서 처음 순직판정을 받았습니다. 2006년에는 국가유공자가 되었고, 2017년 경찰청 최초의 경찰영웅 칭호를 받았습니다. 위민정신의 표상으로 고인의 명예를 되살렸을 뿐 아니라 고인의 정신을 우리 경찰의 모범으로 삼았습니다. 그 어느 순간에도 국민의 안전보다 우선되는 것은 없습니다. 시민들을 적으로 돌린 잔혹한 시절이었지만 안병하 치안감으로 인해 우리는 희망의 끈을 놓지 않을 수 있었습니다. 뒤늦게나마 치안감 추서가 이뤄져 기쁩니다. 그동안 가족들께서도 고생 많으셨습니다. 안병하 치안감의 삶이 널리 알려지길 바랍니다.[223]

이후로도 문재인 대통령은 기회가 있을 때마다 안병하 치안감을 경찰이 본받아야 할 상징적인 인물로 언급했다. 추서식 사흘 뒤인 3월 13일, 충남 아산의 경찰대학에서 열린 '2018년 경찰대학생 및 간부후보생 합동 임용식'에 참석해서는 축사를 통해 "5·18 광주민주화운동 당시 경무관으로서 전남 경찰국장이었던 안병하 치안감은 신군부의 발포 명령을 거부하고 부상당한 시민들을 돌봤다. 보안사령부 고문 후유증으로 1988년 세상을 떠났지만 그는 정의로운 경찰의 표상이 됐고, 그가 있어 30년 전 광주시민도 민주주의도 외롭지 않았다"고 강조했다. 같은 해 10월 25일에도 서울 용산 백범기념관에서 열린 제73주년 경찰의 날 기념식에서 "제주4.3 당시 상부의 민간인 총살 명령을 거부하고 수많은 목숨을 구해낸 문형순 성산포서장, 도산 안창호의 조카딸로 독립투사였다가 해방 후 경찰에 투신한 안맥결 총경, 80년 5월 광주에서 신군부의 시민 발포명령을 거부한 고 안병하 치안감이 명예로운 경찰의 길을 비춰주고 있다"고 언급했다. 2019년 8월 23일 중앙경찰학교 졸업식에서는 "임시정부 초대 경무국장 백범 김구 선생의 '애국안민' 정신이 우리 경찰의 뿌리가 되었다"고 말하면서 "독립운동가 출신으로 경찰에 참여했던 안맥결, 전창신, 최철룡 등 선구자들의 정신이 80년 5월 광주 안병하 치안감으로 이어졌다"고 거듭 강조했다.

　문재인 대통령이 '안병하 치안감'에 이토록 깊은 관심을 표명하는 것은 문재인 정부가 역점사업으로 추진하는 국가의 권력구조 개편 결과 경찰의 위상이 크게 높아지는 것과 관련이 깊다. 검경 수사권 조정에 따라 경찰은 직접 기소할 수 있게 되었고, 국정원의 대공 수사권이 경찰로 넘어왔으며, 자치 경찰제 시행 등이 바로 그것이다. 경찰의 권한이 크게 확대되는 만큼 "수사의 공정성이나 전문성은 물론 특히 안보사건의 경우 피의자, 피해자, 참고인 등을 수사할 때 모든 사람들의 인권을 보호"해야 할 필요성이 그 어느 때보다 높아졌다.[224]

안병하 치안감의 비망록에 새겨져 있는 '시민의 안전'을 최우선으로 하는 자세야말로 과거와 달리 경찰의 역할이 훨씬 커지는 상황에서 경찰에게 요구되는 가장 중요한 덕목이기 때문이다.

군인에서 경찰로 전직

저는 지난 79年2月20日부터 80. 5.24日 까지 全南警察局 局長으로 奉職한바 있는 尹 杰重 입니다

80當時 全南警察局 산하에는 24個警察署 와 南光警察署를 맡고있떤 3個 機動大隊 와 2個 機動中隊가 있어으며 80. 5. 17. 24日에 全地域으로 非常戒嚴 이 擴大實施되기前 에 까지의 全體 로 봤을때 全南一帶의 治安은 比較的 他 市道에 比하여는 比較的 平穩을 찾기하였었읍니다

80. 3月에 접어들면서 全국大學街 에서는 校內問題 에서 벗어 새世界에 하면서 解明을 要求하면서 校團 소요事態가 일기 始作하였으며 光州地方에서도 全南大 朝鮮大 等 一部 학생들이 반 라 散포 等 소요的인 行동가 일기 始作하 였으며

5月에 접어들면서 서울學生데모에서 大규모 로 集団行動 가 계속됨에 따라 그 영향으로 光州에서도 5. 3日과 5. 9. 日에는 全南大 朝鮮大 校内에서 一部 학생들가 集會를 열었으며 5. 14日과 5. 15일 에는 全南大生 뿐 2. 300여이 校内未成 道 機関突破를 企圖하는 것을 阻止한바 인느며,

5. 16日에는 全南大총학생회長이 中심部 課長 室内로 학生을

출생 및 유년시절

안병하의 유년 시절은 평범했던 것으로 보인다. 그의 어린 시절이나 성장과정에 대한 자료가 풍부하지는 않다. 다만 '광주민주화운동관련자 보상심의위원회'에 제출한 서류[225] 가운데 첨부된 '호적부'를 살펴보면 어떤 환경에서 자랐을지 대략은 짐작할 수 있다.

안병하는 아버지 안형근(安亨根, 1908.10.27.~1990년대 중반)과 어머니 박씨(朴都似伊, 창씨개명으로 추정, 1904.4.12.~1988.9.2) 사이에서 1928년 7월 13일 장남으로 태어났다. 어머니의 고향은 강원도 고성군 토성면 사율리 57번지다. 할아버지 안승태(安承泰)는 순흥(順興) 안씨로 강원도 양양군 양양면 남문리 178번지에서 살았다. 이 할아버지의 주소는 안병하 때까지 동일하다. 이로 미루어 최소 3대 이상은 이곳에서 살았던 것으로 확인된다. 어머니는 양양군과 인접하여 동해안의 북쪽에 위치한 고성군에서 출생한 것으로 보아 전형적인 강원도 사람들이었다. 할아버지는 평생 글을 쓰고 책을 집필한 학자였다고 한다.

안병하의 아버지 안형근은 일제 때 원산에 있는 전문학교에서 서무과 직원으로 일했다. 그의 집안은 할아버지 때부터 교육에 대한 중요성을 일찌감치 깨달았던 것으로 보인다. 할아버지가 학문에만 뜻을 두다보니 아버지 때도 재산이 그리 넉넉하지는 않았다. 그렇다고 끼니를 거를 만큼 어려운 형편도 아니었다. 부친은 한문과 일본어에 능통해서 한때 일본어로 된 『노자』를 한문의 원본과 비교해 우리말로 번역을 한 적도 있었다. 집안이 부유하지는 않았지만 '법이 없어도 살 만큼' 남의 것을 탐하지 않고 대쪽 같은 선비의 모습을 유지했다. 아버지의 이런 성품은 장남인 안병하에게도 유전됐던 것 같다. 그는 군과 경찰 등 공직 생활 전반에 걸쳐 한 치의 흐트러짐도 없이 청렴결백한 자세를 유지했다.

안병하가 태어난 곳은 현재 양양의 현산공원 바로 아래 도로변 양양등기소 옆이다. 태어난 집터에서 보면 앞산이 현산공원이고 군청 앞을 지나 2~3분 거리에 그가 다녔던 양양보통공립학교가 있었다. 어릴 적에는 남대천에서 친구들과 함께 물장구 치고 고기를 잡느라 시간 가는 줄 몰랐다. 졸업 후 중학교는 국내가 아닌 일본 도쿄 인근 시라오카현의 제국중학교에 입학했다. 어린 안병하는 스스로 유학에 필요한 서류를 알아보고 준비해서 부모의 허락을 받아 홀로 일본으로 건너갔다. 당시 중학생을 동경으로 유학 보낸다는 것이 강원도 바닷가의 시골마을에서는 쉽지 않았다. 하지만 아버지가 교육에 대한 관심이 많았기 때문에 대견스럽게 생각하면서 장남의 뒷바라지를 했다. 안병하 역시 학비와 생활비를 벌기 위해 신문팔이, 구두닦이 등 고달픈 생활을 하면서 공부했다. 일본에서 안병하의 유학생활에 대해서는 알려진 바가 거의 없다.

진취적인 교육자 집안에서 성장

청년 안병하는 18세 때 해방을 맞았다. 해방이 되자 일본에서 학업을 중단하고 한국으로 돌아와 서울에 있는 '광신상업고등학교'[226] 6학년으로 편입했다. 서울에서는 누나 집에 기거하면서 학교를 다녔다. 해방 직후 혼란기라 아직 교육기관의 체제가 채 정비되지 않은 시기였다. 이 학교에서 동문으로 인연을 맺게 된 중요한 인물이 한 명 있었다. 1979년 계엄사령관 직에 올랐던 정승화 육군참모총장이다. 정승화는 1929년 2월생으로 나이는 1928년생인 안병하 보다 1년 아래였지만 광신상고의 1년 선배였다. 물론 고등학교 다닐 때는 서로 몰랐다. 군 생활을 마치고 5·16 이후 정승화는 군인의 길로, 안병하는 경찰의 길로 나아가면서 이런저런 모임에서 만나 고교 선후배라는 것을 알게 됐고, 가족끼리도 친해졌다. 한때는 정승화 사령관이 안병하의 아들 혼사에 주례를 서주기로 약속까지 했을 만큼 서로 가까웠다. 그러나 정승화는 1979년 '12 · 12군사반란' 당시 전두환 보안사령관에 의해 강제 연행, 구속 수감된 뒤 이등병으로 강등됐다.[227] 안병하 역시 그로부터 5개월 후인 1980년 5월 광주에서 전두환 합동수사본부장에 의해 '직무유기' 혐의로 강제 해직됐다. 1983년 안병하가 투병생활 중 고향인 강원도 양양을 찾았을 때 그곳에 정승화 부부가 찾아와 서로 '동병상린(同病相憐)'의 회포를 푼 적도 있었다. 12 · 12와 5 · 18이라는 서로 동일한 맥락의 역사적 사건에서 톱니바퀴처럼 얽혀진 운명의 주인공들이었다.

안병하 부모의 개방적이고 진취적인 태도는 이후 자녀들의 삶에도 큰 영향을 끼쳤다. 안병하는 4남매였는데 위로 누님 한 명과 밑으로 두 명의 남자 동생이 있었다. 안병하를 제외한 3명은 모두 미국으로 이민 가 LA에서 살았다. 그의 누님은 결혼 후 운수업을 했던 매형과 함께 미국으로 갔다. 바로 아래 동생도 미국에서 목사 생활을 했고, 막내 동생 역시 중앙대를 졸업한 후 미국 유학을 가서 정밀기계 분야 미국회사에서 근무했다. 안병하 치안감이 5 · 18 이후 고문후유증으로 고통을 겪고 있을 때 미국에 가서 치료를 받을 수 있었던 것은 미국에 살고 있던 누님과 동생들의 도움 때문이었다. 그의 아버지도 1990년대 중반 미국에서 사망했다.

육사 8기 입교

청년 안병하는 21세 때인 1948년 9월 5일 육군사관학교[228] 8기로 입교했다. 그가 입교했을 때는 미군정이 끝나고 남한만의 단독선거를 거쳐 대한민국 정부가 수립된 직후였다. 정부 수립 이전에는 미군정이 통치했다. 미군정기 동안 한국사회는 대구, 여수, 순천 및 제주 등지에서 극심한 이데올로기적 갈등을 거쳤고, 미국과 소련 사이의 냉전체제가 강화되면서 한반도는 남북으로 갈라졌다.[229] 이 시기에 남한에서는 반공 이데올로기가 정착되었으며, 정치 경제 사회 문화 등 모든 영역을 지배하기 시작했다. 이때 육사는 젊고, 총명하며, 야망에 찬 유능한 청년들에게는 국가 형성에 기여하고 개인적 성공까지 보장받을 수 있는 매력적인 선택이었다.

그가 입교할 때 육사의 입시 경쟁은 매우 치열했다. 육사 8기생 입교시험 경쟁률은 10대 1이었다. 정부 수립 직후였기 때문에 한국군의 초급 간부 수요가 컸다. 정부가 부족한 군 병력을 채우기 위해 강제 징집령을 실시할 것이라는 소문이 파다하게 나돌았다. 기왕 군 복무를 할 바에는 장교로 가는 게 낫다고 판단한 사람들이 많았다. 8기의 입교생 숫자는 1천 명이었는데 졸업생은 1,263명으로 늘었다. 졸업할 무렵 특과 후보생 335명이 추가된 것이다.[230]

육사 8기생은 숫자가 많아서 2개 대대로 나눴다. 제1대대는 1.2.3 중대, 제2대대는 5.6.7중대로 구분됐다. 8기생에는 다른 육사 기수와 달리 특별반이 있었다. 8기의 특별반은 4개 반으로 편성됐는데 광복군, 독립군 출신들이었다. 오랫동안 독립운동을 했던 까닭에 40~60세의 고령자들이 주를 이뤘다. 이보다 앞선 육사 2,3,4기에는 광복군뿐 아니라, 중국군, 만주군, 일본군 출신마저 혼재돼 있었던 것과 분위기가 사뭇 달랐다. 육사 8기 특별4반에 입교한 광복군과 독립군 출신들은 오랜 독립투쟁기간 중 가슴에 간직했던 그들의 염원을 풀기 위해 육사에 입교한 것이다. 1940년대 중국 충칭에서 대한민국 임시정부가 만든 광복군 출신이 많았다. 그들은 새로 수립된 대한민국에서 맨 처음 뽑는 육사생도가 됐다는 점에서 자긍심이 컸다. 부자지간, 장인과 사위가 동시에 입학한 사례도 있었다.[231] 특별1반은 1948년 12월 7일 11명이 입교했다. 이들은 3주간만 훈련을 받고 1949년 1월 1일 자로 대위에서 대령까지 각각 다른 계급으로 임관했다. 특별반 출신들은 과거 군사경력이 많았던 만큼 6·25 전쟁 때는 사단장 등 대부분 고급지휘관 역할을 맡았다. 일부는 제주도와 지리산지구 공비토벌작전에 참전했고, 옹진전투, 안강, 기계전투에서는 중대장, 대대장 요원으로 활약했다. 첩보부대(HID)와 특무대(CIC), 군사정보대(MIG) 등에서도 활동했다.

건국 초기 경찰 예비대로 출발한 군은 6·25 전쟁을 거치면서 미국의 군사원조 아래 약 55만 명 규모로 급팽창했다. 이에 따라 군은 해방 후 반세기 동안 한국사회를 움직이는 가장 거대하고 영향력이 큰 집단이 됐다. 그 정점에는 육사 출신의 장교들이 포진했다.

5·16 군사정변을 주도했던 박정희는 육사 2기였고, 그를 도와 정변을 성공시켰던 군부 내 주도세력은 육사 8기였다. 김종필(전 국무총리)을 비롯, 김형욱(전 중앙정보부장), 강창성(전 보안사령관), 윤필용(전 수경사령관), 유학성(전 국가안전기획부장), 이희성(전 육군참모총장), 차규헌(전 수도군단장), 진종채(전 2군사령관) 등 군사정권시절 권력의 요직을 차지했던 인물들이 모두 육사 8기 출신들이었다.[232]

안병하가 육사에서 교육을 받은 기간은 총 22주, 즉 5개월 반에 불과했다. 육사에서 10기까지가 단기 사관이다. 이때까지는 초급 간부 수요를 맞추기 위해 교육기간을 짧게 운영했다. 교육기간은 짧았지만 안병하의 인생에서 8기 동기생들과 교분을 맺게 되는 육사 생도시절은 가장 중요한 시기라고 볼 수 있다. 그가 한국사회의 지배엘리트 그룹과 인연을 맺을 수 있었던 결정적인 계기가 바로 육사였기 때문이다. 그들과의 인연은 살아가면서 좋게 작용할 때도 있었지만 때로는 악연이 되기도 하면서 좋든 싫든 평생 동안 이어졌다.

반공, 민주주의, 책임의식 형성

육사는 안병하의 성장 궤적에서 그의 '사고(思考)' 형성에도 중대한 영향을 끼쳤던 것으로 보인다. 처음으로 '반공 이데올로기'를 체계적으로 교육받았다. 가르칠 사람도 부족했고, 교육 내용도, 재원도 미흡했던 시절이지만 미국의 군사교육과정을 모방한 육사의 교육은 흡수력이 빠른 시기의 젊은이에게 매력적이었을 것으로 보였다. 당시 미·소간의 냉전 갈등이 깊어지던 시절인지라 소련의 공산주의 확산에 반대하는 미국의 전략은 군사엘리트 교육에도 그대로 반영됐다. 안병하의 경우 육사에서 고위급 군사 교육을 통해 형성된 반공이념이 6·25 전쟁에서 실전을 거치면서 더욱 강화되었던 것으로 보인다.

그리고 민주주의가 아직 우리 사회에 정착되지 않았을 때 육사의 교육과정을 통해서 미국식 민주주의에 대한 기본 개념을 익혔을 가능성도 크다. 책임과 의무, 인권과 권리 의식을 바탕으로 이해관계가 충돌하는 사항에 대해서 끊임없는 설득과정을 통해 민주적 합의에 도달할 수 있다는 점을 배웠을 것이다. 경찰 재직 시에 그가 학생시위를 진압하는 방식은 일방적이지 않았다. 가급적 시위 학생들을 설득했고, 설득에 실패하면 폭력 보다는 시위대의 규모가 커지지 않도록 시위관리에 중점을 뒀던 것도 이와 같은 민주적 원칙에 뿌리를 내리고 있었다.

5·18 당시 그가 신군부의 강압적인 시위진압 압력에 굴하지 않고 발포를 거부했던 것은 공직자로서 강한 책임 의식에서 비롯된 것이다. 상부에서 지시하는 사항이라고 무조건 따르기 보다는 그 지시의 정당성 여부를 판단한 다음 행동했다. 자기의 위치에서 책임과 직무의 한계가 무엇인지를 파악한 후 그 원칙에 맞게 움직였

던 것이다. 개인과 가족의 희생을 무릅쓰고 시민의 생명과 재산을 지키는 길을 택한 것도 이런 정신적 바탕에서 비롯되었다고 보는 것이 타당할 것이다.

이 시기에 또 하나 주목할 점은 나이 지긋한 독립군, 광복군 출신의 동기생들과 생활하면서 그들로부터 받은 정신적 영향도 컸을 것으로 짐작된다. 이후 그의 군이나 경찰 생활에서 드러나듯이 철저한 자기절제와 희생정신, 책임감, 청렴함 등은 공직자로서 보기 드물게 모범적이었다. 이런 특성은 일반적으로 유년시절 가정교육과 집안 어른들, 혹은 학교에서 교육과정을 통해 형성되기도 하지만 안병하의 경우 육사시절 이들 독립군과 함께 같은 생활공간에서 훈련을 받으면서 크게 영향 받았을 것으로 추측된다. 해방 직후 독립군이나 광복군의 존재감은 남달랐다. 이들은 조국 해방을 위해 헌신했다는 점 때문에 국가 성립에 대한 기여도나 명분에서 일제에 충성했던 일본군 출신과 비교할 수 없었다. 상해나 충칭의 임시정부에서 독립운동에 투신했던 기라성 같은 존재들이었다. 이들과 부대끼면서 안병하는 마음속 깊은 곳으로부터 공직자로서 헌신성을 키웠을 것이다.

1949년 5월, 안병하는 22세 때 육사를 졸업하고 군번 14562번을 받아 육군 소위로 임관하면서 전방에 배치됐다. 동기생 가운데 우등생 20여 명만 육군본부에 배치됐고,[233] 대부분은 일선 전투부대 소대장으로 군 생활을 시작했다. 1년 뒤 6·25 전쟁이 터졌다. 전쟁이 발발하자 안병하를 비롯하여 육사 8기 동기생들은 소대장, 중대 부관, 대대참모 등으로 최전방에서 전투를 치러야 했다. 육사 8기 졸업생 가운데 3분의 1인 367명이 전사하고, 35명이 실종되는 비운을 겪었다. 육사 8기는 시기적으로 6·25 전쟁을 온몸으로 겪은 기수였다.

6·25 전쟁 영웅

전쟁은 영웅을 탄생시킨다. 전쟁은 청년 장교 안병하를 성장시키는 계기가 됐다. 6·25 전쟁 시기의 안병하에 대한 기록은 충남 아산에 자리 잡은 경찰인재개발원에서 2015년에 발간한 교육용 책자 『불멸의 경찰, 이곳에 영원히 살아 숨쉬다』에 자세히 기록돼 있다.[234] 이 자료를 바탕으로 6·25 전쟁 시기 그의 행적을 정리하면 다음과 같다.

6·25 전쟁이 발발했을 때 23세의 청년 안병하는 중위로 승진하여 춘천에 주둔한 국군 6사단의 포병 관측장교로 복무하고 있었다. 당시 6사단장은 김종오 장군이고, 안병하 중위는 임부택 중령의 7연대 16포병대대 소속이었다. 휴전선과 가까운 춘천은 1950년 6월 25일 새벽 4시부터 북한군의 포화가 집중됐다. 6사단 7연대는 춘천에 지휘소를 두고 교전을 벌였다. 북한군의 전략은 서부전선을 돌파하는 동시에 춘천과 홍천 방면의 동부전선을 뚫어 수원 이남으로

진출해서 수도권을 포위한다는 계획이었다. 급작스런 남침 상황에 서부전선 1사단과 7사단이 대책 없이 무너졌다. 동해안 강릉에 상륙한 북한군에 의해 그곳을 지키던 국군 8사단 역시 대관령으로 밀리는 상황이었다. 그나마 내륙에 위치한 춘천과 홍천의 동부전선만 전투에 대비할 시간 여유가 다소 있었다.

춘천을 6월 25일 새벽에 기습 공격한 북한군 부대는 2사단과 7사단으로 2만4천 명이나 되는 큰 규모였다. 국군 6사단은 25일과 26일 이틀간 춘천 옥산포 보리밭 개활지에서 밀려드는 적을 맞아 치열한 방어전을 펼쳤다.[235] 이 전투에 참전한 안병하 중위는 무전병한 명만 데리고 북쪽 지역으로 침투해 적진에 대한 정확한 정보를 구해오겠다고 자청했다. 북한군 화력이 너무 우세해서 버티기 어려웠기 때문이다. 안 중위를 적진에 보내고 참모들은 초조하게 연락을 기다렸다. 적진 깊숙이 들어간 안 중위는 본부에 무전을 보냈다. 적의 화력과 배치상황을 상세하게 본부에 보냄으로써 6사단은 북한군에 비해 상대적으로 작은 규모의 화력이었지만 이 정보를 효과적으로 활용하여 적의 남하를 지연시키는 데 성공할 수 있었던 것이다.

1950년 7월 5일 미군 지상군이 투입됐지만 죽미령 전투에서 패배한 미군은 어려움을 겪고 있었다. 전황은 좀체 호전되지 않았다. 안병하가 소속된 6사단도 8사단과 더불어 방어선을 구축하기 위해 철수를 거듭했다. 국군은 미군과 낙동강 방어선을 경계로 지연전을 계획했다.

음성 동락리 전투가 벌어진 시기는 바로 이때다. 6사단은 춘천 전투를 치르고 원주를 거쳐 충주로 후퇴하면서 적의 남하를 늦추기 위해 전투를 계속했다. 7월 7일 사단장 김종오 대령은 북한군 15사단이 장호원을 점령했다는 소식을 듣고, 안병하가 소속된 7연대를 장호원에 급파한다. 장호원에 도착해보니 북한군은 이미 장호원을 통과해 음성 방면으로 남하하고 있다는 첩보가 들려왔다. 7연대는 음성 북쪽에 매복했다.[236] 그날 오후 5시, 국군 7연대의 기습 공격이 시작됐다. 방심하던 북한군 48연대는 포위망을 쉽사리 빠져나오지 못한 채 전력 손실을 크게 입었다. 이 전투는 다음날 7월 8일 오전 8시까지 15시간이나 지속됐다. 북한군 전사자는 1천여 명이나 됐고, 포로가 97명에 이르렀다. 7연대는 이 전투에서 차량 80여 대와 장갑차 10대, 소총 등 2,050여 정, 122미리 박격포 6문 등 각종 무기를 노획했다.[237] 개전 이래 최대의 전과를 올린 것이다. 당시 동락리 전투를 주도했던 국군 7연대 2대대는 병력이 400여 명, 81밀리 박격포 1문, 중기관총 1정뿐이었다는 사실을 고려하면 국군의 전과가 얼마나 큰 것인지 짐작할 수 있다.

이승만 대통령은 이 소식을 전해 듣고 크게 기뻐했다고 한다. 1950년 9월 29일 대통령이 제6사단에 표창장을 수여했고, 7연대 모든 장병들은 1계급씩 특진했다. 안병하 역시 중위에서 대위로 특진했다. 국군 창설 이후 최초로 거둔 가장 큰 규모의 전과였다. 여기서 노획된 무기들은 유엔총회로 보내져서 소련이 한국전쟁을 도발했다는 사실을 입증하는 증거로 제시되었다. 국군은 이후 평택, 안성, 충주, 울진을 잇는 저지선을 설정할 수 있었다. 저지선의 동부는 국군이, 서부는 유엔군이 담당하는 전선의 재정비가 이뤄지게 됐다.

유엔군의 참전으로 전세가 역전됐다. 1950년 10월 24일, 이승만 대통령은 유엔군 진출 한계선인 38선을 철폐하고 제8군사령관과 제10군단장에게 전 병력을 투입해 가장 빠른 속도로 국경을 향해 진격하라는 수정명령을 하달했다. 그러자 모든 부대들이 전후좌우를 가리지 않고 압록강의 국경선을 향해 달리기 시작했다. 안병하가 소속된 6사단은 선두에서 평양을 우회하여 순천에 맨 먼저 진출했다. 이곳에서 퇴각하던 북한군이 미처 수습하지 못한 150여 대의 차량을 노획했다. 6사단은 이 수송수단을 이용함으로써 가장 앞선 선두부대로 북진 속도를 더욱 빠르게 할 수 있었다. 북진 중 계속해서 차량을 더 노획하여 300대의 트럭을 타고 어느 부대보다 빠르게 압록강에 도착했다.

1950년 10월 26일 아침 7시에 6사단 7연대는 압록강을 향해 마지막 진격작전을 시작했다. 초산 남쪽 6킬로미터 지점에서 북한군 8사단의 패잔병과 치열한 교전이 있었으나 곧 제압했다. 차량에 탑승한 안병하의 7연대 1대대(대대장 김용주 중령)는 초산을 향해 진격을 계속했고, 이날 오후 2시 15분 드디어 압록강 남단의 한만국경

선까지 진출했다. 국군으로서는 압록강에 도착한 최초의 부대였던 것이다. 그곳은 한반도 북부 끝으로 강 너머는 중국 땅인 만주였다. 더 이상 진격할 곳이 없었다. 안병하의 1대대 장병들은 강변에 태극기를 꽂고 압록강 물을 수통에 가득 채웠다. 가슴 벅찬 흥분의 순간이었다. 이 역사의 현장에 안병하가 있었다. 이 부대는 '초산 부대'로 불리기도 했다.

그러나 감격의 순간은 짧았다. 다음날인 10월 27일, 7연대장 임부택 대령이 압록강변 초소를 방문해서 서쪽 벽동 쪽으로 진격했던 2연대가 중공군 매복에 걸려 고전하고 있다고 걱정하며 돌아갔다. 압록강에 머문 시간은 채 이틀도 되지 못할 만큼 짧았다. 28일 오후 5시 초산읍에 자리 잡은 1대대에는 중공군이 퇴로를 차단했다는 소식과 함께 즉각 신속히 철수하라는 명령이 떨어졌다. 29일, 7연대는 중공군의 사격과 교량 파괴를 뚫고 남하하면서 포위망을 벗어나려 했으나 실패했다. 30일 자정 한밤중에 길게 늘어선 7연대를 중공군 제38군 예하 3개 사단이 동쪽으로, 제40군 예하 3개 사단이 서쪽으로 묘향산 일대 퇴로를 차단하면서 덮쳤다. 이때 7연대는 병력의 76%가 전사했다. 생존자도 대부분 포로가 되었다. 부대 자체가 붕괴되고 말았다. 안병하 대위는 이날 밤 야음을 틈타 깊은 산속으로 피신했다. 낙엽 속에 몸을 숨긴 채 3일을 버텼다. 9일 후에야 포위망을 뚫고 간신히 아군 지역으로 복귀할 수 있었다.[238] 1957년 5월 7일 자 보병 6사단 소속 대위 안병하는 전투에 참가해 뚜렷한 무공을 세운 군인에게 주어지는 '무공훈장'을 받았다.[239] 무공훈장중에는 "멸공전선에서 제반 애로를 극복하고 헌신 분투하여 발군의 무공을 수립하였으므로 그 애국지성과 혁혁한 공적을 가상하여 대통령내훈 제2호에 의거 부여된 국방부장관의 권한에 의하여 이에 무성화랑 무공훈장을 수여"한다는 문구가 새겨져 있다. 안병하는 6 · 25 전쟁을 통해 화랑무공훈장 2개와 상이기장, 6 · 25 참전기장 등을 수훈했다. 전쟁 영웅이 된 것이다. 쏟아지는 포탄 속에서 살아남았던 그는 보기 드물게 운도 좋았지만 부하들을 아끼고 실제 전투에 임했을 때는 지휘관으로서 용맹스러운 모습을 잃지 않았다.

결혼

그 후 안병하 대위는 대구 육군본부 감찰장교로 감찰관실에 근무하다가 강원도 고성에 주둔하고 있던 15사단 감찰부 보좌관으로 전속되었다. 1953년 봄에 결혼했다.[240] 휴전 체결을 앞두고 있던 때라 전방에서는 아직 포연이 사라지지 않았다. 휴전협정 타결을 앞두고 막바지 협상에서 우위를 점하기 위해 수시로 소규모 전쟁이 발생할 때였다. 그런 상황인지라 민간인은 고성까지 마음대로 들어갈 수조차 없었다.

강원도 고성군 토성면에는 안병하의 이모가 살고 있었다. 신부 전임순은 군복을 입고 안병하 대위와 둘이 지프차에 탄 채 고성 토성면에 있는 이모집으로 갔다. 속초중학교 강당에서 신랑의 친지들과 고향친구, 군부대 동료들이 참석한 가운데 15사단 사단장 주례로 조촐한 결혼식을 올렸다. 신부 들러리는 신랑의 지인들이 맡았다. 신혼생활은 이모 집에서 시작했다. 그 후 부모도 고향에 다시 와서 가까운 곳에 살게 되었다.

결혼 후 안병하는 소령으로 진급하여 사단 감찰부장이 되었다. 곧이어 몇 달 후 부대 이동에 따라 춘천으로 이사를 했고, 그 후 화천의 9사단을 거쳐, 양구 2사단에서 중령으로 진급하여 대대장, 부연대장이 됐다. 결혼한 다음 해인 1955년 말에 첫 아들을 낳았고, 둘째 아들은 1956년 12월, 셋째 아들은 1959년 5월에 태어났다. 비록 전방생활이었지만 참으로 행복한 날들이었다. 안병하는 강원도 양구에 있을 때 중령을 마지막으로 군복을 벗고 경찰로 전직했다.

안병하의 부인 전임순은 함경북도 성진에서 1933년에 8남매 중 장녀로 출생했다. 아버지 이름은 전우(全祐), 어머니는 이순녀. 아버지의 고향은 함경남도 북청이었는데 3남매 중 장남이었다. 전임순의 삼촌과 고모는 동경에 유학을 갔고, 아버지 역시 일본 유학 후 30대 초반에 함경북도 성진에다 출판사를 차렸다. 성진에서는 두 번째로 규모가 큰 출판사였다. 전임순이 8살 되던 1941년 대동아전쟁이 한참일 때 충청남도 성환으로 집을 사서 이사했다. 1945년 해방되던 해에 곧바로 서울 용산 원효로 쪽으로 이사했고 전임순은 용산 국민학교에 다녔다. 아버지는 사업수완이 좋았다. 무궁화표 비누,

닭표 간장, 닭표 성냥 공장의 창설자로서, 하는 일마다 잘 풀렸다.

한편 전임순의 할아버지는 이북에서 내려오지 못했다. 해방 전에는 할머니와 할아버지가 자주 왕래했지만 휴전선이 생기면서 할아버지는 더 이상 나오지 못하고 고향 친척들의 보살핌을 받으면서 세상을 떴다고 한다. 그녀의 아버지는 하루라도 빨리 남북이 통일되기를 소원하면서 월남해서 서울로 오는 친척들을 일일이 보살폈다. 집을 얻어주고 학비도 대주면서 여러 친척들이 자리 잡고 살 때까지 도움을 베풀었다. 그러다보니 집에는 20여 명 이상의 식구들이 항시 북적거렸다.

전임순이 수도여고 2학년 때 6.25가 터졌다. 억수같이 비오는 날 피난가려고 준비하던 중 한강철교가 폭파되어 끊어졌다. 한강철교와 가까웠던 그녀의 집 마루에 폭탄이 떨어졌다. 그날 아침 18명의 식구가 한데 모여서 아침식사를 하고 있었는데 몇 명이 다치기는 했으나 다행히 한 명도 죽지는 않았다. 옆집에 살던 사람들은 모두 사망했다. 그 후 효자동 자하문 밖 과수원에 집을 얻어서 살다가 1·4 후퇴 때는 일찌감치 대구로 피난을 갔다. 대구에서는 경북여고에 다녔다. 아버지는 대구에서도 과수원 창고를 얻어 닭표 성냥 공장을 차렸는데 전쟁 중이지만 잘 팔렸고, 딸린 식구는 여전히 많았다. 그러나 아버지는 집에 폭탄이 떨어졌을 때 얻은 후유증으로 건강이 좋지 않았다.

1951년 봄 방학 때 어렸을 적 함께 자랐던 삼촌 소식을 들었다.

피난 중에 헤어졌는데 부산 동래 온천 지서장으로 있다는 말을 듣고 친구와 함께 부산으로 찾아갔다. 친구는 오빠가 군인이었는데 전쟁 중에 소식이 끊겨서 혹시 삼촌을 만나면 알아 볼 수 있을지 모르겠다는 생각에서 함께 나섰다. 마침 삼촌은 전라도 지리산 토벌 작전에 참가한 터라 숙모만 만날 수 있었다. 오빠를 찾고 싶어 하는 친구의 사연을 듣고 숙모는 자신이 알고 있는 군인이 있는데 혹시 그 사람이 어디에 있는지 알 수 있을지도 모른다면서 그를 불렀다. 다음날 그 군인이 숙모집에 나타났다. 호리호리한 키에 미남형의 대위였다. 그때 안병하 대위를 처음 만났다. 안 대위는 당시 전투 중에 입은 상처 때문에 부산 동래에 있던 육군병원에 입원하고 있었다. 숙모 부부는 서울에 있을 때 안 대위가 노량진에서 고등학교를 다녔는데 그때부터 친분이 있는 사이라고 했다. 친구가 오빠의 부대를 이야기하면서 안 대위에게 찾아달라고 부탁하자 곧바로 소재지를 알려줬다.

그때부터 시작된 두 사람의 인연은 당시 부산에 살던 수도여고 친구 안정옥(아버지가 부산 영도 자혜병원 원장)을 통해 이어졌다. 대구 육군본부 감찰관실에 근무할 때에도 전임순은 친구들과 함께 안 대위를 몇 차례 더 만났다. 그러던 중 아버지의 건강이 악화돼 통영으로 이사를 했다. 안 대위는 부산 친구 안정옥을 찾아와 전임순과 결혼하고 싶다는 마음을 꺼냈다. 전임순은 당시 결혼할 형편도 아니고 서울 가서 대학에 다닐 생각이라 청혼을 거절했다.

이윽고 안 대위는 전방으로 떠났다. 얼마 후 전임순의 식구들은 서울로 올라왔다. 문득 안병하 대위가 그리워진 전임순은 용기를 내서 용산에 있는 육군본부를 찾아갔다. 감찰 배지를 단 장교에게 안병하 대위의 근무지를 수소문했다. 장교는 친절하게 전화까지 연결해줬다. 안병하 대위는 설레는 마음으로 당장 서울로 전임순을 찾아왔다. 건강을 회복한 안병하의 모습은 대구에서 만났을 때보다 훨씬 늠름하고 매력적이었다. 안병하는 전임순의 아버지가 딸의 공부 때문에 결혼을 반대한다는 사실을 알고 직접 집으로 찾아왔다. 마침내 아버지를 설득한 끝에 결혼 승낙을 얻었다.

결혼 후 안병하는 곧바로 소령으로 승진했다. 그는 결혼 후에도 줄곧 감찰 장교로 지냈다. 휴전 후 군은 아직 질서가 잘 잡히지 않은 데다 미국의 군사원조에 의존하던 시절이라 원조 군수 물자를 둘러싸고 비리사건이 많았다. 소위 '끗발 좋은 자리'였다. 당시 군 감찰부는 비리가 심했던 보직이고, 마음만 먹으면 큰 부를 축적할 수도 있는 자리였다. 하지만 그는 이 자리를 자신의 개인적인 이익을 채우기 위해 이용하지 않았다. 군납업자의 비리를 파헤치고, 조사를 하여 납품업자들에게 테러를 당하거나 협박을 받는 등의 일도 빈번했지만 소신을 굽히지 않았다. 비리를 적발하면 단호하게 처리했다.

1960년 4월 19일, 4·19 혁명이 터지던 날 처갓집에 와 있던 아내를 만나기 위해 안병하는 잠시 서울로 나왔다. 아내와 함께 광화문

일대를 지나면서 학생들이 격렬하게 시위하는 모습을 지켜보았지만 아무런 말도 없었다고 한다. 당시만 해도 군인은 국방에만 충실해야 한다는 생각을 강하게 가지고 있었기 때문이다.

'정치하자'는 권유 뿌리쳐

이듬해 1961년 5·16 군사정변이 일어났다. 박정희 소장을 도와 5·16을 성공시킨 것은 육사 8기 출신 군 장교들이었다. 육군본부 전투정보국에서 박정희와 인연을 맺은 김종필, 김형욱 등 안병하의 동기생들이 전위부대로 행동대 역할을 했다. 안병하는 전방부대에서 근무했기 때문에 5·16과는 무관했다. 그런데 5·16 직후 동기생들이 전방부대로 안병하를 찾아왔다. 그때 찾아온 사람 중 전임순이 기억하는 인물들은 오치성[241] 길재호[242] 등 6명이었다. 그들은 안병하에게 "세상이 바뀌었다", "우리에게 기회가 왔다", "혁명 대열에 함께 참여하자"며 3공화국 정권의 출범에 참여할 것을 권유했다. 안병하의 반응은 단호했다. "군인이 무슨 정치냐"면서 동기생들의 권유를 뿌리쳤다.[243] 이때 그들의 권유를 받아들였다면 아마도 그들처럼 출세가도를 달렸을 가능성도 없지 않았다. 그는 27년 후 1988년에도 야당으로부터 청문회를 앞두고 정치권 참여를 제안 받았지만 역시 거절했다. 자신이 가야할 길이 아니면 가지 않겠다는 것이 그의 신념이었다.

5·16은 우리 역사에서 군에 의한 첫 정권교체였기 때문에 '혁명 실세들'에게 어떻게든 줄을 대려는 사람들이 많았다. 하지만 안병하는 5·16 군사정권의 태동기부터 정치는 자신이 가야 할 길이 아니라고 확실하게 거리를 두었다. 그 뒤 경찰에 투신했을 때도 정치권에는 얼씬도 하지 않았다. 오로지 자신의 실력으로 인정받겠다는 생각에서 직무에만 충실했다. 자신의 임무는 어떤 것이라도 편법을 허용하지 않았다. 육사 8기 동기생들 상당수가 정치권이나 3공화국 정부에서 힘 있는 자리에 있었지만 안병하는 그들과 다른 길을 홀로 묵묵히 걸었다. 간혹 동기생 모임에 참석할 때도 자신의 신상과 관련된 부탁은 일절 하지 않았다. 주위에서는 원칙주의자라고 소문이 났지만, 그런 그를 두고 어떤 사람들은 융통성 없는 고지식한 사람이라고 했다.

군인에서 경찰로

1962년 11월 안병하는 군대에서 전역하고 경찰에 입문했다. 군 시절의 경력을 인정받아 총경(4호봉)으로 임명됐다. 군사정권 시절이기 때문에 사회 곳곳에서 군의 힘이 셌다. 육사 동기생들이 정권의 실세인데다, 군에도 아는 사람들이 많았다. 그 무렵 안병하는 소령에서 중령으로 승진했다. 승진과 동시에 감찰 장교에서 일반 야전군 지휘관으로 보직을 바꿔 전투부대 대대장이 됐다. 감찰 장교는 주로 군단이나 사단본부 등에만 있기 때문에 자리가 한정돼 있었다. 계급이 높아질수록 경쟁이 치열하고 승진기회가 좁았다. 이 무렵 육사 8기를 중심으로 한 젊은 장교그룹은 6·25 전쟁에서 큰 공을 세웠음에도 불구하고 승진이 정체돼 있었다. 그 때문에 누적된 불만이 터져 5·16에 적극 참가했었다. 그만큼 이 시기에 육사 8기 출신 장교들의 승진이 어려웠다. 그나마 야전군 지휘관은 상대적으로 감찰 보직에 비해 자리가 많았다. 직업군인으로 살아가기 위한 나름대로의 인생설계를 준비하던 참이었다. 만약 그가 이때 군에 남았더라면 젊은 나이에 장성으로 진급했을 가능성이 컸다. 동기생들 가운데 상당수가 장성으로 진급하여 군에서 중요한 임무를 수행했던 것으로 미루어 볼 때 안병하만큼 두드러진 기량을 갖춘 군인이라면 그들보다 뒤처지지는 않았을 것으로 보인다.

군인으로 살아가기 위해 나름대로 인생설계를 한 상태에서 갑자기 경찰로 전직한 이유가 무엇이었을까? 첫째, 그 무렵 경찰 조직의 확대가 이뤄지면서 군 출신을 우대해서 채용했다.[244] 군의 경우 인사 적체로 인한 스트레스가 컸다. 새로운 기회를 포착하는 것이 더 나을 것이라는 판단이었을 것이다. 둘째, 그 무렵 그에게는 군 생활 중 가장 견디기 힘든 일이 생겼다. 대대장에서 부연대장으로 승진했을 때였다. 참모들이 승진을 축하하는 회식자리를 마련했는데 사고가 생긴 것이다. 그는 1차로 저녁식사만 끝내고 2차, 3차로 이어지는 회식자리를 뒤로 한 채 집으로 돌아왔다. 밤중에 연대장으로부터 전화가 왔다. 사고가 났다는 것이다. 부랴부랴 나가보니 그날 밤 함께 식사를 했던 부속주임 등 참모들이 술자리 끝에 만취한 상태에서 운전을 하다 새벽녘 낭떠러지로 차가 떨어져 집단으로 참사를 당했다. 현장에 도착해보니 처참한 모습으로 상당수가 사망했다. 이 때문에 받은 충격이 매우 컸다. 평소 부하를 아끼는 마음이 강한데다 자신을 위한 회식자리의 뒤끝에서 벌어진 사건이라 매우 괴로워했다고 한다. 물론 지휘관으로서 책임을 져야 할 사항은 아니었기 때문에 사고처리 과정에서 개인적으로 불이익을 받거나 한 사실은 없었다. 다만 전임순에 따르면 그때 남편이 그 사고로 충격이 너무 컸고, 얼마 오래지 않아 군 생활을 접게 된 가장 직접적인 원인이 되었다고 한다.

집단 월북기도 검거

1962년 11월 3일 자로 경찰에 첫발을 내디뎠다. 총경 4호봉, 치안국[245] 정보과 1계장으로 임명됐다. 그의 나이 35세 때였다. 이때부터 전방에서 군 생활을 정리하고 서울 생활이 시작됐다. 그해 12월 22일 경찰고등교육반 제5기로 23명의 동기생들과 함께 경찰전문학교 서울분교에서 교육을 받았다. 경찰 동기생으로는 이희라(부산, 용산 경찰서장), 송동섭 등이 있었다. 이때 함께 교육을 받았던 송동섭은 1980년 5월 26일 안병하가 치안본부로 압송되던 날 그의 후임 전남도경국장으로 부임했다. 교육 후 배치된 경찰 첫 보직은 치안국 감찰계장이었다.

군인에서 경찰로 안착은 성공적이었다. 치밀한 성격에다 매사에 빈틈이 없었고, 조직원들을 따뜻하게 잘 챙겼다. 6·25 때 수많은 전투를 치루면서 체득한 풍부한 작전 경험도 위급한 상황에 처할 때면 빛을 발했다. 일선 경찰서장으로 첫 부임지는 1963년 부산 중부경찰서장이었다. 그 후 잠시 치안국 작전계장으로 옮겼다. 이때 국가안전보장회의 사무국에 파견돼 근무한 적도 있었다.

부산 중부경찰서장으로 근무하던 1966년 2월 22일, 집단 밀항기도 사건이 발생했다. 이를 포착한 경찰이 부산시 서구 서대신동 소재 어느 여관에서 김○○ 외 18명을 검거했다. 취조 결과 일본의 조총련계에서 밀봉교육을 받은 간첩 김○○가 주도한 집단 월북사건으로 밝혀졌다. 이들을 검거하고 방조자 7명까지 모두 체포하는 성과를 올렸다. 그 결과 내무부장관이 '대공과업 수행에 기여한 공적이 현저하므로 이를 높이 찬양하여 표창장을 수여'했다.(표창장 제232호, 1966.6.22. 내무부장관 엄민영)

서귀포 무장간첩 소탕 작전

대공 전선에서 특히 그는 두드러지게 큰 성과를 거뒀다. 1968년 치안국 작전계장을 맡고 있을 때였다. 제주도 서귀포 해안으로 침투한 간첩선 체포 작전에 참가하여 육지로 도주한 무장공비를 완벽하게 소탕하는 전과를 올렸다. 서귀포 군·경·정 합동작전에서 공작선 나포와 함께 북한군 12명을 사살하고, 2명을 생포했다. 군경은 작전 중에 2명이 중상을 입었고, 2명이 경상을 입었으나 사망자는 없었다. 치안국 작전계장 안병하 총경이 이날 육상작전을 진두지휘했다. 경찰청에서 발간한 교육 책자『불멸의 경찰, 이곳에 영원히 살아 숨쉬다』에 기재된 당시 작전상황을 요약하면 다음과 같다.

1968년 8월 20일 밤 10시 30분, 작전에 투입된 경찰요원들은 제주 서귀포 해상 700m 지점 바다 무장 공작선의 침투로를 응시하고 있었다. 어둠 속에서 검은 물체의 움직임이 포착됐다. 북한이 밀파한 무장 공작선에는 81밀리 곡사포와 기관단총으로 중무장한 북한 753부대 소속 14명이 타고 있었다. 최고속도 35노트, 75톤, 16인승 공작선은 서귀포 앞바다 토끼섬과 범섬 사이를 미끄러지듯 들어왔다. 서울 종로경찰서 소속 경찰 한 명이 간첩 접선자로 위장해 절벽 밑 바위에 숨어 있었다. 공작선이 나타나자 미리 입수한 지령문에 따라 돌을 세 번 두드렸다. 공작선에서 검은 고무보트 1척이 내려졌다. 2명의 공작원이 보트를 타고 와 서귀포 서남방 속칭 '황우리 절벽' 20m를 거미처럼 기어올랐다. 10시 45분, 한발의 조명탄이 하늘 위로 솟아올랐다. 서귀포 해안이 대낮처럼 환해졌다. 총격전이 벌어졌고, 무장 간첩 1명은 현장에서 사살되고 다른 한 명은 가까이에 있던 토굴로 피신했다. 경찰을 향해 수류탄을 투척하는 등 치열한 총격전이 벌어졌지만 마침내 사살됐다. 이 과정에서 경찰관 한 명(서귀포경찰서 소속 정○○ 순경)이 총에 맞아 중상을 입었다. 무장공비의 총격에 맞아 안 총경 바로 곁에 있던 무전병의 무전기가 관통되는 아슬아슬한 상황이 연출됐다. 북한 무장 공작선은 빠르게 도주했으나 해상에 미리 포진해 있던 우리 군함과 경비정에 의해 서귀포 남동쪽 30마일 해상에서 나포됐다. 이때 무장공비 10명이 배에서 사살됐고, 바다로 뛰어든 2명은 생포했다.

녹조근정훈장 등 4차례 표창

안병하는 이 작전을 앞두고 제주도로 출발할 때 치안국 간부나 가족들에게는 평소처럼 '출장 다녀오겠다'면서 출장목적을 철저히 비밀에 부쳤다. 작전이 끝날 때까지 상당 기간이 걸렸다. 상황이 종료되고 제주도 특산품과 전복을 한 상자 들고 환한 모습으로 집에 돌아왔다. 위험한 작전이었지만 큰 인명피해 없이 성공적으로 끝나자 동행했던 정부 고위층 인사가 귀경길에 선물로 사준 토산품이었다. 가족들은 이때까지도 무엇 때문에 제주도에 다녀 온지 몰랐다. 직무에 관해서는 철저하게 비밀을 유지했다. 치안국 상급자 가운데 일부는 안병하 작전계장이 큰 간첩작전을 자신들도 모르게 철저한 보안 속에 극비리에 진행한 것에 대하여 서운한 감정을 가졌다. 이 때문에 그런 생각을 가진 상급자들로부터 미운털이 박혀 한동안 애를 먹은 적도 있었다고 한다. 그는 자신이 해야 할 일이라면 누구의 눈치도 보지 않고 묵묵히 소임을 다했다.

안병하는 이 전투의 공로로 1968년 9월 9일에 김형욱 중앙정보부 장으로부터 표창을 받았다. 그 후에도 그는 내무부장관 표창(1970년), 국무총리 표창(1971년), 대통령이 수여하는 녹조근정훈장(1976년) 등 경찰 재직 중 4차례나 각종 표창과 훈장을 받았을 만큼 뛰어난 기량을 발휘했다. 업무 성과가 좋다보니 승진도 빨랐다. 1962년 총경 4호봉에서 시작해, 1964년 3호봉, 1966년 2호봉, 1971년에는 마침내 경찰의 꽃이라는 경무관까지 승진했다. 경무관이 돼서도 1972년 경무관 1호봉, 73년 2호봉, 74년 3호봉, 75년 4호봉 등으로 매년 승급됐다.

"지휘관은 현장에서 지휘하라"

1970년 7월 20일 서대문경찰서장으로 발령이 났다. 박정희 대통령이 장기집권을 위해 '3선개헌'을 추진하던 때였다. 3선개헌 반대투쟁으로 시국상황이 시끄러웠다.[246] 서대문경찰서가 위치한 신촌 지역에는 연세대, 서강대, 이화여대 등이 자리 잡고 있어서 '학생시위 1번지'로 꼽혔다. 이때 시위를 해산시키기 위해 안병하 서장이 어떤 전략을 구사하는지를 살펴보면 10년 뒤 광주에서 5·18이 발생했을 때 그가 보여준 행동의 진면목을 미리 엿볼 수 있다.

그의 신조는 "지휘관은 현장에서 지휘하라"였다. 시위를 진압할 때 지휘관은 항상 '맨 앞줄에 서라'는 것이다. 시위 현장의 상황은 수시로 변한다. 격렬한 시위대와 몸으로 부닥치다보면 경찰도 이성을 잃고 흥분하여 격하게 반응하기 쉬운데 이럴 때 상황이 악화되지 않도록 지휘관이 현장에서 직접 상황을 통제해야 한다는 것이다. 위급할 때일수록 지휘관이 현장에 있어야 상황에 신속하게 대비할 수 있다. 또한 그는 시위대와 정면으로 충돌하기보다는 분산시켜서 가급적 폭력상황으로 번지지 않도록 하는 '시위관리' 전략을 중요하게 생각했다. 특히 경찰의 피해를 줄이고 시위를 해산시킬 수 있는데 집중했다. 이를 위해 사전에 지형지물을 철저하게 분석하여 가장 적절한 곳에다 경찰력과 장비를 배치하고, 시위 동향 정보를 빠르게 수집하면서 선제적으로 대처했다. 6·25 때 실전 상황에서 체득한 지혜였다.

그 결과 1년 남짓 서대문경찰서장으로 근무하는 동안 이 지역에서는 이렇다 할 사고가 발생하지 않았다. 이런 속사정을 깊이 알지 못했던 다른 사람들은 이 기간 동안 신촌지역에서 시위로 인한 사고가 한 건도 발생하지 않았다는 점에 대해서 신기하다는 반응들이었다. 당시 많은 사회 지도층 인사들은 학생 시위를 '반사회적인 행동'이라고 생각하는 경향이 강했다. 하지만 안병하의 의식 속에서 시위는 학생들의 정치적 의사표현 방법 가운데 하나일 뿐이었다. 4·19 때처럼 불가피한 상황에서 정치적 의사표현으로 집단시위가 발생하더라도 가급적 질서를 지켜 사회 혼란이 발생하지 않도록 미리 예방하는 것이 경찰의 임무라고 보았다. 이와 같은 그의 사고방식이 5·18 상황에도 투영된 것이다.

대연각호텔 화재

서대문경찰서에서 1년 동안 임무를 성공적으로 마치고 1971년 6월 21일 경무관으로 승진하여 내무부 치안국 소방과장으로 복귀했다. 그해 크리스마스 때 서울 '대연각호텔' 화재로 163명이나 사망하는 끔찍한 사고가 발생했다. 6·25 전쟁 이후 우리 사회가 겪은 가장 끔찍한 재난이었다. 화재는 호텔 2층 커피숍에서 12월 25일 아침 9시 50분쯤 프로판가스 폭발로 시작돼 꼭대기 21층 스카이라운지까지 불길이 옮겨가 10시간이 지나서야 겨우 진화됐다. 서울 시내 소방차가 모두 출동했지만 강한 바람과 열악한 장비로 진화에 어려움을 겪었다. 소방차의 물줄기는 8층 이상 도달하지 못했다. 당시 국내에서 제일 긴 사다리차는 겨우 32m로 7층에 닿을 정도였다.

집에서 전화로 화재발생 보고를 받은 순간 안병하는 자신이 가장 먼저 취해야 할 조치가 무엇일까를 생각했다. 군대에서 작전하던 때를 떠올렸다. 고층에 있는 투숙객들을 구출할 수 있는 방법이 당시 우리나라 실정에서는 딱 한 가지 밖에 없다고 판단했다. 육군본부와 미8군에 헬기 지원을 긴급 요청했다. 곧바로 헬기가 출동했다. 헬기에서 늘어뜨린 줄사다리를 타고 상당수의 인명을 구출할 수 있었다. 박정희 대통령이 직접 화재현장을 방문했고, 대통령 전용헬기 투입도 지시했다. 당시 《경향신문》에는 "대통령 전용헬기와 육군 항공대, 미8군 헬기 등이 현장에 투입돼 인명 구조를 도왔지만 바람과 연기로 건물 접근이 어려웠다"고 보도했다.[247] 방송사들은 낮 12시 30분부터 화재 현장을 TV로 생중계했고, 전 세계의 이목이 집중됐다. 지금까지도 대연각호텔 화재는 세계에서 가장 큰 규모의 호텔화재로 기록되고 있으며, 할리우드에서 만든 유명한 재난영화 〈타워링〉의 모티브가 되었다.

일반적으로 이런 대형 화재나 사회적 참사가 발생하고 나면 관련 공무원의 책임과 문책이 뒤따르기 마련이다. 그런데 이때 소방과장 안병하에게 문책은커녕 칭찬이 쏟아졌다. 시간을 지체하지 않고 신속히 육본과 미8군의 협조를 얻어 헬기를 출동시켜 많은 인명을 구출할 수 있었기 때문이었다.

이 화재는 우리나라에 민방위제도의 도입을 촉진시켰다. 그에게 내무부 치안국 방위과장을 겸직토록 하면서 책임지고 대책을 강구하라는 지시가 떨어졌다. 대형 사고가 발생할 때 정부기관의 힘만으로는 대처하는 데 한계가 있다는 지적과 함께 민간 역량을 동원할 필요성이 크다고 보았다. 안병하 과장은 선진국의 사례를 검토하면서 스위스가 가장 앞선 민방위제도를 운용하고 있다는 점에 착안했다. 스위스에서 전 세계 민방위 관계자 회의가 열릴 때 한국을 대표하여 그 회의에 직접 참석했다. 스위스뿐 아니라 독일 등 유럽 선진국의 민방위제도를 자세히 벤치마킹한 후 돌아왔다.

민방위제도 최초 도입

안병하 과장은 1972년 우리나라 최초로 민방위제도 도입을 위해 '민방위 기본법' 제정을 준비했다.[248] '민방위'의 개념을 다음과 같이 정의했다. "적의 침공이나 전국 또는 일부 지방의 안녕질서를 위태롭게 할 재난(민방위사태)으로부터 주민의 생명과 재산을 보호하기 위하여 정부의 지도하에 주민이 수행하여야 할 방공, 응급적인 방재·구조·복구 및 군사작전상 필요한 노력지원 등 일체의 자위적 활동"이라고 규정했다.[249]

새롭게 도입한 민방위제도 시행에 박정희 대통령은 큰 관심을 보였다. 이 제도를 도입하여 최초로 시연하는 행사에 대통령이 직접 참석했다. 안병하 과장이 대통령에게 직접 준비상황을 보고했다. 내무부에서 안병하 방위과장이 첫 민방위 훈련 때 라디오나 TV를 통해 전국에서 동시에 사이렌을 울리고, 긴급 대피하는 훈련을 대통령에게 직접 보고하고 처음 시연했다. 그런데 예상치 못한 사고가 발생했다. 낮 12시 정각에 울리기로 돼 있던 사이렌이 어떤 영문인지 울리지 않았다. 훈련 상황을 총괄 지휘하던 안병하 과장은 진땀을 뻘뻘 흘릴 수밖에 없었다. 다행히 대통령과 장관은 '처음이니 그럴 수도 있는 일'이라면서 관대하게 생각하여 크게 문책은 당하지 않고 '1개월 근신' 처분 수준에서 무사히 넘길 수 있었다고 한다.[250]

안병하는 이렇듯 오늘날 우리 사회가 가장 민감하게 생각하고 있는 사회적 재난에 대비하기 위한 주춧돌을 놓았던 셈이다. 그의 노력이 무엇이었는지는 차치하고서라도 그 법의 초안에는 그가 국민을 어떻게 생각하는지, 그리고 국가의 역할과 사회적 질서, 위난에 대한 평소 생각과 소신이 깊숙이 배어 있다고 보아야 할 것이다. 민방위 기본법 제26조에 "민방위대는 편성된 조직체로서 정치운동에 관여할 수 없다"[251]고 못 박은 것도 평소 그의 소신이 반영된 것이지 않았을까 싶다. 시대를 넘어 특정 공간을 넘어 오늘날 선진 여러 나라에서는 민방위제를 위난에 대비하여 사회적 협력과 국가의 의무 등을 적극 규정하고 있다. 날이 갈수록 더욱 심화되고 있는 대형사건 사고의 극복 방향으로 삼고 있는 민방위제도의 기틀이 안병하에 의해서 만들어졌던 것이다.

"젊고 유능한 경찰인재를 발탁하라"

안병하는 1974년 10월 7일부터 1976년 3월 말까지 약 1년 6개월간 고향 강원도의 경찰국장을 거쳐 1976년 4월 경기도 경찰국장으로 자리를 옮겼다. 안병하의 사진첩에는 경기도 경찰국장 시절 육사 동기생이자 당시 육군 제1군단장이던 이희성과 함께 부부 모임에서 함께 찍은 사진이 있다. 이 사진은 남자 9명, 여자 7명이 모두 민간인 복장으로 찍었는데 경기도 관내 지역 기관장들의 부부 모임 행사 후 남긴 기념사진으로 보인다. 이때만 해도 이희성과 안병하는 육사 동기 동창으로 허물없는 사이였다. 하지만 불과 4년 후 1980년 5월 25일 광주의 전투교육사령부에서 계엄사령관과 전남도 경국장의 관계로 만났을 때는 서로 전혀 다른 입장과 처지가 돼 있었다.

경기도 경찰국장 시절 안병하의 인품을 엿볼 수 있는 흥미로운 에피소드가 있다. 박종구(1945년생, 경남 산청)는 32살 나이로 막 경찰대학을 졸업하고 마산경찰서에서 근무하던 중 영문도 모른 채 갑자기 경기도 경찰국 산하 평택경찰서 정보과장으로 영전하게 됐다. 당시 평택은 주한 미 공군 작전사령부인 K55 기지와 한국군 공군 사령부가 있어서 군사전략 측면에서 중요한 지역이었다. 경찰 정보 계통에서도 미 공군의 동향 등 광범위하게 군사정보를 입수해야 할 필요성이 컸다. 평택경찰서 정보과가 그 역할을 담당했다. 박종구는 경기도 경찰국 정보과장인 지의택 총경을 통해 안병하 도경국장에게 자신이 파악한 친필 보고서를 올렸다. 1976년 '8·18 판문점 도끼 만행 사건'이 터져 미군 장교 2명이 인민군들에게 살해당한 직후였다.[252] 주한 미 공군사령관 패트만 장군과 한국 공군사령관 이희건 참모총장이 식사하면서 나눈 이야기를 정리하여 작성한 극비 보고서였다. 요지는 패트만 장군이 한국의 유신체제에 대해 비판적이라는 점, 미 공군은 판문점 도끼 사건에 대해 민감하게 반응, 미 공군과 한국 공군의 군사작전에 관한 사항 등이었다. 이 보고서를 읽어 본 안병하 국장은 지의택 총경에게 보고서 작성자가 "유능한 사람"이라며 "발탁인사를 잘 했다"고 칭찬했다. 지의택 총경은 박종구 과장에게 안병하 도경국장의 칭찬을 전해줬다.

박종구는 당시 자신이 그 자리에 '발탁'된 것은 안병하 도경국장의 경찰조직 혁신에 대한 강력한 의지와 청렴성 때문이었다고 생각했다. 나중에야 알게 된 사실이지만 그때 안 국장은 평택경찰서 정보과장이 중요한 자리라며 '젊고 유능한 경찰인재를 발탁하라'고 특별지시를 했다는 것이다. 경기도 경찰국 차원에서 직접 참신한 인물 찾기에 나섰다. 경찰대 졸업자 인사카드를 뒤져 영어가 가능하고, 정보감각이 확인된 젊은 경찰을 찾았다고 한다. "부끄러운 이야기지만 그 시절만 해도 경찰 인사는 좋은 보직으로 가기 위해 '금전 로비'나 '빽줄대기'가 횡행"했는데 자신은 돈 한 푼 쓰지 않았고, 누구에게 청탁도 하지 않았는데 '하늘에서 뚝 떨어진 것처럼' 그런 자리로 옮기게 됐다는 것이다. "안병하 국장 같은 분이 없었다면 상상할 수도 없는 일"이었다. 그때 발판을 마련해 준 덕택에 용인경찰서 정보과장, 서울경찰청 정보실장 등을 거치면서 경찰정보 전문가로 성장하게 됐고 마지막에는 치안감에까지 오를 수 있었다.

그가 평택경찰서 정보과장으로 근무할 때 자신을 도경국장이 직접 발탁했다는 사실을 뒤늦게 알고 인사를 드리는 것이 도리겠다

싶어 경찰국장 관사로 찾아간 적이 있었다. 안병하 국장은 없었고 사모님만 있었다. 찾아온 이유를 이야기하고 패트만 장군이 준 '조니워커 블랙' 양주 한 병을 놓고 나오려는데 사모님이 화들짝 놀라 뒤따라 나왔다. "이런 거 받으면 절대 안 된다. 국장님께서 아시면 큰일 날 일"이라면서 손에다 그대로 쥐어줬다. 그때서야 비로소 안병하 국장이 어떤 분이라는 걸 깊이 깨닫게 됐다고 한다. 5·18 때 광주에서 어려운 일을 당했다는 신문기사를 보고 너무 안타까웠지만, 한편으로 "안병하 국장다운 모습이라고 생각했다"는 것이다. 그에게 '안병하 국장다운 모습'이라는 게 무엇이냐고 물었다. 그 질문에 대한 답변은 "공무원은 정치적으로 엄격한 중립을 지켜야 한다는 것이 안병하 국장의 신조였고, 군 출신이면서도 외유내강 형으로 뛰어난 품성갖춘 인물"이라며, "어쩐지 군사정권과는 잘 어울릴 것 같지 않은 성품"이었다고 한다. 실제로 안병하는 골동품 수집과 낚시, 동물 기르기, 화초 가꾸기 등이 취미였으며, 성격이 온화하고, 침착했다. 정이 많고 부하 직원을 잘 챙겨서 사람들은 그를 '덕장'이라고 칭송했다.

경기 도경국장을 마친 다음 1977년 7월 19일 치안본부 제2부 경비과장으로 발령이 났다. 이때 그는 치안감 승진을 목전에 두고 있었다. 하지만 승진 대신 1979년 2월 20일 전라남도 제37대 경찰국장으로 발령이 났다. 그의 나이 52살 때였다. 승진이 미뤄진 데 대한 가족들의 아쉬움이 컸다고 한다. 그는 전남도경 국장으로 근무하면서도 평소와 똑같이 현장 중심의 경찰행정을 펼쳤다. 틈틈이 신안, 진도, 완도 등 열악한 환경의 해안경비초소를 방문해서 그곳 근무자들을 격려했다. 그해 말 10·26 사건으로 박정희 대통령이 사망하고 비상계엄이 선포되자 사회 혼란에 대비하여 경찰의 경계 태세를 강화하는 여러 조치들을 취했다. 1980년 초에는 민주화 요구가 높아지자 미리 각 일선 경찰서를 순방하며 경찰이 준비해야 할 사항을 꼼꼼히 지시했다. 그해 5월 초 대학가에서 학생들의 민주화 요구 집회가 점차 규모를 키워가자 시위상황을 안정적으로 관리하기 위해 다양한 경로를 통해 시위 주최 측과 대화하며 불법행위 방지에 최선을 다했다.

1부 발포를 거부하다

1. 평화로웠던 5·18 전야

1 　박관현(1953년생)은 1980년 당시 전남대 총학생회장. 전남 영광군에서 5남3녀 중 장남 출생. 1978년 전남대 법학과 입학. 1979년 들불야학 참여, 이듬해 4월 전남 대총학생회장 선거에서 압도적 지지로 당선. 1980년 5월 16일 '민족민주화대성회' 의 마지막을 장식한 횃불집회 당시 옛 전남도청 분수대 앞 단상에 올라 토해냈던 연설은 광주시민들 사이에서 40년이 지난 현재까지도 회자되고 있다. 횃불집회에 서 전두환·신현확·최규하 등 민주화를 가로막는 인사들을 화형에 처한다는 아 이디어는 당시로서는 충격적이었다. 5월17일 오후 5시께 서울지역 총학생회장단 들이 연행되고 있다는 소식을 듣고 피신을 결정한다. 여수에서 숨어 있다 5·18 이후 서울로 가서 소금장사, 막노동, 섬유공장 생산직노동자로 수배를 피해 생활 하다 1982년 4월 5일 경찰에 체포됐다. 내란죄 등으로 5년 형을 선고받았고, 이후 광주교도소에서 5·18 진상 규명과 책임자 처벌 등을 요구하며 40여 일간의 옥중 단식 끝에 같은 해 10월 12일 새벽, 전남대 병원에서 숨졌다. 1988년 나의갑 기자 가 병상의 안 국장을 만나 인터뷰할 때 박관현의 옥중 사망소식을 전하자 그는 오 랜 시간 우울해 하면서 "우리나라의 아까운 인재를 정부가 죽였다"며 아쉬워했다 고 한다. 안 국장의 가족들은 1993년 명예회복 과정에서 고 박관현의 누나 박행순 을 만났고, 이후로도 인연을 이어가고 있다.

2 　송선태는 1980년 당시 전남대 총학생회 비밀기획실 책임자였다. 5·18 기념재단 상임이사를 거쳐, 5·18 진상조사위원회 위원장(2020)을 맡고 있다. 그가 작성한

'자유노트'는 비밀기획실 회의록이자 일지였는데 당시 전남대 총학생회의 정세 판단과 시위계획 등이 상세하게 적혀 있다. 전남합수단은 이 자유노트를 '5·18 학원 내란'의 유력한 증거로 제시했다.

3　《동아일보》, 1980.5.15.

4　「5·18 민주화운동 과정 전남경찰의 역할」(이하 『전남경찰의 역할』), 전남지방경찰청, 14쪽, 2017.; 1980년 5월 14일 자 광주서부경찰서 치안일지에는 '전남데모학생 2,000여명이 당서(서부서) 및 118전경대, 담양서, 광산서 경비병력 494명과 대치, 계속 투석으로 인하여 당서 동원 42명 중경상 피해케 됨'이라고 적혀 있다.

5　김형수(당시 서부경찰서장) 증언, 『안병하 전 전남국장, 5·18 관련 순직 진상조사 보고』(이하 『순직 진상조사 보고』), 전남지방경찰청, 111쪽, 2005.

6　안천순(당시 광주경찰서 수사과) 증언, 『전남경찰의 역할』, 17쪽, 2017.

7　《조선일보》, 「가두시위 일단 중지...정상수업」, 1980.5·17.

8　《조선일보》, 「광주 9개대 시위계속」, 1980.5·17.

9　《동아일보》, 「내주초 시국수습 단안 예상」, 1980.5·17.

10　이날 전교사에서 열린 「학생가두시위대책 합동작전회의」에 대한 근거 기록은 '전교사 상황일지'(1980), 합동수사본부의 '광주사태일지'(1980), 서울지검의 '5·18 관련 수사결과'(1995) 등에서 확인된다.

11　「광주사태」(초안), 국방부, 국방부과거사진상규명위원회, 제26권, 28쪽, 1982.

12　당시 안병하 국장의 직속상관이던 손달용 치안본부장은 훗날 경찰의날 (1996.10.21.) 행사에서 "(고 안병하 경찰국장)은 1975년 서울시경국장 재직 시 기동경찰대 4개 중대의 소수인력으로 잇단 학원사태 등 수도치안을 평온하게 유지했었다"고 말했다.

13　이정남, 「고 안병하 경무관 영전에」, 《경우신문》, 1988.10.10. 《경우신문》은 전직 경찰들의 모임인 대한민국재향경우회의 기관지.

14　안호재 증언, 2019.12.

15　『순직진상조사보고』(2005)에 기록된 '안 전 국장의 시위진압지침' 항목에는 당시 함께 근무했던 수많은 경찰관들의 증언이 수록돼 있다.

16　전남도경 소속 직할 경찰력은 3개 중대 549명(12/537)(각 중대 당 183명 = 4/179)이고, 118전경대 179명(2/177)을 합하여 직할부대의 경찰력은 728명(14/714)이었다.

17　「학원상황」, 전남도경 작성, 80.3.27~5·16.; 이 문서에 따르면 3~4월 중 학생들이 학내 문제로 교내에서 집회를 할 때는 도경 직할부대나 서부경찰서, 동부경찰서 경찰들만 사고 예방차원에서 50~200여 명씩 학교 앞에 배치했다. 전남도경이 광주 인근 경찰서에서 경찰을 동원한 것은 5월 들어서면서 학생들의 시위 구호가 정치적 내용으로 바뀐 이후였다. 5월 3일 담양, 광산, 나주 등 3개 경찰서에서 최초로 120명(5/115)을 동원, 전남대 앞에 배치하여 교내에서 열리는 '어용교수장례식' 집회에 대비했다. 같은 날 조선대 총장실 농성에 대비하여 곡성, 화순경찰서에서 각

각 112명(4/108), 76명(18/58)을 배치했다. 2번째로는 5월 9일 영암, 곡성, 화순, 광산, 담양, 나주에서 342명(12/330)을 차출하여 조선대에 배치했다. 그 후 전국적으로 학생들의 가두시위가 본격화되는 5월 13일부터는 함평, 장성, 영광, 나주, 화순, 영암 등 더 많은 경찰서에서 경찰을 동원했다. 이 무렵 학생들의 시위 구호 가운데는 '민주경찰 봉급을 인상하라'는 구호가 등장하고 있음은 주목할 점이다.

18 「광주권 동원경력 현황」, 『전남경찰의 역할』, 전남지방경찰청, 14쪽, 2017; 이 경찰 자료에 따르면 5월 14일~16일 사이에 안병하 국장의 책임 아래 전남도경에서 동원한 경찰은 광주 및 전남지역에서 차출한 숫자까지 모두 합쳐 1,836명(67/1,769)이 투입됐다.

19 정승화 계엄사령관은 해방 직후 안병하가 서울 광신상고를 다닐 때 1년 선배였던 연유로 평소 친분이 두터웠다.

20 전남도경에서 작성한 「학원상황」(021-039-000)에는 5월 14일 전남대생의 도청 앞 민주화성회(5천명 참석)에 대비하기 위해 동원한 경찰 현황이 다음과 같이 적혀 있다. "서부경찰서(사복) 13/52, (진압) 6/176, 기동대 4개 중대 14/711, 함평.광산.곡성.담양.화순.나주.영암.영광.장성 21/507".

21 전남합동수사단, 「광주사태일지」, 37쪽, 1980; 육군본부, 정기작전보고 제5호(029-001), (3)충정작전, 695쪽, 1980; 이 문서에는 '전남 광주에서 7공수(금마)로 차량 31대 이동, 885 수자대'라고 적혀 있다. 5월 14일 오후 2시부터 4시 30분까지 전남북계엄분소가 위치한 상무대 전투교육사령부에서는 'CIC장, 31사단장, 7공수' 관계자 등 광주지역 진압작전을 위한 계엄군의 핵심 지휘부만 모여 '학생가두시위 대책'을 강구하기 위한 합동 작전회의가 은밀하게 열렸다. 이 회의는 계엄사령부의 지시를 제2군사령관이 하달한 내용을 시행하기 위한 것이었다. 광주에 투입할 7공수 병력을 수송하기 위한 차량 대책을 마련하는 회의였다. 이 자리는 군인들만 참석했다. 경찰로서는 계엄군 지휘부가 어떻게 움직이는지 전혀 감을 잡을 수조차 없었다. 5월 14일부터 계엄사령부는 7공수를 광주와 전주 대전 등지에 배치하기 위한 수송작전에 돌입했던 것이다.

22 계엄사령부는 1980년 5월 초부터 학생시위진압에 군의 투입을 준비했다. 5월 3일 9공수여단을 수도군단에 배속시키고, 5월 6일 해병1사단 1개 연대를 소요사태 진압부대로 사용할 수 있도록 조치했으며, 5월 9일 포항의 해병사단 병력을 부산과 대구지역에, 전북 금마에 주둔하던 7공수여단 병력을 2군 작전통제하에 광주, 전주, 대전 등지의 소요진압작전에 각각 투입하기로 준비 완료했다. 계엄사는 5월 14일 13:00 김재명 육본 작전참모부장을 본부장으로 하는 소요진압본부를 설치하고, 전군에 소요사태 진압부대 투입 준비 작전명령(육본 작상전 0-203호)을 하달했다. 그런데 이날 14:30경 신현확 국무총리 주재로 관계장관회의가 열려 시위진압을 위한 군 병력 투입문제가 논의되었으나 유혈사태가 발생할 소지가 있다는 신현확 국무총리 등 참석자들의 반대로 결론을 내리지 못한 상태였다. 이 회의에는

전두환 보안사령관, 이희성 계엄사령관, 주영복 국방부장관, 김종환 내무부장관, 백상기 법무부장관, 김옥길 문교부장관 등이 참석했다. 관계장관회의에서 군 투입이 유보되었음에도 불구하고 계엄사는 이를 무시한 채 공수부대를 서울 근교에 집중배치하고, 전국 71개 방송국과 중계소에 경계병력을 배치했다. 바로 이 시각 광주 전교사에서도 7공수의 광주 투입을 위한 구체적인 수송수단 강구방안 등이 논의됐다. (5·17 5·18 사건 검찰공소장, 1996.1.24.)

23 보안사, 「광주사태 합동수사」, 546~555쪽, 1980; 국방부 과거사진상규명위원회 엮음, 『12·12, 5·17, 5·18 사건 조사결과보고서』, 5쪽, 2007. 재인용. 전남합수단에 긴급 차출된 경찰 정보과 요원들은 505보안부대 요원들을 안내하여 이날 밤 자정을 기해 전남대와 조선대 총학생회 간부 등 예비검속 대상자들을 검거했다.

24 7공수여단 33대대, 35대대 688명(장교 84, 사병 604)이 전남대와 조선대에 각각 배치.

25 『전남경찰의 역할』, 전남지방경찰청, 27쪽, 2017.

26 임정복(31사단작전보좌관) 청문회 증언, 「청문회 증언록」, 1989.1.26.

27 미망인 전임순 증언, 2019. 12. "남편(안병하 국장)에게 그 이야기를 들었을 때 나는 왜 남편이 그때 전두환 씨를 만나지 않았을까를 제 나름대로 추측해보는데요. 남편은 누구에게나 사적인 청탁 같은 것을 무척 싫어했거든요. 평소에도 자기가 해야 할 일을 열심히 해서 인정받으면 되는 거지, 뭐 이리저리 승진인사 부탁하고 그런 걸 매우 싫어했어요. 남편의 그런 성격 때문에 그때도 전두환 씨가 '한번 찾아오라'고 했던 제안을 그런 (인사) 청탁 같은 게 아닐까 미리 짐작하고 아예 무시해 버렸던 게 아닐까 싶어요." 필자는 전임순 여사에게서 '5·18 이전 전두환의 광주방문' 사실을 듣는 순간 귀가 번쩍했다. "분명히 전두환 씨가 5·18 직전에 전남도청을 방문했고, 안병하 국장이 전 씨를 만나 그런 이야길 나눴다는 거예요?" "그럼요. 남편은 집에 와서는 평소 바깥일을 말씀하지 않으시는 과묵한 성격인데 그때 그 이야길 저에게 분명히 하셨거든요." 지금까지 5·18 관련 공식문서 어디에도 그 시기에 전두환의 광주방문 사실은 찾아볼 수 없다. 전두환의 5·18 당시 행적은 아직도 비밀에 싸여 있다. 만약 그녀의 증언이 사실로 확인된다면 그 자체만으로도 또 하나의 관심사다. "그런데 5·18을 겪고 나서 곰곰이 생각해보니 그때 전두환 씨가 남편을 만나자고 했던 것은 그런 문제였다기보다는 '광주사태'와 관련이 있지 않았을까 하는 생각이 들거든요. 5·18 직전에 전두환 씨가 전남도청을 방문했다는 사실도 그렇고요. 왜 하필 남편에게 별도로 만나자는 제안을 했겠느냐는 생각이 들었어요." 그해 5월 초, 전두환은 보안사 참모들과 '시국수습대책'(검찰은 '5·17내란 시나리오'로 보았다)을 세웠다. 이 대책에는 김대중을 '내란음모 혐의로 연행'한다는 계획이 포함돼 있었다. 김대중이 정권장악을 위해 학생소요를 배후에서 조종하여 일부러 사회 혼란을 조성했다는 것이다. 이런 맥락에서 전두환이 안병하 국장에게 별도로 만나자고 했던 것은 '김대중 연행' 이후 전라도, 특히 광주 사람들의 반발을 예상하고 전남도청을 방문했을 터이고, 이 자리에서 '전남

경찰국장의 시위진압 의지'를 미리 타진하고, 미리 적극적인 진압을 요청하려한 게 아니었을까, 하는 추측이다. 이런 추론은 『전두환 회고록』에서 다음과 같이 경찰의 중요성을 언급한 대목과 닿아 있는 것으로 보인다. "보안부대 요원이나 정보부 요원은 경찰이 없으면 존재할 수 없었다. 경찰이 존재해야만 치안이 유지되고, 치안이 유지되어야만 정보부 요원도 활동할 수 있기 때문이다."(『전두환 회고록』, 1권, 383쪽, 2017) 전두환은 처음에는 4·19 때처럼 경찰을 시위진압에 앞장세우려 했을지도 모른다. 하지만 안병하는 그때 전두환의 요청에 응하지 않았다.

28 육군본부, 『계엄사』, 10쪽, 1989.12.

2. 경찰, 시위 진압에 나서다 (5월 18일)

29 '계엄사, 임시업무 조정지시 동정'에 따르면 '각 계엄사무(분)소에 치안처(과)를 두고 치안처(과)장을 당해 부대 헌병대장으로 임명할 것'을 긴급지시했다.(701보안부대, 「광주사태일일속보철」, 12쪽, 1980.)

30 5월 18일 아침 경찰이 최초로 배치된 장소는 오전 10시 경 금남로였다. 하지만 여러 군 자료(전교사 작성 '작전일지', 합동수사본부 작성 '광주사태일지', 전교사 작성 '상황일지' 등)에는 대부분 전남대 정문 앞에서 대학생과 7공수 33대대 경계병이 충돌할 때 이곳에 '기동경찰 724명(14/710)'이 배치돼 있었던 것으로 표기돼 있다. 이를 인용하여 『월간 신동아』(1985.10.), 『5월광주민중항쟁사료전집』(1990) 등에서도 그 시각 전남대 앞에 기동경찰이 배치된 것으로 적었다. 하지만 18일 오전 10시 전남대 정문 앞에서 학생과 7공수가 처음 충돌했을 때는 기동경찰이 그곳에 배치되지 않았고, 최초 충돌이 발생한 지 약 1시간 후인 오전 11시경에야 도경은 경찰 5개 중대 724명(14/710)을 배치했다. 11시경 배치된 기동경찰도 전남대 정문인지 혹은 광주시내인지 배치장소가 분명하지 않다. 출처: 「광주사태시 전교사 작전일지」(1980.5.10.~6.2, 수기작성, 017-000-000), 119쪽, 1980: "(5·18) 전남대학교 동향, 11:00, 200여 명의 학생들이 정문 앞에서 투석전을 벌이고 있음.(접수시간 및 출처, 치안처, 11:06, 양 대위, 도경, 조치 11:08 경비계 이 경장, 경찰 5개 중대 14/710명 배치, 계엄군 38/274명, 수화자 2군 이 대위, 11:10)". 전남경찰국에서 작성한 '치안일지'에는 5월 18일 '오전 10시, 비상소집 하명, 전직원 학원사태와 관련 비상근무(10:00~익일 09:00)'라고 기재돼 있다. 계엄군과 최초 충돌상황을 기록한 주요 책자나 문서, 즉 『죽음을 넘어 시대의 어둠을 넘어』(1985), 서울지검 「5·18 사건공소장」(1996), 국방부과거사위 「5·18 사건 조사결과보고서」(2007) 등의 기록들과 당시 전남대 정문 현장에 있었던 목격자들(이광호 외)의 증언에서도 오전 10시경 경찰을 그곳에서 보았다는 기록은 전혀 발견되지 않는다. 이날 오전 8시 30분경부터 10시 이후까지 전남대 앞에서 취재를 했던 나의갑, 김

성 기자(《전남일보》)도 당시 현장에서는 경찰이 전혀 눈에 띄지 않았다고 증언했다.(2020.1)

31 전남경찰국, 「치안질서 회복을 위한 경찰의 조치」, 386~388쪽.

32 『전남경찰의 역할』, 15쪽, 2017.

33 전남경찰국, 「집단사태 발생 및 조치상황」, 217~218, 236쪽.

34 『순직진상조사보고』, 2005.9.

35 전남도경, 「집단사태 발생 및 조치상황」, 155쪽.

36 5.13. 국방부의 '대간첩작전 태세강화 지시'(국방부 '대간전 제49호')에 따라 '공중정찰로 소요 군중의 활동상황을 지상부대에게 보고하는 지휘통신 체제를 유지하여 시위 군중을 조기에 무력화'시키려 했다.(육군1항공여단장 '서울지검 진술조서', 195)

37 『전남경찰의 역할』, 27쪽, 2017.

38 전남도경, 「집단사태 발생 및 조치상황」, 159쪽.

39 계엄 상황에서 계엄군을 투입할 때는 통상적으로 현지 주둔부대의 요청이 있을 때 계엄사령부가 검토 후 군부대를 투입한다. 현지 지휘관들은 물론이고, 전남북계엄분소의 상급부대인 2군사령부에서 조차 광주에 공수부대 투입을 요청한 적이 없었다.(진종채, 서울지검, 피의자신문조서, 제103693정, 1995.12.22.)

40 경찰청 감사관실, 전남사태 관계기록1, 안병하 진술조서 2회 61~62쪽; 『전남경찰의 역할』, 15쪽, 2017. 재인용.

41 계엄법 제8조 제1항: 계엄지역의 행정기관 및 사법기관은 지체 없이 계엄사령관의 지휘감독을 받아야 한다.

42 전남대에 배치된 7공수여단 33대대(대대장 권승만 중령) 병력 366명(45/321)이 최초로 수창초등학교 옆 금남로 5가 부근에 투입돼 진압에 나섰다.

43 전교사, 「전교사 작전상황일지」, 1980. '5·18. 20:15 7공수대 총검진압(銃劍鎭壓)'이라고 적혀 있다.

44 전교사, 전투상보, 충정작전결과, 1980.6.13.

45 검거자 숫자에 대하여 국방부가 1982년에 작성한 「광주사태」(초안)에서는 약간 다르다. "5월 18일 오후 5시 현재 경찰은 모두 52명을 검거한 데 비하여 군은 출동 1시간 만에 149명을 검거하였다"고 기록했다. 경찰은 소극적인 데 반해 7공수는 진압작전에 적극적이었다는 사실을 강조하기 위한 의도로 경찰과 군의 검거자 숫자를 비교한 것으로 추정된다. 또한 경찰청 감사관실에서 작성한 「전남사태 관계기록 2」 "'광주서 상황처리기록부'(28쪽)에는 '5·18. 17:10 헌병대에서 광주서에 데모대원 100명 검거 인계', '5·18. 20:40 252명 수송하였음(계엄사)"이라고 적혀 있다.

46 임00, 5·18 광주민주화운동진상조사특별위원회 청문회 증언록, 1989.1.26. 청문회에서 국방부는 5·18 당시 31사단 작전보좌관이었던 임 소령을 여당 측 증인으로 내세웠다. 임00은 여당(민정당) 이민섭 청문위원의 질의에 대답하는 방식으로

청문회 때 예민한 쟁점이 됐던 '공수부대 투입상황'과 '31사단장이 배속된 공수부 대를 실제로 작전통제'했는지 여부 등 당시 31사단의 작전상황 전반에 대하여 세밀하게 증언했다. 야당(평민당) 조홍규 청문위원은 임00이 승진을 하지 못할 경우 당장 옷을 벗어야 하는 절박한 상황에서 511 위원회의 회유에 따라 거짓 증언한 것이라고 지적했다. 임00은 조홍규 위원의 추궁에 대해 증언 직전 약 20일 동안 육군본부로 출근하여 증언을 준비했다는 사실을 실토했다. 511 위원회가 미리 왜곡 변조해 둔 5·18 당시 31사단 전투상보나 작전일지를 바탕으로 군 당국의 각본에 따라 '거짓 증언'했음을 간접적으로 시인한 것이다.

47 511 위원회가 출범한 배경은 전두환 5공 정권에서 5·18을 일방적으로 '폭동'이라 고 규정한 것과 차별화하기 위해 노태우 정부가 '민주화를 위한 노력'이라는 전향 적인 평가를 내린 데서 비롯됐다. 광주시민의 저항이 민주화운동이라는 관점을 수용하면서도 당시 계엄군 진압작전의 정당성을 훼손하지 않기 위해 육군본부가 5·18 당시 사건 중 쟁점이 되는 방대한 군 작전 문서나 관련자 증언을 교묘하게 왜곡하거나 조작하는 방식으로 대응했던 것이다. 당시 511 위원회의 왜곡 활동 전 반에 대해서는 '5·18 진상규명법'(법률 제15434호, 2018.3.13.제정) 제3조(진상규 명의 범위) 제3항에 '1988년 국회 청문회를 대비하여 군 보안사와 국방부 등 관계 기관들이 구성한 5.11 연구위원회의 조직 경위와 활동사항 및 진실왜곡. 조작의혹 사건'으로 진상조사의 대상이다.

48 전두환, 『전두환 회고록』 1권, 391쪽, 2017.

49 『전남경찰의 역할』, 26쪽, 2017. 재인용. "5.19. 15:18, 시위군중 3~4천으로 증가, 7공수여단 정보참모에게 병력 지원 요청. 5.20. 19:49, 기동 3중대와 함평. 장성부 대가 의대 5거리에서 군중에 포위, 계엄군 지원요청(7공수)"

50 『전남경찰의 역할』, 26-27쪽, 2017. 재인용.

51 합동수사본부, 「전남도경국장 직무유기 피의 사건」, 1980.

52 『전두환 회고록』 1권, 494쪽, 2017.

53 『전두환 회고록』 1권, 391쪽, 2017.

54 전남도경, 「집단사태 발생 및 조치상황」, 155쪽.

55 『전두환 회고록』 1권, 494쪽, 2017.

56 서울지방법원 「12·12, 5·18 1심 선고 판결문」, 1996.8.26.

57 전두환 공소장, 서울지검, 1996.1.23.(별지3 공소사실)

58 최웅 국회청문회 증언, 「5·18 광주민주화운동진상조사특별위원회 회의록」 제20 호, 1988.12.20.

59 『전두환 회고록』 1권, 494쪽, 2017.

60 『전남경찰의 역할』, 28쪽, 2017.

3. 무기소산을 지시하다 (5월 19일)

61 정석환(당시 중앙정보부 전남지부장) 증언.

62 안수택 증언, 『순직진상조사보고』, 109쪽, 2005. "내가 공수부대의 과격한 진압에 항의하다 계엄군들이 곤봉으로 나를 때렸지요. 그래서 나는 머리가 터졌어요. 그때 나는 소령에게 '야, 이 새끼야, 때리지 마' 하니까 소령이 '당신 뭐요' 하기에 '야, 내가 공수 1기야'라고 하여 당시를 모면했다. 그 장소는 금남로이며 날짜는 기억하지 못한다."

63 나주경찰서 소속 염○○ 증언, 『전남경찰의 역할』, 31쪽, 2017.

64 광주경찰서 소속 맹○○ 증언, 『전남경찰의 역할』, 31쪽, 2017.

65 영광경찰서 소속 김○○ 증언, 『전남경찰의 역할』, 32쪽, 2017.

66 『죽음을 넘어 시대의 어둠을 넘어』, 99쪽, 2017.

67 광주경찰서 소속 안○○ 증언, 『전남경찰의 역할』, 32쪽, 2017.

68 광주경찰서 청옥파출소 소속 신○○ 증언, 『전남경찰의 역할』, 32쪽, 2017.

69 영암경찰서장 김○○ 증언, 『순직진상조사보고』, 25쪽, 2005.

70 도경 경비계 소속 이○○ 증언, 『순직진상조사보고』, 25쪽, 2005.

71 『전남경찰의 역할』, 26쪽, 2017.

72 전남경찰국, 집단사태 발생 및 조치상황, 297쪽.

73 김영찬(남, 18세, 조대부고 3학년), 최초의 총상 환자.

74 전남경찰국, 집단사태 발생 및 조치상황, 294쪽.

75 경찰청 감사관실, 전남사태 관계기록 2, 광주서 상황처리기록부, 38쪽. 이 자료에는 "5.19. 22:00 연행자 계엄분소 인계 총 311명, 24:50 연행자 34명 추가"로 적혀 있다.

76 서울지검, 5·18 관련 사건 수사결과 보고, 1995.7.

77 정석환 진술조서, 서울지검, 1995.12.27.

78 『전남경찰의 역할』, 166쪽, 2017.

79 정석환 진술조서, 서울지검, 1995.12.27.

80 합동수사본부는 1979년 10·26사건 직후 선포한 비상계엄 때 계엄사령관을 보좌하기 위해 계엄사령관 직속의 별도 조직으로 설치됐다. 이 조직은 사실상 보안사나 다름없었다. 수사조직의 편제에 맞춰 약간의 변형과 이름만 바꿨을 뿐 평상시 보안사 조직을 그대로 운용했다.

81 마산에서의 발포명령자에 대한 진상규명 요구는 높았지만 마산경찰서장의 강력한 부인과 더불어 혼란스런 정치상황 때문에 제대로 규명되지 못한 채 흐지부지되고 말았다. 하지만 마산경찰서장은 그 후 오래토록 어려움을 겪었다.

82 『순직진상조사보고』, 128~129쪽, 2005. 정석환은 안 국장 가족들과 전남경찰청이 고인의 명예회복에 나섰을 때 1980년 5월 19일 밤 안병하 국장과 나눴던 대화내용

을 상세하게 증언했다.

83 위키피디아

84 정웅, 「광주를 쏜 사람들」, 《월간경향》, 146~163쪽, 1988.6.

85 정웅 평민당 국회의원, 대정부질의, 제142회-제16차, 국회본회의 속기록 61쪽, 1988.7.5.

86 국보위 조사단(단장 이광로), 「광주사태 조사결과보고서」, 1980.6.

87 전교사 작전일지, 1980; 전교사 '전투상보' 충정작전결과 1980.6.13.

88 전남경찰국, 집단사태 발생 및 조치상황, 316~323쪽.

89 『전남경찰의 역할』, 35쪽, 2017.

90 합동수사본부, 「전남도경국장 직무유기 피의 사건」, 1980.

91 5·18 사건공소장(서울지검, 1996.1.23.)에 따르면 '(5월 19일에) 피고인 전두환은 현지로부터의 건의에 따라 같은 이희성에게 시위 진압에 소극적인 윤흥정 전교사 령관을 교체하도록 요구하고, 피고인 황영시는 같은 전두환과 논의하여 같은 이 희성에게 그 후임으로 소준열 육군종합행정학교장을 추천'했다. 즉 19일 오후에 윤흥정 전남북계엄분소장이 11공수여단장 최웅에게 강경진압을 자제하라고 지시 하자 최웅이 직속상관인 정호용 특전사령관에게 여기에 대해서 불만을 토로했고, 정호용이 즉각 전두환에게 전남북계엄분소장의 교체를 건의해서 19일부터 황영시 육군참모차장이 나서서 윤흥정 후임자로 자신의 육사 동기였던 소준열을 물색함 으로써 교체 준비에 착수했던 것이다.

92 전남경찰국, 집단사태 발생 및 조치상황, 266~304쪽, 1980.

93 정웅 증언, 국회 「5·18 광주민주화운동진상조사특별위원회 회의록」 제21호, 1988.12.21.

94 505보안부대, 7공수 33, 35대대 출동준비, 광주사태일일속보철, 24쪽, 1980.

95 김재명(전남 강진, 1931~2006)은 5·18 당시 육군본부에서 강경진압을 주도했던 황영시 참모차장을 보좌해서 계엄군의 광주진압작전을 지휘했다. 전두환 정권은 그에게 서울지하철공사 사장(1981.5~1988.6) 자리를 주었다.

96 김재명, 「5·18 특별법 1심 24차 공판 증언」, 1996.7.25.; 『전두환 회고록』 1권, 495 쪽, 재인용.

97 손달용은 제4대 치안본부장(1978.12~1980.5)을 지냈고, 조선대 법학과 출신으로 2020년 2월 6일에 사망했다.

98 서정화는 내무부 차관(1976.1~1980.4), 중앙정보부 차장(1980.4~1980.9), 내무 부 장관(1980.9~1982.4), 이후 민정당 민자당, 한나라당 국회의원을 거쳐 2017년 자유한국당 상임고문을 역임했다.(위키백과) 1980년 4월 14일 전두환이 중앙정보 부장서리로 취임할 때 서정화도 함께 갔다. 당시 「계엄위원회 회의록」(《주간조선》 1988.11.27. 10-15쪽)에 기재된 서정화의 발언을 살펴보면 김대중을 '극한 반체제 분자'로 규정하고 이들이 불순 학생층에 침투 저변조직을 확대할 것이므로 반체제

핵심세력을 대공차원에서 예방활동이 필요하며, 학생 종교인 노동자의 불법집회 시위는 포고령으로 엄단하고, 불순 언론집단은 표본적으로 정비해야 한다고 주장했다.(6차 회의록, 1979.12.7.)

4. 부상자 치료에 주력하다(5월 20일)

99 「전남경찰의 역할」, 32쪽, 2017.

100 「전남경찰의 역할」, 24쪽, 2017.

101 안병하, 「비망록」, 1988.9.

102 육군본부 전투교육병과사령부, 「전교사 작전상황일지」, 1980.

103 전남경찰국, 집단사태 발생 및 조치상황, 302쪽.

104 「전남경찰의 역할」, 26-27쪽, 2017.

105 「죽음을 넘어 시대의 어둠을 넘어」, 158-159쪽, 2017.

106 전남경찰국 치안일지

107 안병하 진술조서, 이00(전남경찰국 경비계), 오00(서부경찰서 정보과), 장00(함평 경찰서 수사과) 증언, 「전남경찰의 역할」, 80쪽, 2017.

108 안 국장의 유지에 따라 막내 아들 안호재는 "아버지가 평소 5·18 광주민주화운동 때 순직한 후배 경찰관들을 챙겨달라고 얘기해왔다"며 2017년 5월 13일부터 매년 서울 국립현충원 경찰묘역에서 정충길 경장 등 4명 순직자들을 위한 '추모식'을 진행하고 있다. 안 국장은 오랜 투병 생활로 몸이 만신창이가 돼 5·18 당시 순직한 4명의 후배 경찰관들을 찾아갈 여력이 없었다.

109 최웅(11공수여단장) 증언, 5·18 재판 1심 23차 공판, 1996.7.22.

110 전남경찰국 치안일지

111 전두환 보안사령관은 부마항쟁 진압 직후 「부마지역 학생소요 사태 교훈」(보안사령부, 1979.10.)이라는 보고서를 작성했다. 이 보고서는 집단시위가 발생할 경우 '조기 강경진압' 방침을 강조했다. 이후 육군본부는 시위진압을 위한 충정훈련에서 '조기 강경진압'을 기본 방침으로 삼았고, 1980년 5월 광주에서도 이 방침에 입각해서 진압작전을 펼쳤던 것이다.

112 「전두환 회고록」 1권, 488-492쪽.

5. 지휘부 광주비행장으로 옮기다 (5월 21일)

113 전남경찰국, 치안질서 회복을 위한 경찰의 조치, 389~392쪽, 1980.

114 장형태, 서울지검 진술조서, 2쪽, 1995.3.27.

115 장형태, 서울지검 진술조서, 5쪽, 1995.3.27.
116 '전남경찰국 치안일지'에도 오전 10시 10분에 공수부대원들에게 실탄 지급 사실이 명기돼 있고, 10시 15분에는 실탄을 지급받은 공수대원들이 시위대와 대치하고 있던 부대와 교체해서 맨 앞줄에 배치됐다.
117 장형태, 서울지검 진술조서, 2쪽, 1995.4.3.
118 『전두환 회고록』, 494쪽, 2017.
119 안병하 진술조서 24~27쪽, 1980. 치안본부, 경찰청 감사관실, 전남사태 관계기록 1, 『전남경찰의 역할』, 77쪽, 2017, 재인용. 이때 안병하 국장이 왜 전교사에 갔는지, 전교사에서 무슨 일이 있었는지는 아직 알려진 바가 없다. 당시 전교사에는 육본 작전참모부장을 비롯, 정호용 특전사령관, 그리고 최세창, 최웅, 신우식 등 공수여단장들, 박준병 20사단장 등 광주진압작전에 참가했던 주요 지휘관이 모여 있었다고 알려진다. 하필 도청 앞에서 시위대와 공수부대 사이에 긴장이 극도로 높아지던 시각에 계엄군 지휘부가 모여 있던 전교사에 경찰국장이 다녀온 것은 주목할 지점이다.
120 『전남경찰의 역할』, 77쪽, 2017.
121 이재의, 「군의 5·18 왜곡조작에 대한 자료분석」, 5·18 민중항쟁 39주년 기념 학술교류포럼 발표자료, 22~27쪽, 5·18 기념재단 외, 2019.5.
122 곽형렬 증언, 『광주5월민중항쟁사료전집』, 한국현대사사료연구소 편, 증언번호 3103, 1990.
123 이재의, 「군의 5·18 왜곡조작에 대한 자료분석」, 5·18 민중항쟁 39주년 기념 학술교류포럼 발표자료, 24쪽, 5·18 기념재단 외, 2019.5.
124 경찰청 감사관실, 전남사태 관계기록 1, 166쪽, 『전남경찰의 역할』, 43쪽, 2017, 재인용.
125 국방부과거사위원회, 「5·18 조사결과보고서」, 89쪽, 2007.
126 정상용.유시민, 『광주민중항쟁-다큐멘터리 1980』, 221쪽, 1990.
127 황석영 기록, 『죽음을 넘어 시대의 어둠을 넘어』, 113~124쪽, 1985.
128 2군사령부, 「광주권 충정작전간 군 지시 및 조치사항」, 항공기 지원(UH-1H) 10대, 500MD 5대
129 전남경찰국, 집단사태발생 및 조치상황, 319~323쪽.
130 『전두환 회고록』 1권, 399쪽, 2017.
131 505보안부대, 「광주사태일일속보철」, '피탈 당한 무기회수', 1980.5.19. 이 문서에는 "5월 19일 광주기독교방송국 경계병이 탈취당한 M16소총 1정을 방송국 수위가 민간인이 휴대코 가는 것을 목격하고 빼앗아 보관하여 계엄군에 연락하여 16:30분로 회수"라고 기재돼 있다.
132 최초 무기피탈 관련 경찰자료(전남경찰국, 집단사태 발생 및 조치상황, 313쪽)는 "5.21. 05:13 광주세무서 무기탈취(실탄 없음)"으로 CAR(칼빈 소총)이 아닌 M1 17

정만 분실확인으로 기록하고 있다. 실탄이 탈취당하지 않았기 때문에 '무장'으로 보기는 곤란하고, 이 역시 계엄군의 최초 총격 사망자 발생 시간대인 5.20. 22:00 이후인 것으로 확인하고 있다. 또한 광주세무서는 광주경찰서 관할구역에 위치해 있는데, 광주경찰서 상황처리기록부(62쪽, 1980)에는 "5.20. 오후 광주세무서 무기고 CAR 50정 중 17정 데모군중이 절취하였으나 실탄은 가져가지 않음"으로 기록돼 있다. (『전남경찰의 역할』, 35쪽, 2017, 재인용)

133 김영택, 『5월 18일, 광주』, 2010.

134 『전두환 회고록』 1권, 403쪽, 2017.

135 전남도경찰국, 「나주경찰서 관내 총기 및 탄약류 피탈 조사보고」, 1980.6.

136 강덕진, 『광주5월민중항쟁사료전집』, 증언번호 6015, 한국현대사사료연구소, 1990.

137 광주지방검찰청, 「무기피탈현황」, 15쪽, 보안사 보관자료 제94권, 1980.5.28. 이 자료는 광주지검이 5월 27일 도청 진압작전 다음날 작성한 것으로 타이핑이 아닌 수기로 적혀 있으며, '부전지'에는 목포지검 김00 검사와 통화한 내용까지 자세히 기재되어 있다. 현재까지 알려진 무기피탈 관련 자료 가운데 '왜곡되지 않은' 가장 신뢰할 만한 자료로 추정된다.

138 전남합동수사단, 「전남도경국장 직무유기 피의 사건」, 1980.

139 「광주사태 진상조사단 동정」, 보안사 보관자료 15권, 1980.

6. 광주시민들께 감사하다 (5월 22일~25일)

140 전남합동수사단, 「전남도경국장 직무유기 피의 사건」, 1980.

141 국보위 조사단(단장 이재로)의 「광주사태 조사결과보고서」는 '전남 경찰에 대한 무기해제 명령의 부당성'에서 전투경찰인 전경대까지도 무기를 은닉하라고 지시함으로써 차기 임무수행 하지 못했다고 지적한다. 조사단은 5.15. 경찰국장의 지·파출소 무기의 본서 집중관리 지시, 5.21. 전남 전 경찰무기를 매몰 또는 은닉하도록 지시, 5.21~5.27 오전까지 완전비무장 상태였다고 문제점을 지적했다.

142 천금성이 쓴 『10·26, 12·12, 광주사태』(1988)라는 책자에는 다음과 같이 적혀 있다. "보안사 최예섭 준장과 함께 광주에 내려온 특전사령관 정호용 소장은 장형태 전남도지사와 안병하 경무관에게 도청과 경찰국에 들어가 자리를 지키라고 말했다. '무장 시위자들의 총에 맞아 죽더라도 자리를 비워서야 되겠소?' 하고 윽박질렀으나 두 기관장은 도리어 방향을 바꾸어 시외로 탈출했다." 이 책자는 신군부의 관점에서 진압군으로 참여한 사람들을 인터뷰한 결과를 정리한 것이라고 하는데 증언에만 의존해서인지 구체적 사실에 대한 신빙성이 의심스럽다. 다만 이 부분은 증언 당시 신군부 관계자의 생각이 반영된 것으로 보인다. 즉, 자신의 눈에 비친

안병하 경찰국장의 소극적인 태도가 마음에 들지 않았기 때문에 이렇게 비아냥거리는 식으로 표현한 것이 아닌가 추측된다.

143 이재승(도경 경비계), 이재웅(도경 항공대장) 증언, 『순직진상조사보고』, 161~162쪽, 2005. 재인용. 이재웅 항공대장은 직무상 항시 경찰국장의 출동에 대비했기 때문에 가장 가까이 보좌했던 인물 중 한 사람이다.

144 안병하 진술조서 1회, 29쪽, 경찰청 감사관실, 전남사태 관계기록1, 『전남경찰의 역할』, 49쪽, 2017, 재인용.

145 경찰청 감사관실, 전남사태 관계기록2, 『전남경찰의 역할』, 49쪽, 2017, 재인용.

146 광주에 파견된 3명의 보안사 간부는 최예섭(보안사 기획조정처장, 준장, 총괄지휘), 최경조(105보안부대장, 대령, 전남합수단 수사국장), 홍성률(101보안부대장, 대령, 특수활동) 등이다.

147 국방부과거사위원회, 「5·18 조사결과보고서」, 105쪽, 2007.

148 보안사, 『제5공화국 前史』, 921쪽, 1982.

149 박○○는 언론통폐합 당시 광주전남 언론 담당이었다.

150 홍성률, 보안사, 「광주사태 상황보고」, 『383-1989-13』, 62~91쪽.

151 한○○(광주경찰서 정보2계장) 증언, 『전남경찰의 역할』, 51쪽, 2017.

152 「상무충정작전 지도지침」, 20사단 작전일지, 1980.

153 『죽음을 넘어 시대의 어둠을 넘어』, 346~348쪽, 2017.

154 장형태, 서울지검, 진술조서, 1995.3.27.

155 경찰관 자위권 발동지침 시달(치안본부-작전 2047, 80.5.22). 자위권발동은 신군부 핵심 지휘부의 결심에 따라 5.21. 13:00 전남도청앞 집단발포 직후인, 14:00 전두환 정호용 황영시 등이 자위권발동을 비공식 결의한 것으로 알려지고 있으나 실제로는 집단발포 이전일 가능성도 없지 않다. 공식적으로는 5.21. 16:35 국방부장관실회의에서 결정됐으며, 보안사의 요구에 따라 당일 19:30 계엄사령관이 자위권 보유 천명 방송을 했다. 이어서 5.22. 오전 중 계엄사는 각 군부대 및 치안본부에 공문으로 자위권 명령을 하달했다.

156 경찰청 감사관실, 전남사태 관계기록2, 1~2쪽.

157 나의갑, 안병하 병상인터뷰, 《월간 예향》 1988.9.

158 「어머니의 노래」, 문화방송, 1989.2.4. 21:50~23:10.

159 「안병하 비망록」

160 《월간조선》, 1985.7.

161 김성용 신부 증언, 『광주5월민중항쟁사료전집』, 119쪽, 한국현대사사료연구소, 1990.

162 『전남경찰의 역할』, 52쪽, 2017.

163 이 사건에 대한 《동아일보》 기사는 "26일 새벽 4시 광주 동구 학운동 734-1 최득춘씨(52) 등 일가족 3명이 칼빈총에 난사당해 숨진 시체로 발견...피해 금품이 없

는 것으로 보아 원한관계"로 추정했다.

164 이 사건의 가해자 방위병은 복무 중인 군인이었기 때문에 군사재판에서 사형선고
를 받고 집행됐다. 5·18 시민군 가운데 사형을 당한 사람은 단 한 명도 없었다.

165 《동아일보》, 1980.5.26.

166 경찰청 감사관실, 전남사태 관계기록2, 서부서 상황일지, 102,108쪽.

167 광주광역시 5·18 사료 편찬위원회, 5·18 광주민주화운동자료총서 32, 44, 45권.

168 『광주사태의 진상』(부제: 이런 비극이 다시는 없기를), 38쪽, 1980. 기무사 보관자
료 21권(383-1980-98); 이후 『광주사태의 실상』(국방부, 1985), 『광주사태 상황일
지 및 피해현황』(국가안전기획부, 1985.6) 등의 자료에서도 특정 사건을 반복해서
기재하거나, 구체적 피해사실이 확인되지 않은 사건을 나열함으로써 계엄군 철수
이후 무장폭도에 의해 광주 시내가 극도의 혼란 상태에 빠진 것처럼 의도적으로
왜곡 기술하고 있다.(『전남경찰의 역할』, 56~57쪽, 2017, 재인용)

169 안병하 진술조서(1980.5.31.), 31쪽, 경찰청 감사관실, 전남사태 관계기록1, 『전남
경찰의 역할』, 48쪽, 2017, 재인용.

170 장형태 서울지검 진술조서(1995.12.26.), 12~13쪽.

171 이재웅(전남도경 항공대장) 증언, 『순직진상조사보고』, 161쪽, 2005. 이재웅 항공
대장은 회의가 끝나고 헬기에 탑승하기 전 장형태 지사와 안병하 국장의 대화내용
을 듣고 이런 사실을 알게 됐다고 한다.

7. 보안사, 고문과 직위해제 (5월 26일~6월 13일)

172 송동섭은 안병하와 경찰고등교육반 제5기 동기생(23명)이라는 인연이 있었다. 안
병하 국장의 후임으로 부임한 송동섭 국장은 당시 목포경찰서를 방문하여 이준규
서장에게 "만약 사태 시에 발포 명령을 내릴 것인가?" 하고 질문했다고 한다. 그
런데 이준규 서장이 이에 제대로 답을 하지 못하자, 이 서장을 '직무유기'로 강력하
게 제재를 가했다고 한다.(김태관 KBC PD, '민주경찰 안병하' 제작자)

173 권○○(안병하 국장 부속주임) 증언, 『순직진상조사보고』, 161쪽, 2005. 안병하 국
장이 압송된 날짜와 시각이 5월 27일 아침 계엄군에 의한 도청진압 직후인 것으로
알려졌으나 이는 사실과 다르다.

174 《조선일보》, 1980.5.28.

175 DOS-KOREAN SITREP, 1600, MAY 27, 1980.

176 『전남경찰의 역할』, 74쪽, 2017. 전남도경은 당시 총경급 이상 강제해직자 숫자가
9명이 아닌 11명으로 밝히고 있는데, 구체적인 명단은 밝히지 않았다.

177 국가보위비상대책상임위원회가 치안본부장에게 내려 보낸 '광주사태와 관련된 문
책대상 경찰관 조치'(대통령 재가 사항) 공문(1980.6.19.)에는 다음과 같이 9명의

명단이 기재돼 있다. 전남경찰국장 경무관 안병하(사태진압 실패 총 책임), 목포경찰서장총경 이준규(관내 섬으로 도피), 전남작전과장 총경 안수택(작전실패), 나주경찰서장 총경 김00(1일간 도피, 무기피탈), 영암경찰서장 총경 김00(1일간 도피, 무기피탈), 화순경찰서장 경정 안00(2일간 도피, 무기피탈), 전남경무과장 총경 양00(무기매몰, 은닉지시), 전남장비계장 경감 이00(무기매몰, 은닉지시), 화순경찰서경무과장 경감 이00(초병 도피 지시).

178 『전남경찰의 역할』, 74쪽, 2017. 그런데 이 보고서에 수록된 또 다른 '국가기록원 자료'에 따르면 '실제 문서에 적시된 9명을 포함, 185명의 경찰관이 징계를 받거나 강제로 사표'를 내야 했다고 한다. (징계 68명, 의원면직 123명, 중복 6명)

179 경찰청 감사관실, 전남사태 관계기록3, 137쪽.

180 보안사, 직무유기경찰관보고, 1980.5.30.(018-018-000)

181 2019년 10월 11일, 이준규 목포서장은 재심에서 무죄 판결을 받았다. 유족들은 이준규 서장의 '불명예' 낙인을 없애기 위해 광주지법 목포지원에 재심을 청구했었다. 이에 앞서 이준규 서장은 2018년 7월 국가보훈처에서 유공자로 인정받았다.

182 광주사태 관련 경찰관 조치 상황보고(합수본부장), 「합수 조치 내용」, 383-1989-8. 기무사자료 043-005-007.

183 국보위 광주사태 조사단은 '군.경.공무원의 직무자세 확인'을 위해 군작전, 경찰작전, 기타 등으로 3개 반을 편성했으며, 법무부에서 검사 2, 국방부 중령과 대령급 6, 내무부 경찰 3, 중앙정보부 1명 등 단장 포함 총 13명이 파견됐다.

184 표지가 「광주사태」로 돼 있는 이 국보위조사단의 조사결과보고 문서는 1988.2.9. 기무사가 당시 조사단장 이광노 장군이 보관하고 있던 자료를 입수한 것이다.(기무사자료 043-022-000)

185 5·18 광주민주화운동 기간 사망한 계엄군은 총 23명이다. 이들 가운데 광주시민의 공격행위로 인한 사망자는 8명이었고, 그보다 2배 정도나 많은 15명은 순전히 군 지휘체계의 혼선 때문에 군인끼리 벌어진 오인사격으로 희생됐다.(보안사령부, 「순직일자 및 장소」, 1980)

186 「전남도경국장 직무유기 피의 사건」, 1980.(기무사자료 021-042-000).

187 치안본부, 경찰청 감사관실, 전남사태 관계기록1, 안병하 진술조서 24~27쪽, 1980.『전남경찰의 역할』, 77쪽, 2017, 재인용

188 김00(전남도경 작전과) 증언, 『전남경찰의 역할』, 77쪽, 2017.

189 당시 최규하 대통령이 직접 나서서 전두환에게 안병하 국장의 구속은 무리라면서 만류했다는 후문도 있다. 이와 같은 사실은 전임순 여사가 당시 치안본부 누군가로부터 나중에 전해 들었다고 한다.

190 『전두환 회고록』1권, 494쪽, 2017.

191 「작전조치사항」, 1980.5.27.

192 『전남경찰의 역할』, 66쪽, 2017. 재인용.

193 순직 경찰관 4명에 대하여 1980년 5월 4일 자 '오조근정훈장을 수여했다고 하나 실제 수여 날짜를 확인할 수 있는 기록은 없다.(『전남경찰의 역할』, 66쪽, 2017.)

194 『전남경찰의 역할』, 81쪽, 2017.

2부 대한민국 '경찰영웅'이 되다

1. 투병생활

195 베셀 반 데어 콜크(Bessel Van Der Kolk) 박사는 미국 하버드 의과대학에서 정신 의학을 공부했고, 보훈병원에서 참전 군인들이 겪는 트라우마에 대해 연구했으며, 자신이 직접 트라우마 센터를 설립했다. 트라우마(PTSD)가 뇌신경에 일으키는 변화를 영상으로 직접 촬영해서 관찰함으로써 새 치료법을 개척했다. 신경생물학, 뇌 과학 등 다양한 분야와 다각적인 연구를 통해 현재 트라우마 치료의 세계 최고의 권위자로 인정받고 있다. 『몸은 기억한다』(2014)는 그의 저서는 뉴욕타임스가 선정한 베스트셀러로 트라우마에 대한 기존의 통념을 바꿔 놓았다.

196 전두환은 1980년 5월 24일 정승화와 관련이 있던 김재규 전 중앙정보부장의 사형이 집행되고, 5월 27일 광주 유혈진압이 끝나자 정승화를 풀어줬다. 그 후 정승화는 1981년 3월 사면 복권됐고, 1997년 재심에서 '김재규 내란기도 방조미수 혐의'도 무죄가 선고됐다.

2. 사망, 그리고 청문회

197 나의갑, 안병하 병상인터뷰, 《월간 예향》, 1988. 나의갑 기자는 자신이 취재한 안병하 국장 인터뷰 내용을 당시 윤재걸 기자에게 미리 알려줘 《한겨레신문》(1988.7.26.일 자)에서 먼저 보도되도록 했다고 한다.

198 육군은 1970년대부터 위수령이나 비상계엄이 발령될 경우 군의 시위 진압작전을 '충정작전'이라 불렀다. 평소 충정작전은 육본 직할부대인 '20사단'과 한미연합사의 통제를 받지 않는 '공수특전부대'를 주축으로 편성 운용했다. '상무충정작전'은 전남북계엄분소가 설치된 전투교육사령부의 소재지가 광주 상무대였기 때문에 '충정작전'에다 '상무'라는 명칭을 붙인 것이다.

199 정당별 5·18 청문회 신청자 명단, 1980. 기무사자료 033-002-000.

200 142회 임시국회 회의록, 정웅 의원 질의 및 오자복 국방부장관 답변, 1988.7.5.

201 「전 31사단장 정웅 관계자료」, 보안사 018-016-000.

202 「임OO 청문회 증언 전문」, 서울지검 수사기록 035-007.

203 청문회에서 평민당 조홍규 의원은 '나주지역 무기피탈시각'이 1980년 작성된 원본

과 비교해 1988년 청문회를 앞두고 위조되었다는 사실을 폭로했다. 1988년에 작성한 것으로 추정되는 전남도경 '상황일지'에는 시위대가 최초로 무기고를 습격한 것은 21일 오전 8시경으로 나주군 반남지서에서 카빈 3정과 실탄 270발을 탈취했다고 적혀 있다. 그러나 이 기록은 조작된 것이다. 1980년 6월 3일경 나주경찰서가 작성하여 전남도경에 보고한 「나주경찰서 관내 총기 및 탄약류 피탈 조사보고」에는 나주 반남지서 습격 시각이 '오전 8시'가 아닌 '오후 5시30분'으로 나타나 있다.(국방부 과거사진상규명위원회 엮음 『12·12, 5·17, 5·18사건 조사결과보고서』, 90쪽, 2007; 전라남도경찰국 「나주경찰서 관내 총기 및 탄약류 피탈 조사보고」, 1980. 6.)

204 임00 31사단 작전보좌관, 청문회회의록, 제144회 25차 증언, 1989.1.26.

3. 광주민주화운동 유공자로 인정되기까지

205 전남경찰청은 보고서를 통해 "시신 안치 등 사후 수습이 제대로 이뤄지지 않은 것은 지휘부를 비롯한 동료 경찰관들의 과오"라고 밝혔다.

206 이재의, 「5·18 광주민주화운동 피해 신고한 당시 전남도경국장 미망인 전임순」, 《월간 예향》, 96~101쪽, 1993.9.

207 광주민주유공자 예우에 관한 법률(2002.1.26.제정)은 제4조 적용대상자를 1. 광주민주화운동사망자 또는 행방불명자, 2. 광주민주화운동부상자, 3. 기타 광주민주화운동희생자(광주민주화운동관련자보상 등에 관한 법률 제22조의 규정에 의하여 보상을 받은 자)로 규정하고 있다.

208 국회 정무위원회, '민주유공자예우에 관한 법률안 검토보고서' 중 법 제정의 필요성, 2001.2.

209 조종일 필자와 인터뷰 증언, 2020.2.20.

210 경찰청 과거사진상규명위원회(위원장 이종수 한성대 교수, 2004.11.~2007.11)는 민간 전문가 7명과 경찰청의 차장 및 수사, 경비, 정보, 보안국장이 경찰위원으로 참여하여 합동위원회를 구성, 10개 사건을 대상으로 선정하여 조사했다. 조사대상은 불법선거개입 의혹, 민간인불법사찰 의혹, 용공조작 의혹 등 3개의 포괄분야와 더불어, 개별사건으로 서울대 깃발사건(1985), 민주화운동청년연합 사건(1985), 강기훈 유서대필 사건(1991), 청주대 '자주대오' 사건(1991), 남조선민족해방전선 사건(1979), 보도연맹원 학살 의혹 사건(한국전쟁), 대구 10.1 사건(1946), 나주부대 민간인 피해 의혹사건(1950) 등이었다.

211 『경찰청 과거사진상규명위원회 백서』, 경찰청, 2007.11.

212 『전남경찰의 역할』, 1쪽, 2017. 당시 경찰청 과거사진상규명위원회에 접수된 민원은 3년간 총 44건이었는데 위원회가 직접 조사한 사건은 '전남경찰국장 안병하 경무관' 사건을 비롯해서 18건이었다.

213 『전남경찰의 역할』, 3쪽, 2017. 2005년 9월에 경찰청 내부결재를 받은 '안병하 전 전남국장 5 · 18 관련 순직 진상조사 보고' 참조. 본 보고서는 총 187쪽으로 전남 지방경찰청이 2005년 9월에 책자로 묶어서 단행본으로 간행했고, 국가보훈처 보훈심사위원회에 순직 신청자료로 제출됐다.

214 경찰인재개발원에는 안병하홀 외에도 차일혁, 최규식, 정종수홀 등이 함께 있다.

4. 대한민국 '경찰영웅 제1호'

215 2019년 10월 11일 광주지법 목포지원은 1980년 5월 포고령 위반, 직무유기 등의 혐의로 전교사 계엄보통 군법회의에서 징역 1년 선고유예 처분을 받은 이준규 당 시 목포경찰서장의 재심에서 무죄를 선고했다. 이 서장은 1980년 5월 21일과 22일 시위대 120여 명이 총기와 각목 등을 들고 목포경찰서에 들어왔음에도 무력 대응 하지 않고 병력을 철수시킨 혐의로 기소됐다. 그는 사상자 발생을 막기 위해 경찰 총기를 군부대에 반납하라는 안병하 국장의 명령에 따라 경찰서에서 병력을 철수 시키고 총기의 방아쇠를 분리해 배에 실은 채 해경과 함께 가까운 섬인 고하도로 옮겼다. 5월 23일부터 목포로 되돌아와 치안 유지 활동을 재개했다. 이 서장은 시 위를 통제하지 못하고 자위권 행사에 소홀했다는 이유로 파면되고 합동수사본부 에 끌려가 90일 동안 구금 및 고문을 당한 뒤 군사재판에 회부되었다. 당시 목포 시민들은 이 서장 석방을 요구하는 탄원서를 제출하기도 했다. 이 서장은 고문으 로 건강이 급격히 악화돼 1985년 사망했다.

216 2018년 3월 16일, 광주를 방문한 이철성 당시 경찰청장은 "고 안병하 치안감과 같 이 고초를 겪었던 경찰관들에 대한 명예회복도 추진하겠다"고 밝혔다. "광주 · 전 남청과 함께 관련기록을 찾아 자료만 확보되면 그 분들에 대한 명예회복도 추진 해 나가겠다"고 강조했다.

217 경찰청 훈령 제506호, 2009.7.31.

218 『전남경찰의 역할』, 82쪽, 2017.

219 경찰법 제3조(국가경찰의 임무) ①국민의 생명. 신체 및 재산의 보호.

220 헌법 제7조 ①공무원은 국민 전체에 대한 봉사자이며, 국민에 대하여 책임을 진 다. ②공무원의 신분과 정치적 중립성은 법률이 정하는 바에 의하여 보장된다.

221 'SNS시민동맹'(대표 정락인)은 2017년 5월 13일 국립현충원에서 5 · 18 광주민주 화운동 순직 경찰관 추모식을 열었다. 5 · 18 당시 사망한 4명의 경찰관들이 '철저 하게 외면 받고 잊혀졌다'면서 안병하 유족, 경찰유가족회, 광주시청, 경찰 관계자 들, 대학생 등 30여 명이 참석한 가운데 이들에 대한 추모식을 가졌다.

222 대한민국정부 관보 제19140호, 2017.11.27. 이 날짜 관보에는 '내무부 치안본부 경무관 안병하(安炳夏), 치안감에 추서함(1980.06.01.자), 2017.11.16.'라고 기재되

어 있다.
223 문재인 대통령 페이스북, 2018.3.10.
224 『경찰청 과거사진상규명위원회 백서』(2007.11.)는 '경찰의 발전방안'을 '인권의식 혁신, 정치적 중립성 확립, 기록물관리 개선' 등 3가지 방향에서 제시했다.

3부 군인에서 경찰로 전직

225 광주민주화운동 보상심의기록은 개인정보공개청구 절차에 의해 유가족의 동의 아래 5·18 민주화운동기록관에서 열람.
226 현 광신상업정보고등학교 전신.
227 정승화 계엄사령관은 1979년 12월 12일 밤 전두환 보안사령관이 보낸 보안사 허삼수 대령에 의해 체포 연행된 후 이등병으로 강등 됐다. '12·12 군사반란' 때 전두환을 중심으로 한 신군부 일당이 눈엣가시로 여겼던 인물이다. 당시 군 사조직 '하나회'에 대한 여론이 군부 내에서 좋지 않자 하나회를 이끌던 보안사령관 전두환을 정승화 참모총장이 동해안경비사령부로 보내려 했다. 이 정보를 사전에 눈치챈 전두환이 미리 선수를 쳐서 보안사 참모들과 함께 군대를 동원하여 정승화 사령관을 불법적으로 체포 연행했던 것이 12·12사건이다.
228 육군사관학교는 1945년 12월 5일 미군정 아래서 미국식 군사시스템을 정착시키는 데 필요한 고급군사 인력양성을 위해 '군사영어학교'라는 명칭으로 개교했다. 1946년 5월 1일 '남조선국방경비사관학교'로 이름을 바꾼 뒤 6월 15일 '조선국방경비사관학교'로 개명했고, 이후 대한민국 정부가 수립되면서 1948년 9월 5일 대한민국 '육군사관학교'로 바뀌었다.
229 정부 수립 이전까지 대한민국 군대는 독립군 출신에다 일본군 및 일제 경찰 출신들이 대거 참여한데다 이념대립이 극심하던 때라 군 내부에서도 좌우익 갈등이 잠재돼 있었다.
230 『육군사관학교 30년사』, 1978.
231 「육사 8기 특별4반 한 독립군의 기록」, 《주간조선》 2370호, 2015.8.17.
232 김종필 증언록, 『소이부답』, 2015. 박정희가 5·16 군사정변을 일으킬 때 주도적으로 참여했던 인물들은 육사 8기 출신들이었다. 박정희와 육사 8기생들의 만남은 육군본부 전투정보국(국장 백선엽 대령)에서 시작됐다. 백선엽의 도움으로 남로당 사건에서 가까스로 빠져나온 박정희는 육본 정보국에서 문관으로 일하게 되는데 이때 육사 8기 졸업생 중 성적이 좋은 15명이 정보국에 배치된다. 김종필, 최영택, 이영근, 석정선 소위 등이 여기서 박정희와 인연을 맺어 제3공화국을 탄생시켰다. 박정희는 이곳에서 당시 전투정보과장이던 이후락 소령과도 만났다. 이후락은 이때 인연으로 중앙정보부장과 박정희 대통령 비서실장을 지냈다.

233 육사 8기 중 김종필, 김형욱 등 육군본부 전투정보국에 배치된 몇 명이 당시 그곳에서 문관으로 근무하던 박정희와 만나 후일 5·16 군사정변의 주역이 되었다.

234 『불멸의 경찰, 이곳에 영원히 살아 숨쉬다』(제1편), 33~43쪽, 경찰교육원, 2015.6.30. 이 책은 경찰사를 연구하는 강윤식 경감이 집필했다. '민주경찰의 혼불'이라 불리는 안병하 경무관을 비롯, 1935년 중국 중앙군관학교 졸업 후 독립운동을 하다 1950년 경찰이 된 차일혁 경무관, 청와대를 사수한 최규식 경무관과 정종수 경사, 부여 간첩작전의 용사 장진희, 나성주 경사 등 경찰을 빛낸 위인 6명의 이야기가 수록돼 있다.

235 춘천전투에서 국군 6사단은 400여 명, 북한군은 2천여 명 이상의 사상자가 발생했다. 이 전투로 북한군의 남하를 6일 동안 지연시킬 수 있었다. 그 사이에 일본에 주둔하던 미 제8군 소속 제24보병사단이 한반도에 전개함으로써 유엔군이 참전할 시간을 확보했다. 춘천전투의 승리를 기리기 위해 춘천시 근화동에 '춘천대첩기념평화공원'이 만들어졌다. 당시 포격하는 7연대의 모습을 재현한 전투장면이 조각품으로 전시돼 있고, 춘천시 삼천동에는 '춘천지구 전적기념관'이 설립됐다.

236 현 충북 충주시 신니면 문락리의 동락초등학교 부근. 이곳에 '음성지구전투 전승비'가 세워져 있다.

237 두산백과사전에는 동락리 전투 전과로 북한군 사상자 800여 명, 포로 90여 명, 76밀리 곡사포 12문과 박격포 35문, 기관총 47정, 소총 1천여 정, 장갑차 3대, 차량 60대 노획이라고 경찰교육원이 발간한 자료와는 약간 다르게 기재돼 있다.

238 6사단 7연대는 '초산부대'로 불리고 있으며, 지금도 충북 음성군민들은 매년 10월 26일 압록강 진격행사를 기념하고 있다.(국방부 블로그, http://blog.naver.com/mnd9090/221432215350)

239 상훈법 제13조, 상훈법 시행령 제11조, 별표 1.

240 안병하가 실제 결혼한 해는 1953년인데 호적부에는 혼인 신고를 '1955년 11월 14일자'로 한 것으로 기록돼 있다. 전쟁 중이라 행정절차가 지연됐던 것으로 추정된다.

241 오치성(1926.2~2017.12.) 황해도 신천군 출생. 육사 8기, 한국전쟁 참전. 미국 하버드대 극동아시아문제 연구소 수료. 육군보병학교 졸업, 단국대 법학과 학사. 육군대학 졸업. 미 오리건 주립대 정치학석사. 하버드 행정학 석사. 1963. 준장 예편. 육군본부 정보참모부 기획과장. 박정희 장도영 김종필 등이 주동한 5·16 쿠데타에 참여. 5·16 직후 군사정부 때 국가재건최고회의 내무분과위원장, 1970. 정무담당 무임소 장관, 1971. 제33대 내무부 장관, 국회의원, 자민련 상임고문 역임. 대한민국 헌정회 회원.(위키피디아)

242 길재호(1923~1985) 평안북도 영변 출생. 육사 8기. 5·16 쿠데타 참여. 5·16 직후 군사정부 때 국가재건최고회의 사법위원장. 1963. 준장 예편. 제6대 민주공화당 소속 금산군 국회의원 당선, 3선 의원. 1966~1969. 공화당 사무총장. 육사 동기인 김형욱 중정부장과 손잡고 김종필을 견제하면서 3선개헌 성사. 1971.10. 김

성곤 등과 함께 신민당이 제출한 오치성 내무부 장관 해임건의안 가결(10.2항명파동, 박정희의 분노를 사서 중정에 끌려가 고문당함), 이후 정계은퇴.

243 전임순 여사 증언.

244 6·25 전쟁이 끝나자 비대해진 군은 인사에서 승진 적체라는 동맥경화 현상이 생겼다. 5·16 군사정권은 군의 인사 적체를 해소하고, 부정부패로 얼룩진 경찰조직의 혁신을 꾀하기 위한 목적으로 일정한 자격을 갖춘 육사출신 엘리트 장교들에게 전직할 경우 인센티브를 부여했다. 사관학교 출신 군 장교의 공무원 선발 특채는 1977년 박정희 대통령의 지시로 제도화 되면서 더욱 확대됐다. 국가관이 투철한 장교를 공직사회에 진입시켜 '자극제'로 삼는다는 것이 도입 명분이었는데, 군의 인사적체 해소 수단이기도 했다. 사관 특채는 1977년부터 1988년까지 11년간 784명을 배출했으며, 이들을 한때는 '유신사무관'이라고도 불렀다.(「사관학교 특채 '유신사무관'」,《연합뉴스》, 2016.4.25.)

245 5·16 직후 정부조직법에 따라 1962년 내무부에 '치안국'(법률 제1038호, 정부조직법 제20조 ②항, 1962.4.1.)이 신설됐다. 이후 1974년 정부조직법 개정에 따라 '치안본부'로 바뀌었다.(법률 제2713호, 정부조직법 제2조 ⑦항, '내무부의 차관 밑에 두는 치안사무담당 보좌기관은 치안본부장.부장 또는 과장으로 하고, 치안본부장은 별정직으로, 부장 및 과장은 별정직 국가공무원으로 보한다.' 1974.12.24. 일부 개정)

246 1969년 7월에 신민당과 재야인사들이 규합하여 3선개헌 반대 범국민투쟁위원회 등이 결성되면서 학생들의 시위가 빈발했다.

247 《경향신문》, "어제의 오늘, 「1971년 대연각호텔 화재, 163명 사망」", 2010.12.24.

248 「민방위 실태분석을 통한 제도개선 방안」, 13쪽, 국립방재연구원, 2012. 12. '민방위 기본법'은 대연각호텔 화재사건이 계기가 돼 1972년부터 준비를 시작했는데, 오랜 시간 지지부진 끌다 월남이 패망하고 베트남이 공산화되자 1975년 7월 25일 법률 제2776호로 제정되었다. 이 법의 기본 윤곽과 개념은 안병하 방위과장 시절에 형성됐다.

249 민방위 기본법 제2조(정의), 제1항.

250 전임순 여사 증언.

251 민방위 기본법 제26조(정치운동 등의 금지), 제2항.

252 '판문점 도끼 살인 사건'은 1976년 8월 18일 판문점 인근 공동경비구역 내에서 북한 인민군 30여 명이 도끼를 휘둘러 미루나무 가지치기 작업을 감독하던 주한 미군 장교 2명을 살해하고 한국군 장병도 중경상을 입었다. 이 사건이 발생하자 미 백악관에서는 특별성명을 발표했고, 포드 대통령의 명령에 따라 스틸웰 주한미군사령관은 '폴 버니언 작전'의 일환으로 F-4, F-111(핵무기탑재 가능), B-52 폭격기, 미드웨이 항공모함을 동원하는 대규모 무력시위를 계획했고, '데프콘2(공격준비태세)'를 발령했다.(위키백과사전 참고)

| 참고문헌 |

경찰 자료

강윤식, 『불멸의 경찰, 이곳에 영원히 살아 숨쉬다』, 경찰교육원 2015.

강진경찰서, 「강진경찰서 상황일지」, 1980.

경찰청, 『경찰청 과거사진상규명위원회 백서』, 2007.

고흥경찰서, 「고흥경찰서 상황일지」, 1980.

광산경찰서, 「광산경찰서 상황일지」, 1980.

광주경찰서, 「광주경찰서 상황일지」, 1980.

광주서부경찰서, 「광주서부경찰서 상황일지」, 1980.

나주경찰서, 「나주경찰서 상황일지」, 1980.

목포경찰서, 「목포경찰서 상황일지」, 1980.

무안경찰서, 「무안경찰서 상황일지」, 1980.

보성경찰서, 「보성경찰서 상황일지」, 1980.

영광경찰서, 「영광경찰서 상황일지」, 1980.

영암경찰서, 「영암경찰서 상황일지」, 1980.

장성경찰서, 「장성경찰서 상황일지」, 1980.

장흥경찰서, 「장흥경찰서 상황일지」, 1980.

전남도경찰국, 「나주경찰서 관내 총기 및 탄약류 피탈 조사보고」, 1980.

전남도경찰국, 「전남도경 상황일지」, 1980.

전남도경찰국, 「집단사태 발생 및 조치상황」, 1980.

전남도경찰국, 「치안일지」, 1980.

전남도경찰국, 「치안질서 회복을 위한 경찰의 조치」, 1980.

전남도경찰국, 「학원상황」, 1980.

전남지방경찰청 엮음, 『5 · 18 민주화운동 과정 전남경찰의 역할』, 5 · 18 민주화운동관련 경찰 사료수집 및 활동조사 TF, 2017.

전남지방경찰청 엮음, 『안병하 전 전남국장, 5 · 18 관련 순직 진상조사 보고』, 경찰청과거사진상규명위원회, 2005.

함평경찰서, 「함평경찰서 상황일지」, 1980.

해남경찰서, 「해남경찰서 상황일지」, 1980.

화순경찰서, 「화순경찰서 상황일지」, 1980.

군 자료

계엄사령부, 「계엄위원회 회의록」, 1979~1980.

국가안전기획부, 「광주사태 상황일지 및 피해현황」, 1985.

국방부 과거사진상규명위원회 엮음, 『12 · 12, 5 · 17, 5 · 18 사건 조사결과 보고서』, 2007.

국방부, 「광주사태」(초안), 1982.

국방부, 「광주사태의 실상」, 1985.

보병20사단, 「광주권 충정작전 분석」, 1980.

보병20사단, 「광주충정작전 상보」, 1980.

보병20사단, 「전투상보」, 1980.

보병31사단, 「전투상보」, 1980.

보안사령부, 「광주소요동정(5.18)」, 1980.

보안사령부, 「광주사태 관련 경찰관 조치상황 보고」, 1980.

보안사령부, 「광주사태 상황보고」, 1980.

보안사령부, 「광주사태 일일속보철」, 1980.

보안사령부, 「광주사태 진상조사단 동정」, 1980.

보안사령부, 「광주사태의 진상」, 1980.

보안사령부, 「광주소요사태 관련철」, 1980.

보안사령부, 「광주소요사태 상황일지 전문」, 1980.

보안사령부, 「부마지역 학생소요 사태 교훈」, 1979.

보안사령부, 「순직일자 및 장소」, 1980.

보안사령부, 「전 31사단장 정웅 관계자료」, 1980.

보안사령부, 「전남도경국장 직무유기 피의사건」, 1980.

보안사령부, 「직무유기 경찰관 보고」, 1980.

보안사령부, 「충정업무 일일 주요사항」, 1980.

보안사령부, 「합수 조치 내용」, 1980.

보안사령부, 『제5공화국 전사』 4권, 1982.

보안사령부, 505보안부대 「광주사태시 상황일지」, 1980.

육군본부 군사연구실, 「광주사태 체험수기」, 1988.

육군본부, 『계엄사』, 1989.

전교사, 「상황일지」, 1980.

전교사, 「전교사 작전일지」, 1980.

전교사, 「전교사 정보일지」, 1980.

전교사, 「전투상보」, 1980.

전남합동수사단, 「광주사태일지」, 1980.

제2군사령부, 「광주권 충정작전간 군 지시 및 조치사항」, 1980.

특전사, 「전투상보」(3,7,11여단), 1980.

합동수사본부, 「전남도경국장 직무유기 피의 사건」, 1980.

검찰, 재판, 국회, 행정 자료

광주시 동구청, 「상황일지」, 1980.

광주시청, 「5·18 사태 상황 및 조치사항」, 1980.

광주지방검찰청, 「광주사태 당시 학원동향」, 1980.

광주지방검찰청, 「무기피탈현황」, 1980.

국가법령정보센터, 「헌법」, 「계엄법」, 「정부조직법」, 「국가공무원법」, 「경찰
　　법」, 「경찰공무원 징계령」, 「상훈법」, 「민방위 기본법」, 「5·18 민주화운
　　동 관련자 보상, 예우, 진상규명 등에 관한 법률」 등.

국가보위비상대책위원회 조사단, 「광주사태 조사결과보고서」, 1980.

국가보위비상대책위원회, 『국보위백서』, 1980.

국회 광주특위, 「임정복 당시 31사단 작전보좌관 청문회 증언록」, 1989.

국회 광주특위, 「정웅 청문회 증언록」, 1988.

국회 광주특위, 「최웅 청문회 증언록」, 1988.

국회 본회의 속기록, 「정웅 의원 대정부질의」 (제16차), 1988.

국회, 「정당별 증언자 신청명단」, 1988.

대법원, 「12·12, 5·18 상고심 선고 판결문」, 1997.

대한민국정부 관보 제19140호.

미국 국무성, 한국상황보고서 「DOS-KOREAN SITREP 1980.5.27.」,
　　1980.

서울고등법원, 「12·12, 5·18 항소심 선고 판결문」, 1996.

서울지방검찰청, 「5·18사건 공소장」, 1996.

서울지방검찰청. 국방부검찰부, 「5·18 관련사건 수사결과 보고」, 1995.

서울지방검찰청. 국방부검찰부, 『12·12, 5·18사건수사기록』, 1~117권,
　　1994~96.

서울지방법원, 「12·12, 5·18 1심 선고 판결문」, 1996.

서울지방법원, 「5·18 1심 23차 공판 속기록, 최웅 증언」, 1996.

서울지방법원, 「5·18 1심 24차 공판 속기록, 김재명 증언」, 1996.

증언, 증언록

5·18기념재단 엮음, 『구술생애사로 본 5·18의 기억과 역사』 1~7권, 2006~15.

광주광역시의사회, 『5·18 의료활동』, 광주광역시의사회 5·18 의료백서발 간위원회, 1996.

김종필, 『김종필 증언록』, 2016.

김태관, 「민주경찰 안병하」, KBS 특집 다큐멘터리, 2018.5.

나의갑, 「안병하 병상인터뷰」, 《월간 예향》, 1988.9.

안병하, 「안병하 비망록」, 1988.

육군본부 군사연구실 엮음, 『광주사태 체험수기』, 1988.

이재의, 「5·18 당시 발포 거부 전남도경국장의 광주비망록」, 《월간 말》, 1994.5.

이재의, 「안병하 당시 전남도경국장 미망인 전임순 인터뷰」, 《월간 예향》, 1993.9.

전남대학교 5·18연구소 엮음, 『5·18 항쟁 증언자료집』Ⅰ~Ⅳ, 전남대학 교출판부, 2003.

천주교 광주대교구 정의평화위원회 엮음, 『5·18 민중항쟁 구술 자료집』, 2006.

한국현대사사료연구소 엮음, 『광주오월민중항쟁사료전집』, 풀빛, 1990.

단행본, 논문

5·18기념재단, 『5.18민중항쟁 39주년기념 학술교류포럼 자료집』, 2019.

광주광역시 5·18사료편찬위원회 엮음, 『5·18광주민주화운동자료총서』 32,44,45권

국립방재연구원, 「민방위 실태분석을 통한 제도개선 방안」, 2012.

김영택, 『5월 18일, 광주』, 역사공간, 2010.

박동찬, 『주한미군사고문단』, 한양대학교출판부, 2016.

베셀 반 데어 콜크, 『몸은 기억한다』 을유문화사, 2014.

육사30년사 편찬위원회, 『육군사관학교 30년사』, 1978.

전두환, 『전두환 회고록』 1권, 자작나무숲 2017.

정상용·유시민, 『광주민중항쟁 다큐멘터리 1980』, 1990.

천금성, 『10·26, 12·12, 광주사태』, 1988.

황석영, 『죽음을 넘어 시대의 어둠을 넘어』, 풀빛, 1985.

황석영·이재의·전용호, 『죽음을 넘어 시대의 어둠을 넘어』, 창비, 2017.

신문, 잡지, 기타

강진일보, 2013.4.2.

경우신문, 1988.

경향신문, 2010.12.24.

국방부 블로그

동아일보, 조선일보, 1980.

시사저널, 2017.11.28.~12.8.

연합뉴스, 2016.4.25.

월간 경향, 1988.6.

월간 신동아, 1985.10.

월간 예향, 1988.9, 1993.9.

위키피디아, 위키백과사전, 두산백과사전.

정락인닷컴

주간조선, 1988.11.27.

한겨레신문, 1988.7.26.

안병하라는 인물에 필자가 처음 관심을 가졌던 때는 27년 전인 1993년 7월이다. 미망인 전임순 여사가 5·18 광주민주화운동 피해신고센터에 고인이 된 '남편 안병하의 명예회복'을 신청했던 것이 계기가 됐다. 그 무렵 5·18 진상규명에 대한 사회적 관심은 컸지만 경찰의 역할은 그다지 주목받지 못했다. 경찰은 계엄군과 진압대열에 함께 서 있었다고 단순하게 생각하는 분위기가 일반적이었기 때문이다. 그러나 세 가지 점이 흥미로웠다. 첫째, 경찰이 피해자일 수 있을까? 둘째, 공수부대와 경찰 사이에 어떤 일이 있었던가? 셋째, 상급자의 명령에 대한 불복종은 정당화될 수 있을까?

필자가 《광주일보》의 '월간 예향' 기자로 일할 때였다. 전임순 여사를 찾아가서 만났다. 그녀가 말해주는 남편의 사연을 듣고 무척 놀랐다. 필자는 1985년 5월 황석영 작가의 이름으로 발간된 『죽음을 넘어 시대의 어둠을 넘어』 초고를 집필했었기에 5·18에 대해서는 어느 정도 알고 있다고 여기던 참이었다. 그런데 부끄러운 생각이 들었다. '군과 경찰은 한 몸'이라고 단순하게 치부해버린 것이 5·18의 본질을 얼마나 피상적으로 접근하게 했던가 하는 깨달음이었다. 도경국장 안병하의 행적은 필자로 하여금 5·18을 기존의 시각과 근본적으로 다르게 보도록 만들었다.

1980년 5월 21일 오후, 군과 경찰이 시내에서 철수할 때였다. 시민들은 철수하는 공수부대와 치열하게 싸웠지만 경찰은 무사히 피신할 수 있도록 도왔다. 경찰은 5·18 기간 내내 시민과 함께했었다는 사실을 새삼 깨달았다. 사태가 끝나고 경찰에게 돌아온 결과는 시민과 마찬가지로 큰 상처와 불명예 등 회복하기 어려운 피해였다. 책임자가 직무유기 혐의로 보안사에 끌려가 극심한 고문을 당했고, 경찰 간부가 투옥과 강제해직의 아픔을 겪어야 했었다. 그 핵심에는 '안병하'라는 인물이 있었다.

우리 역사에서 경찰이 시민들로부터 진정으로 사랑받았던 시기가 얼마나 있었던가? '친일경찰'이라는 오명과 더불어 4·19 때는 시민을 향한 발포로 '독재정권의 파수꾼'이라는 주홍글씨가 새겨졌다. 5·18 때 비로소 그 주홍글씨를 지우고 '시민의 파수꾼'으로 거듭났다. 경찰이 시민을 보호했고, 시민이 경찰을 지켰다. 안병하 도경국장의 용기와 결단, 그리고 희생이 만들어낸 찬란한 성과였다.

경찰의 유혈진압 거부는 공수부대의 무자비한 과잉진압의 폭력성을 선명하게 드러냈다. 시민의 안전을 지키려는 경찰을 향해 계엄군은 폭력을 행사했다. 이는 5·18이 폭동이 아니라 경찰마저 함께한 민주화운동이었다는 점을 다시 한 번 더 확인시켜준다.

37년이 경과한 후 2017년 촛불혁명의 성공은 안병하를 역사의 무대로 불러냈다. '경찰영웅 1호'라는 호칭은 이제 그에게 가장 잘 어울리는 수식어가 됐다. 언론은 앞다퉈 그의 행적을 칭송했고, 사람들은 환호했다. 시민사회의 민주역량이 차오르면서 이제야 비로소 그 인물의 진가를 알아본 것이 아닐까 싶다.

2차 세계대전의 패색이 짙어지자 히틀러는 파리 주둔 독일군 사령관 디트리히 폰 콜티츠에게 후퇴할 때 파리의 모든 기념물 및 주요 건물을 남김없이 폭파하라고 지시했다. 연합군의 파리 입성이 눈앞에 이르자 히틀러는 곁에 있던 참모에게 물었다. "파리는 불타고 있는가?" 콜티츠는 히틀러의 명령을 거부했고, 파리는 아름다운 모습을 보존할 수 있었다. 그때 프랑스인들은 연합군에 체포된 콜티츠에게 냉담했다. '독일군'이었다는 이유 때문이다. 하지만 21년이 지난 1966년 여름, 콜티츠가 눈을 감았을 때 그의 무덤 앞에는 꽃을 든 파리 시민들의 발길이 줄을 이었다. 반인륜적인 명령을 거부했던 콜티츠의 용기는 오늘날 '불복종의 정당성'을 확인시켜주고 있다.

유태인 대학살을 주도했던 아돌프 아이히만은 '단지 상급자의 명령에 따랐을 뿐'이라고 법정에서 자신을 변명했다. 이를 두고 한나 아렌트는 '악의 평범성'이라 불렀다. 아이히만을 기소했던 이스라엘의 하우즈너 검사는 "상급자의 명령이 잘못되고 불법적인 경우에는 명령을 마지못해 따르는 것 또한 불법적인 행위"라고 질타했다.

수많은 공직자들이 잘못된 지시를 거부하지 못하고 '상급자의 명령'에 기대서 자신을 변명하기에 급급한 게 현실이다. 안병하의 명예회복 과정에서 유족이 부닥친 대한민국 국가기관의 곳곳에는 여전히 '악의 평범성'이 똬리를 틀고 있었다. 안병하는 '제대로 된 비판정신' '양심의 가책' '헌신과 희생' 등 공직자들에게 요구되는 진정한 덕목을 행동으로 보여줬다. 오늘날 안병하의 소환에 사람들이 환호하는 이유는 바로 여기에 있다. 그런 의미에서 필자는 안병하를 스쳐지나간 수많은 동시대의 '부당한 명령'에 복종했던 인물들과 그를 대비시키는 일에도 주의를 기울였다.

사망 직전 혼미해져가는 의식을 붙들고 그가 남긴 마지막 유고 「비망록」은 '안병하 정신'의 정수를 담고 있다. 5·18 때 그가 어떻게 생각했고, 결심했으며, 행동했는지를 적은 내용이다. 헌법은 경찰에게 국민의 생명과 재산을 보호하는 막중한 임무를 부여했다. 「안병하 비망록」은 부당한 정치권력이 '국민의 이익'을 침해하면서 특정 집단의 '사적 이익'을 위해 경찰을 이용하려 할 때 지휘관의 임무(responsibility)와 책임(accountability)이 무엇인지를 보여주는 기록이다. 육필로 쓴 「안병하 비망록」이야말로 경찰이 본받아야 하고, 정치권력이 지켜야 할 가이드라인이 아닐까? 그런 의미에서 '경찰의 권리장전'이라고도 부를 수 있겠다.

이와 같은 안병하의 정신적 바탕이 어떻게 형성되었는지를 밝혀 보고 싶었다. '영웅 안병하'보다 '인간 안병하'를 탐구해보고 싶은 이유였다. 영웅으로 신격화시키기 이전에 인간적 약점과 고뇌를 함께 들여다보고자 했다. 이를 위해 때로는 과감하게 그의 내면에 들어가 감정이입을 하는 방식으로 당시 상황을 그의 생각 속에서 판단하고자 시도했다. 이런 방식은 자칫 주관적인 오류에 빠지기 쉽다.

그럼에도 불구하고 굳이 이런 시도를 했던 것은 5 · 18이라는 특별하고 극단적인 상황에서 그의 생각이 가장 선명한 형태로 드러났기 때문이다. 평범한 상황이라면 달랐을 것이다. 어쩌면 5 · 18은 그가 겪었던 6 · 25나 대간첩작전보다 더 '지독'하지 않았을까 싶다. 단순히 그가 마주한 상황이 압도적이었다는 의미만은 아니다. 진압 대상이 '적이 아니라 시민'이라는 부조리한 상황이 더 본질적인 차이다. 계엄군은 초기부터 시민을 '섬멸의 대상'으로 규정하고 광주에 투입됐다. 경찰에게도 그렇게 인식하도록 강요했다. '적'은 섬멸의 대상이기 때문에 고민이 필요 없다. 하지만 '시민'은 보호해야 할 대상이다. 안병하는 대통령 앞에서 계엄사령관의 명령을 이렇게 거부했다.

"경찰은 시민군의 형제, 가족도 있을 테고 이웃도 있는데 경찰이 어떻게 시민들에게 무기를 사용하면서 진압할 수 있겠습니까. 그렇게 하기는 어려울 것 같습니다."

고백하건대 1980년 5월 필자는 안병하와 동일한 시간과 공간에

속해 있었다. 대학생 시위대의 일원으로 시위에 참여했고, 경찰이 떠난 다음 날 아침 전남도청에 들어가 보았다. 지금 다시 그 상황을 떠올려보며 어지럽게 널려 있던 경찰의 진압도구들 속에 경찰국장 안병하의 고뇌가 묻어 있었다는 사실을 이제야 새삼 깨닫는다. 파리를 지키려했던 콜티츠의 고뇌도 이와 같은 종류의 것이 아니었을까?

이 글은 5·18 민주화운동에 참여했던 필자의 시각이 바탕을 이룬다. 그 점이 이 책의 한계이자 강점이기도 하다. 그렇다고 객관성과 균형감을 상실했다는 이야기는 아니다. 군과 경찰, 검찰이 5·18 당시 생산했던 많은 문서들, 증언들을 씨줄과 날줄로 촘촘히 엮어 그의 행위에 대한 객관성과 역사성을 확보하고자 노력했다.

이 글을 쓰는 내내 주인공 안병하와 긴장된 관계에 있었다. 때로는 그의 '빙의'가 되어 엄중한 상황과 대결하기도 하고, 어쩔 때는 강렬한 비판자가 되기도 했다. 경찰 안병하의 인간적 고뇌와 내면의 풍경을 충실하게 묘사함으로써 자칫 영웅 서사가 빠지기 쉬운 오류, 즉 일방적인 '교훈(legacy)'에 대한 욕심과 매너리즘을 극복하고자 했다. 부디 독자들에게 이런 느낌이 잘 전달되기를 바랄 뿐이다.

2020년 4월
봉선골에서

부록

안병하 연표

안병하 비망록

『안병하 평전』 간행 후원인 명단

6 · 25 참전 및 군 시절

1928.7. 강원도 양양 출생(4남매 중 장남)

중학교를 일본 동경에서 다님

1945.8. (17세) 해방 후 서울 광신상고 편입

1948.11.5. (20세) 육군사관학교 8기 입교 (김종필 김형욱 강창성 윤

필용 유학성 이희성 차규헌 등과 육사 8기 동기생)

1949.5.23. (21세) 육군 소위로 전방부대에 임관

1951.5.25. (23세) 6.25전쟁 발발, 6사단 7연대 포병 관측장교(중

위)로 춘천전투 및 음성전투 참전, 화랑무공훈장 수훈

(1계급 특진, 국가유공자, 보훈수당 월 10만 원)

1953. (25세) 결혼

경찰 시절

1962.11.3.	(34세) 총경으로 경찰 특채(경찰임용), 육군 중령 예편
1962.	부산 중부경찰서장 첫 근무
1966.2.22.	(38세) 부산 집단월북기도 간첩 등 7명 검거(내무부장 관 표창)
1968.8.20.	(40세) 서귀포 침투 무장간첩체포 육상작전 지휘(중 앙정보부장 표창, 화랑무공훈장 2개, 녹조근정훈장 3개 수훈)
1970.7.20.	(42세) 서울 서대문경찰서장 부임
1971	(43세) 경무관 승진
	치안국 방위과장, 소방과장, 강원도경국장, 경기도 경국장
1979.2.20.	(51세) 제37대 전라남도 경찰국장 부임

5 · 18 광주민주화운동

1980.5.14.~16.	대학생 시위(15일, 전남대 총학생회장, 평화시위 약속)
1980.5 · 17.	비상계엄 전국확대(제7공수 33.35대대 전남대, 조선대 투입)
5.18.	경찰 시위진압 출동(오후 4시부터 7공수 광주시내 출동 강경진압)
5.19.	경찰 무기소산 조치 지시(11공수여단 광주 투입)

5.20.	경찰 시민안전 우선 지시(3공수여단 광주 투입)
5.21.	경찰 개인별 피신 후 재집결 지시
	(공수부대 철수 시민군과 교전, 보병 제20사단 광주 외곽 봉쇄)
5.22.	경찰 지휘부 광주비행장에 임시 본부 설치
5.25.	"경찰이 시민에게 총부리 겨눌 수 없다"며 발포 거부
	(최규하 대통령 광주방문 시 이희성 계엄사령관 강제진압 요구)
5.26.	계엄사 합동수사본부로 압송 후 8일간 혹독한 고문
6.2.	의원면직
6.13.	귀가 후 합병증으로 8년간 투병생활

투병생활

1980.12.~1981.4.	유럽 및 미국 여행 중 건강검진 심각상태 진단
1984.3.12.~31.	국립경찰병원 입원 치료(만성신부전증, 당뇨성 안질환, 고혈압 등)
1985.5.18~9.1.	미국 가서 치료했으나 호전 되지 않아 귀국
1986.11.29~12.9.	국립의료원 입원
1986.12.9~12.22.	고려대 의대 부속 구로병원, 혈액투석
1987.	평민당 영입 제안 거절
1988.	국회 광주특위 청문회 증인으로 채택(육필 「비망

록」 작성)

1988.10.10. 사망(충북 충주시 앙성면 소재 진달래 공원묘지 안장)

명예회복

1990.8.6. 「광주민주화운동관련자보상등에관한법률」 제정

1993.7.8. 「광주민주화운동관련자보상심의위원회」에 기타지원금
지급신청(미망인 전임순)

1993.12.17. 「광주민주화운동관련여부심사분과위원회」, 5·18 관
련 피해자 인정

1994.2.15. 「광주민주화운동상이자장해등급판정등심의위원회」,
고문후유증 사망 인정

1994.5.2. 「보상금심의위원회」 기타지원금 지급 결정(8,321,600원)

1994.9.8. 기타지원금 지급 중 '사망보상금' 추가 지급 이행에 대
한 행정심판 청구

1994.10.22. 보상금지급 결정 취소 등 행정소송 제기(전임순 등 4명)

1997.5.29. 대법원 사망보상금 지급 판결(1억2백만 원)

2002.1.26. 「5·18민주화유공자예우에 관한 법률」 제정

2002.10.8. 「민주화운동관련자명예회복 및 보상심의위원회」 '민주
화운동 관련자'로 인정

2003.1.27. 5·18민주화운동 관련 사망자 인정, 국가보훈처 등록.

2003.4.15. 광주민주유공자증서 수여(대통령 노무현)

2005.9.	『안병하 전 전남국장, 5·18 관련 순직 진상조사 보고서』 발간, 경찰청 과거사진상규명위원회, 전남지방경찰청
2005.11.	서울 동작동 국립현충원 경찰묘역 안장
2006.	순직 인정, 국가보훈처 '보훈심사위원회'
2010.	안병하홀 개관, 경찰교육원(현 경찰인재개발원)
2015.8.	'이달의 호국인물' 헌정식, 전쟁영웅 선정
2017.11.	제1호 경찰영웅 선정(경찰청) 및 전남경찰청사에 흉상 제막식
2017.11.	경무관에서 치안감으로 1계급 특진 추서
2019.5·17.	전남경찰청에 안병하공원 개장

본 비망록은 1988년 국회청문회를 앞두고 고인이 육필로 사망하기 직전 마지막 기력을 다해 병상에서 작성했다. 한자와 흘려쓴 필체, 맞춤법 때문에 알아보기 어려운 상태라 원문의 뜻을 살려서 읽기 쉽게 다시 정서한 것이다.

저는 지난 79년 2월 20일부터 80.5.24일까지 전남경찰국장으로 봉직(奉職)한 바 있는 안병하입니다.

그 당시 전남경찰국 산하에는 24개 경찰서와 해안 경비를 맡고 있던 3개 전경대대와 2개 기동중대가 있었으며, 80.5·17. 24:00 전 지역으로 계엄령이 확대 실시되기 전까지의 광주를 위시한 전남 일대의 치안 상태는 타 시도에 비해서는 비교적 평온을 유지하였습니다.

즉 80.3월 새 학기에 접어들면서 전국 대학가에서는 교내 문제에서 출발하여 계엄령 철폐, 정부 퇴진을 요구하면서 학원소요 사태가 일기 시작하였으며, 광주지방에서도 전남대 조선대 등 일부 학생들이 교내에서 삐라 산포 등 소극적인 징후가 일기 시작하였으며, 5월에 접어들면서 서울 등지에서 대규모 학생시위가 계속됨에 따라 그 영향으로 광주에서도 5.3일과 5.9일에는 전남대와 조선대 교내에서 일부 학생들이 시위를 벌였으며, 5.14일과 5.15일에는 전남대생 등 2~3,000명이 교내시위 후 교문돌파를 기도하는 것을 저지한 바 있으며, 5.16일에는 전남대학 총회장이 국 정보과장 안내로 본인을 방문하여 학생회에서 책임지고 오늘 저녁 야간 촛불 시위를 하겠으니 허가해 달라고 하기에 본인은 처음에는 불허하자, 학생회장 이야기가 불허하면 오히려 사고가 발생한다고 하기에 그 당시로서는 본인 독단으로 허가하였으며, 그래도 마음이 놓이지 않아 데모대 후미에 3개 중대 병력으로 수행(隨行)케 한 바, 아무 사고 없이 끝났습니다.(그날 시위는 주로 학생들로 15,000명이 참가)

80.5·17. 24:00 전국 계엄이 발령되면서부터는 군과 같이 데모 진압에 임하였으며, 5.20일부터는 일반 군중의 합세로 데모 군중 수는 10여 만에 이르렀으며, 송정리 쪽에서 택시 수 십대가 합세하였으며, 시내 도처에서 부산 경남북 번호판을 단 화물차를 방화하기 시작하였으며, 문화방송과 세무서 일부에 방화하였으며, 도청 앞 경찰저지선에 배치되어 있던 전경 4명이 시위 군중이 버스에 방화 돌진하는 바람에 즉사하는 사고가 발생하였습니다.

그 당시 저희 경찰의 진압병력은 15개 경찰서에서(목포, 여수, 순천, 광양, 진도, 완도, 구례 등 그밖에) 각 서장 지휘 하에 60명씩 900명과 본국 및 2개 기동대 등 1,500~1,600명 정도였으며, 중요 장비는 대형 가스차 2대, 폐 지프차를 개조해서 만든 소형 가스차 4대를 보유하였으며, 목포 여수 순천 등은 자체 병력으로 데모 진압에 임하였습니다.

5.20일부터는 도청 울타리 안을 제외하고는 전 시내가 데모 군중 손으로 들어갔으며, 19일부터 전 경찰 병력의 급식이 거의 중단된 사태였습니다.

5.21일 15:40분에는 국장실에서 전 지휘관에게 구두작명(口頭作命)으로 '1집결지' 무등산 입구, '2집결지' 비행장으로 철수할 것을 하달(사전 계엄분소장 승인) 철수함.

5.21일 15:40분 이후 임시 경찰국 설치 운용타가 5.24일 광주경찰서로 잠입, 광주서에서 지휘 중 본부로 압송됨.

광주사태 발생 동기

1) 과격한 진압으로 인한 유혈사태로 시민 자극

2) 악성 유언비어 유포로 시민들은 극도로 자극

3) 김대중씨 구속으로 자극

전남도민에게 감사

1) 80.5. 소요사태가 격화되자 그 대책으로서 (경찰)국 수사과장의 임무는 주동자 검거, 채증 활동을 지시한 바 있으나, 군이 진압과정에서 발생한 많은 부상자를 경찰에 인계함에 따라 (경찰)국 수사과장에게 상기 임무를 바로 해제하고 부상자에 대한 치료와 식사를 책임지게 함으로써 많은 부상자를 보호함.

2) 5.21일 도청 철수 전 도청 밖에 있던 기동대, 광주중대가 시민

군에게 포위된 바, 경찰임을 확인하고 충돌 없이 철수.

3) 5.21일 도청 안에 있던 경찰병력이 철수하는 과정에서 데모군 중이 경찰임을 확인하고 아무 불상사가 없었으며, 오히려 사복을 가져와 입혀주는 등 보호해줌으로써 무사히 철수.

4) 5.24일 송정리 비행장에서 지휘 중 광주경찰서에 잠입한 바 광주경찰서 외곽에는 시민군 20~30명이 경찰서를 보호하기 위하여 경비를 하고 있었음.

5) 5.22일 도청 앞에서 군의 과격한 진압에 항의하던 국·과장이 구타당함.

6) 경찰국장실 등 그대로 보존. 명패, 모자, 정복, 서류 등 거의 보존. 관사 그대로 유지.

7) 광주사태로 일부 지·파출소가 파괴된 것 이외는 대체로 보존.

8) 경찰 철수 후 경찰이 없는 상태에서 은행, 금은방 등 강력사건을 염려하였으나 강력사건이 거의 발생치 않았으며 시민군에 의해서 치안 유지.

데모 저지에 임하는 방침

1) 절대 희생자가 발생 않도록(경찰의 희생자가 있더라도).

2) 일반시민 피해 없도록.

3) 주동자 외는 연행치 말 것(교내서 연행 금지).

4) 경찰봉 사용 유의(반말, 욕설 엄금).

5) 주동자 연행 시 지휘보고(식사 등 유의).

군 데모 진압 후

1) 주동자 검거 등 중지.

2) 군에서 인계받은 부상자 치료 식사 제공.

경찰 및 예비군 무기 탈취에 대해서

1) 지서 1~2명 인원으로 무장 시민군 몇 백 명에 대항이 불가.

2) 시민군이 적이 아닌 이상 사실상 무기 탈취 당하는 과정에서
사격 불가.

희망사항

1) 지휘책임을 지고 일반적으로 퇴직당한 간부 명예퇴직.

나주서장 김상윤

작전과장 안수택

화순서장 안병환

장비계장 이정방

영암서장 (김희순)

(주요경력)

『안병하 평전』 간행 및 보급에 도움을 주신 분들

5.18구속부상자회
5.18기념재단
5.18민주유공자유족회
5.18민주화운동서울기념사업회
5.18부상자회
강기정
강대호
강동원
강민주
강복동
강창용
고경일
고석군
고점례
고형권
공병철
권보현
권옥기
권옥희
권재헌
기우성
김건태
김경주
김경호
김광영
김기영
김기현
김남식
김남현
김논선
김동일
김동찬
김명환
김미영
김민종
김병내
김병수

김병수
김병욱
김부희
김삼호
김상준
김상훈
김선경
김성규
김수현
김순흥 놀부마을
김승철
김승필
김영광
김영남
김영록
김영신
김영오
김영훈
김용기
김용인
김용환
김웅정
김원웅
김윤기
김이종
김인권
김장석
김정기
김정미
김정우
김정희
김제훈
김종익
김종천
김준철
김중
김진열

김진태
김진하
김진하
김태관
김태동
김태헌
김학규
김학실
김향란
김현웅
김혜자
김홍신
나경택
나윤상
나주봉
나행아
남궁훈
남궁훈
도정 스님
명진
목성균
문인
문태룡
문흥식
민갑룡
민갑룡
민족문제연구소 광주지부
민형배
박강열
박건태
박경래
박경신
박경희
박귀순
박기수
박대우
박미옥

박병석	신상철	이기명
박병석	신선화	이기섭
박병화	신성호	이기창
박상근	신수정	이낙연
박석무	신승준	이남재
박석무	신유진	이동현
박성철	신충우	이병석
박수미	심솔	이병원
박승식	안소진	이병훈
박시종	안영숙	이복규
박원순	안영재	이복선
박은영	안춘재	이복선
박종구	안희재	이선근
박종구	양기대	이수용
박종수	양미애	이순옥
박춘림	양승렬	이승호
박해광	양향자	이승희
박형권	여운채	이용빈
박호재	여운환	이용섭
박흥산	오병윤	이용재
반재신	오성환	이유정
배재고등학교동창회	오정묵	이인덕
백신종	오진선	이장영
백신종	오태화	이재명
백종한	오효열	이정선
변인경	유웅렬	이제권
변하준	윤두병	이주연
사재환	윤명국	이준규
서대석	윤목현	이준원
서동용	윤봉근	이지현
서현웅	윤사현	이지훈
선형수	윤영덕	이철우
손현호	윤장현	이형석
송갑석	윤종채	이혜명
송선태	윤준선	이혜숙
송영길	윤철수	이호림
송철원	윤혜영	이홍희
송태경	이계림	임낙평

임미경	정은수	천금영
임영섭	정준기	최관호
임영희	정진욱	최교진
임은정	정찬용	최기영
임택	정한별	최미경
장덕영	정해권	최선동
장석용	정행진	최선희
장석웅	조계선	최영호
장영주	조성수	최창구
장우영	조세화	최향동
장호권	조시현	최형식
장휘국	조영님	추성길
전갑길	조오섭	표수길
전미용	조익문	표정목
전영희	조중철	하석주
전은진	조철식	한대수
전진숙	조항원	함세웅
정달성	주경님	허윤
정무창	주경님	홍기선
정무형	진성영	홍돈석
정소희	진성영	황성섭
정수명	차명석	황성섭
정영아	차명숙	황인호
정용선	차승세	
정우석	채수창	

안병하 평전

1판 1쇄 2020년 5월 8일
1판 5쇄 2021년 9월 1일

지은이 | 이재의
펴낸이 | 천정한
편집 | 김선우
디자인 | 이경은 유혜현

펴낸곳 | 도서출판 정한책방
출판등록 | 2019년 4월 10일 제2019-000036호
주소 | 서울시 은평구 은평로3길 34-2
　　　충북 괴산군 청천면 청천10길 4
전화 | 070-7724-4005　팩스 | 02-6971-8784
블로그 | http://blog.naver.com/junghanbooks
이메일 | junghanbooks@naver.com

ISBN 979-11-87685-43-2　03990

이 도서의 국립중앙도서관 출판예정도서목록(CIP)은 서지정보유통지원시스템 홈페이지
(http://seoji.nl.go.kr)와 국가자료종합목록시스템(http://www.nl.go.kr/kolisnet)에서
이용하실 수 있습니다. (CIP제어번호 : CIP2020015854)